# 天蓝地绿

## 生态文明思想的理论探索与实践

BEAUTIFUL CHINA

THEORETICAL EXPLORATION AND PRACTICE OF ECOLOGICAL CIVILIZATION THOUGHT

马建堂　主编

**图书在版编目（CIP）数据**

天蓝地绿：生态文明思想的理论探索与实践 / 马建堂主编 . —北京：中国发展出版社，2022.11

ISBN 978-7-5177-1285-5

Ⅰ . ①天… Ⅱ . ①马… Ⅲ . ①生态环境建设—研究—中国 Ⅳ . ① X321.2

中国版本图书馆 CIP 数据核字（2022）第 063033 号

**书　　名：**天蓝地绿：生态文明思想的理论探索与实践
**主　　编：**马建堂
**责任编辑：**郭心蕊　王　沛　杜　君
**出版发行：**中国发展出版社
**联系地址：**北京经济技术开发区荣华中路 22 号亦城财富中心 1 号楼 8 层（100176）
**标准书号：**ISBN 978-7-5177-1285-5
**经 销 者：**各地新华书店
**印 刷 者：**北京市密东印刷有限公司
**开　　本：**710mm × 1000mm　1/16
**印　　张：**19.75
**字　　数：**268 千字
**版　　次：**2022 年 11 月第 1 版
**印　　次：**2022 年 11 月第 1 次印刷
**定　　价：**88.00 元

**联系电话：**（010）68990630　82097226
**购书热线：**（010）68990682　68990686
**网络订购：**http://zgfzcbs. tmall. com
**网购电话：**（010）88333349　68990639
**本社网址：**http://www.develpress. com
**电子邮件：**174912863@qq. com

---

# 总　序

马建堂

近年来，面对复杂严峻的国内外形势和诸多风险挑战，以习近平同志为核心的党中央团结带领全党全国各族人民，运筹帷幄，沉着应对，科学精准应对大战大考，如期打赢脱贫攻坚战，如期全面建成小康社会，实现了第一个百年奋斗目标。当今，百年变局和世纪疫情相互叠加，全国上下众志成城，统筹疫情防控和经济社会发展，各项事业取得重大成就。疫情防控科学精准，最大限度保护了人民生命安全和身体健康。千方百计稳住市场主体，经济运行保持在合理区间。科技自立自强积极推进，国家战略科技力量加快壮大。经济结构和区域布局继续优化，新型城镇化扎实推进。改革开放迈出新步伐，中国特色大国外交全面推进。生态文明建设持续推进，环境质量明显改善。人民生活水平稳步提高，民生保障有力有效。构建新发展格局迈出新步伐，高质量发展取得新成效，“十四五”实现良好开局，全国人民在党的带领下正昂首阔步行进在实现中华民族伟大复兴的道路上。

国务院发展研究中心作为党领导下的国家高端智库，坚持以习近平新时代中国特色社会主义思想为指导，深刻认识“两个确立”的重大意义，不断增强“四个意识”，坚定“四个自信”，做到“两个维护”，紧紧围绕党和国家事业发展的大局大势，始终坚持以人民为中心的发展思想，把开展党史学习教育和推进决策咨询事业深度融合，坚定理想信念、牢记“智库姓党”，砥砺初心使命、胸怀“两个大局”，聚焦主责主业、心系“国之大者”，推动高端智库建设创新路、开新局，推动决策咨询事业出新绩、谱新篇。

近年来，我们围绕经济社会发展全局性、战略性、前瞻性、长期性以及热点、难点问题开展深入研究，不断提高服务中央决策的能力和水平。此次我们精选近三年研究成果，按照“自立自强——奋力提升科技产业自主可控”“强链铸盾——保障产业链供应链安全稳定”“天蓝地绿——生态文明思想的理论探索与实践”“国饶民康——中华民族的小康之路与复兴之梦”等主题结集出版，以便将我们的研究心得和社会各界分享，也希望得到读者朋友的批评和帮助。

“志之所趋，无远弗届。志之所向，无坚不入。”我们要更加紧密地团结在以习近平同志为核心的党中央周围，更好践行“为党咨政、为国建言、为民服务”职责使命，继续用百年党史砥砺初心使命，唯实求真、守正出新，全面贯彻落实党的二十大精神，为实现中华民族伟大复兴的中国梦贡献更多的智慧和力量！

2022 年 11 月

（作者为全国政协经济委员会副主任，国务院发展研究中心原党组书记、研究员）

# 目 录

第一篇
生态保护

# 建立美丽中国综合评价体系 *

美丽中国是中华民族伟大复兴的重要标志之一，是生态文明建设成果的集中体现。开展美丽中国评价，有助于系统监控美丽中国建设进程，是引导各地区各部门加快生态文明建设的重要举措。要以习近平生态文明思想为根本遵循，以生态环境优美和百姓主要关切为目标导向，科学构建美丽中国评价体系，高效推进美丽中国建设进程。

## 一、准确把握美丽中国的科学内涵与评价意义

以习近平总书记关于建设美丽中国的系列重要论述为依据，准确把握美丽中国的科学内涵。美丽中国是生态文明建设成果的集中体现，以生态环境优美为基本内涵和根本标志，具体体现在青山常在、绿水长流、空气常新等方面。这里的美丽中国并非广义的美丽，而是特指生态环境、人居环境优美的狭义的美丽，是贴近百姓需要、看得见摸得着的美丽。

从民族复兴和国家永续发展的高度，深刻认识美丽中国建设评价的重要意义。美丽中国是中华民族伟大复兴的重要标志，是全党全国各族人民共同的奋斗目标和努力方向。建成美丽中国是中华民族傲立于世界民族

---

* 本文成稿于2019年11月。

之林的底气，也是中国对建设人类命运共同体的巨大贡献。开展美丽中国建设评价工作，科学构建评价指标体系，有助于系统明确美丽中国建设目标，并通过比对现状水平与目标水平，发现美丽中国建设进程中的差距和问题，进而实现美丽中国建设进程动态监控。

## 二、系统梳理相关工作并有针对性地设计评价指标体系

### 1. 厘清与现有相关评价指标体系的关系

目前与美丽中国相关的评价指标体系很多，代表性的有联合国可持续发展目标（SDG）、经济合作与发展组织（OECD）绿色增长指标体系、中国绿色发展指标体系以及高质量发展指标体系等。美丽中国评价指标体系，既要充分借鉴已有相关评价指标体系，又要与已有评价指标体系有所区别，即更加注重“看得见、摸得着”的美，更加注重生态环境和人居环境保护、修复与改良的结果，更加注重满足人民对美好生活的向往，更加注重唤起建设美丽中国的责任感、使命感和光荣感。

### 2. 系统构建美丽中国评价指标体系

全面贯彻落实习近平总书记关于建设美丽中国的系列重要论述和要求，切实回应百姓主要关切，在准确把握美丽中国科学内涵基础上，本着结果导向、客观为主，遵循规律、务实管用，全国普适、兼顾差异，静态为主、动态为辅，突出自然环境、兼顾人居环境，立足既有基础、注重不断创新的原则，系统构建美丽中国评价指标体系。具体由天蓝、地绿、水清、土净、田沃、居美、景秀、园洁 8 个普适性指标以及 1 个地区特色美指标、1 个百姓感知美指标共同构成（见附表 1 和附表 2）。

### 3. 科学设定美丽中国目标值

（1）全国目标值设定。充分体现党中央“到 2050 年，建成美丽中国”的战略部署，参照目前世界最先进水平，结合中国国情，遵循自然规律，进行 2050 年全国目标值的系统设定。具体而言：到 2050 年，天蓝目标达到目前世界空气质量先进水平；地绿目标达到我国国土适宜绿化的最高水平；水清目标（水体水质）全面达到优质水平；土净目标（土壤环境质量）全面改善，生态系统实现良性循环；田沃目标中耕地和高标准基本农田保有量保持数量不减少、质量不降低；居美目标中城乡生活垃圾全部回收利用，美丽城镇和美丽乡村全覆盖；景秀目标中国家等级景区密度达到适宜的最高比例；园洁目标中所有类型的园区都要 100% 实现绿色化、清洁化、低碳化；地区自选特色美目标均全部完成；百姓感知美目标（美丽中国公众满意度）达到 95% 以上。

（2）地区目标值设定。“天蓝”“地绿”“土净”“居美”“景秀”“园洁”指标的 2050 年地区目标值设定与全国一致。“地绿”和“田沃”指标分别由国家林草局和自然资源部负责分解至除港、澳、台外的全国 31 个省级行政单元[①]，以体现地区的差异性。

### 4. 明确美丽中国评价方法与程序

将全国和分省的 2050 年目标预期值作为指标值上限，0 作为指标值下限，对全国及各省份指标实际值作归一化处理至 [0，1] 区间，结合指标权重，最终得到全国及各省份的美丽中国建设进程指数。

---

① 本书中数据指标均不包括港、澳、台，特此说明。

## 三、关于系统开展美丽中国评价工作的具体建议

### 1. 加强组织领导与统筹协调

加强党对美丽中国评价工作的领导，以习近平生态文明思想为统领，全面贯彻党中央战略部署以及习近平总书记关于建设美丽中国的系列重要论述精神。委托第三方机构对全国及31个省级行政单元的美丽中国建设进程进行评价，具体由发展改革委统筹协调，统计部门支撑，自然资源、生态环境、水利、住建、农业农村等相关部门配合实施。

### 2. 优化评价工作时间、空间安排

考虑到美丽中国建设进程的长期性，以及生态环境质量修复与改善的缓慢性，美丽中国评价工作从2020年开始，每5年开展一次，利用各指标的5年平均值，对全国及31个省级行政单元5年间美丽中国建设总体进展情况进行重点评估，以此引导各地区各部门深入落实国家美丽中国建设战略部署。

### 3. 夯实数据、方法等基础支撑

受现行统计核算监测基础能力所限，现有指标不可避免存在被“高级指标”替代的问题。要加快改革生态环境质量类指标的统计核算监测制度，建设信息共享平台，打通数据通道，强化数据支撑，并鼓励部门在充分借鉴国内外经验基础上，升级优化现有指标、开发设计新指标。同时，进一步完善评价方法，尤其是基于国土空间规划的地区目标差异化分解方法，并结合发展阶段、趋势判断与专家意见，动态优化调整指标权重。

### 4. 注重评价成果综合应用

美丽中国评价结果向社会公布，用于评估监控美丽中国建设进程，重点引导各地区各部门对照目标找差距。为避免敏感起见，不搞地区排名。可对美丽中国建设进展较快的省份及其主要领导实施激励，如通报表扬等，并可在中央财政资金安排上予以特别考虑。有关地区对评价结果有异议的，可以向作出评价结果的部门提出书面申诉，有关部门应当依据相关规定受理并进行处理。

### 5. 重视政府监督与社会参与

强化部门监督，参与评价工作的有关部门和机构应当严格执行工作纪律，确保评价工作客观公正、依规有序开展。鼓励社会广泛参与，接受社会广泛监督。对于存在篡改、伪造相关统计和监测数据问题并被查实的地区，评价等级确定为不合格，并由纪监机关和组织部门按有关规定严肃追究有关单位和人员责任；涉嫌犯罪的，依法移送司法机关处理。

李维明　杨　艳　谷树忠

高世楫　陈健鹏　焦晓东

**附表1 美丽中国评价指标解释**

| 指标 | 基本含义 | 满足人民对美好生活的向往 | 契合重大工作部署 |
| --- | --- | --- | --- |
| 天蓝 | 反映空气质量 | 回应广大人民群众对空气质量这一重大民生问题的高度关切，让人民群众能有尊严地呼吸 | 契合打赢蓝天保卫战的目标要求 |
| 地绿 | 反映生态系统服务功能性状，彰显生态空间格局美感 | 回应广大人民群众对自然生态优美问题的高度关切，以及社会对生态保护红线能否守得住的重大关切，让大地更绿、空间更美 | 契合国土绿化、建立健全自然保护地体系和编制美丽国土空间蓝图的目标要求 |
| 水清 | 反映江河湖泊等水体质量 | 回应广大人民群众对黑臭水体及其治理问题的重大关切 | 契合打赢碧水保卫战的目标要求 |
| 土净 | 反映土壤环境质量 | 回应社会针对部分地区土壤污染问题的重大关切 | 契合打好净土保卫战的目标要求 |
| 田沃 | 反映农田数量和质量状况，彰显田园风光特色 | 回应广大人民群众对粮食安全的重大关切，同时让广大人民群众切实感受田园的秀丽风光 | 契合国家食物安全保障和推进美丽“田园综合体”建设目标要求 |
| 居美 | 反映人居环境质量 | 回应城乡人民群众对改善生活环境的重大关切，让人民群众生活在美丽的人居环境之中 | 契合建设美丽乡村、特色小镇、美丽城镇等美丽宜居的目标要求 |
| 景秀 | 反映全域景区化建设水平 | 回应人民群众对休闲观光场所的需求，让人民群众有越来越多、越来越好的休闲观光、亲近自然的机会和场所 | 契合鼓励发展全域旅游目标要求 |
| 园洁 | 反映各类园区的清洁化发展水平 | 回应人民群众对优美工作环境的需求，以及对园区空气、噪声等污染问题的高度关切，让员工工作在美丽的厂区空间和工作现场之中，努力消除“邻避”现象 | 契合产业绿色转型和产业空间清洁化发展的目标要求 |
| 地区特色美 | 反映各地区独具特色的美丽建设进程与水平 | 回应各地对特殊美丽目标的关切与追求，努力彰显地区特色美丽 | 契合尊重自然、顺应自然，还自然以自然的理念 |
| 百姓感知美 | 反映百姓对美丽进程与成效的认知度和获得感 | 回应社会对生态环境好不好、美丽不美丽、能否让百姓“说了算”的质疑 | 契合建设美丽中国全民行动的目标要求 |

**附表2　美丽中国评价指标体系**

<table>
<tr><th>一级指标</th><th colspan="2">二级指标</th><th colspan="2">数据来源</th></tr>
<tr><td rowspan="3">天蓝</td><td colspan="2">PM2.5（微克/立方米）</td><td colspan="2" rowspan="3">生态环境部</td></tr>
<tr><td colspan="2">臭氧浓度（ppm）</td></tr>
<tr><td colspan="2">空气优良天数比例（%）</td></tr>
<tr><td rowspan="4">地绿</td><td colspan="2">森林覆盖率（%）</td><td colspan="2" rowspan="3">国家林业和草原局</td></tr>
<tr><td colspan="2">草原综合植被盖度（%）</td></tr>
<tr><td colspan="2">湿地保有量（亿亩）</td></tr>
<tr><td colspan="2">自然岸线保有率（%）</td><td colspan="2">自然资源部</td></tr>
<tr><td rowspan="3">水清</td><td colspan="2">地表水达到或好于Ⅲ类水体比例（%）</td><td colspan="2" rowspan="3">生态环境部</td></tr>
<tr><td colspan="2">集中式饮用水水源地水质达标率（%）</td></tr>
<tr><td colspan="2">近岸海域水质优良（一、二类）比例（%）</td></tr>
<tr><td rowspan="3">土净</td><td colspan="2">调查（普查）点位土壤质量达标率（%）</td><td colspan="2" rowspan="3">生态环境部</td></tr>
<tr><td colspan="2">受污染耕地安全利用率（%）</td></tr>
<tr><td colspan="2">污染地块安全利用率（%）</td></tr>
<tr><td rowspan="2">田沃</td><td colspan="2">耕地保有量（亿亩）</td><td colspan="2">自然资源部</td></tr>
<tr><td colspan="2">高标准基本农田保有量（亿亩）</td><td colspan="2">农业农村部</td></tr>
<tr><td rowspan="6">居美</td><td>城乡生活垃圾回收利用率（%）</td><td rowspan="3">或美丽城市比例（%）</td><td colspan="2" rowspan="3">住房和城乡建设部</td></tr>
<tr><td>城市污水集中收集率（%）</td></tr>
<tr><td>城市绿化覆盖率（%）</td></tr>
<tr><td>乡村绿化覆盖率（%）</td><td rowspan="3">或美丽乡村覆盖率（%）</td><td>国家林业和草原局</td><td rowspan="3">农业农村部</td></tr>
<tr><td>农村生活污水处理率（%）</td><td>生态环境部</td></tr>
<tr><td>农村无害化卫生厕所普及率（%）</td><td>国家卫生健康委员会</td></tr>
<tr><td>景秀</td><td colspan="2">全域等级景区密度<br>（全域等级景区面积/全域面积）</td><td colspan="2">文化和旅游部</td></tr>
<tr><td rowspan="3">园洁</td><td colspan="2">绿色园区占比（%）</td><td colspan="2">工业和信息化部</td></tr>
<tr><td colspan="2">循环园区占比（%）</td><td colspan="2">国家发展和改革委员会</td></tr>
<tr><td colspan="2">低碳园区占比（%）</td><td colspan="2">工业和信息化部、国家发展和改革委员会</td></tr>
<tr><td>地区特色美</td><td colspan="2">各省（自治区、直辖市）自定指标</td><td colspan="2">地方政府</td></tr>
<tr><td>百姓感知美</td><td colspan="2">由权威机构调查（%）</td><td colspan="2">国家统计局</td></tr>
</table>

注：指标权重和2050年目标值有待进一步确认。随着时间的推移，同一个指标的相对重要性也会发生变化，因此权重也将随时间变化而动态调整。

# 健全激励约束机制，形成生态文明建设持久动力*

党的十八大以来，我国生态文明建设取得了突出成效，根本原因是党中央的高度重视和生态文明体制改革的推动。在生态文明体制改革中，激励约束机制改革尤为关键。激励约束机制由激励机制和约束机制组成，其中激励机制从激励手段角度又分为政治、行政、市场和精神四大激励机制，约束机制又分为政治、法律、行政、市场和道德五大约束机制。这些机制一起引导政府、企业、居民等各类主体积极参与生态文明建设（详见图 1）。近 10 年来，一方面，我国生态文明激励约束机制改革取得了长足进展，另一方面，还存在一些问题，有待于“十四五”期间解决。

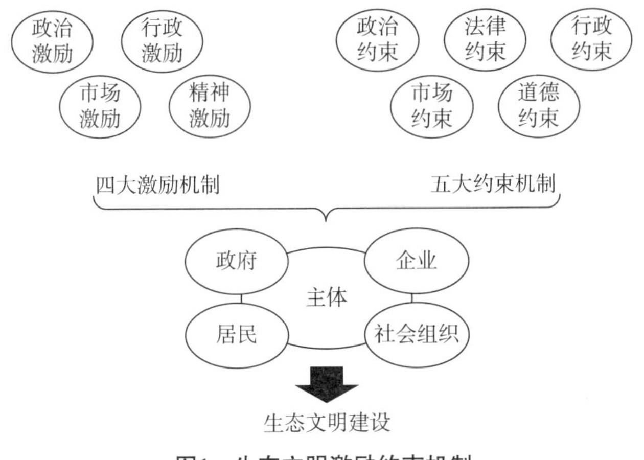


**图1　生态文明激励约束机制**

* 本文成稿于2020年11月。

## 一、生态文明激励约束机制改革取得了长足进展

### （一）初步建立了生态文明建设的各种激励机制

一是针对党政领导干部的政治激励机制基本建立。2013 年 12 月，中共中央组织部（简称“中组部”）印发了《关于改进地方党政领导班子和领导干部政绩考核工作的通知》，强调不能单纯以地区生产总值及增长率来衡量发展成效，而要提高资源消耗、环境保护等指标在考核中的权重。2018 年 5 月，中共中央办公厅发布了《关于进一步激励广大干部新时代新担当新作为的意见》，明确提出了包括生态文明体制改革创新在内的容错机制。2019 年 3 月，中共中央办公厅颁布了《党政领导干部选拔任用工作条例》，明确要求把生态文明建设作为领导干部考察评价的重要内容之一，防止单纯以经济增长速度评定领导干部工作实绩。

二是补偿、税收、考评等多方面的行政激励机制初步建立。补偿方面，2016 年 5 月，国务院办公厅发布了《关于健全生态保护补偿机制的意见》，提出了生态保护补偿机制建设的目标任务；2017 年 8 月，中央全面深化改革领导小组（简称“中央深改组”）审议通过了《关于完善主体功能区战略和制度的若干意见》，对重点生态功能区的财政支持政策等作出了安排；2019 年 2 月，国家发展和改革委员会（简称“国家发展改革委”）等 9 部门联合印发了《建立市场化、多元化生态保护补偿机制行动计划》，为开展生态补偿工作提供了重要政策保障。税收方面，2016 年 12 月、2019 年 8 月，全国人民代表大会常务委员会（简称“全国人大常委会”）分别颁布了《中华人民共和国环境保护税法》《中华人民共和国资源税法》，将环境税、大部分资源税作为地方财政收入，激励各级政府推动生态文明建设。考评方面，2016 年 5 月，中共中央办公厅、国务院办公厅印发了《生态文明建设目标评价考核办法》，增加了资源消耗、环境保护

等指标的考核权重。

三是针对市场主体的市场激励机制逐步形成。2014 年 8 月，国务院办公厅发布了《关于进一步推进排污权有偿使用和交易试点工作的指导意见》；2014 年 12 月，国家发展改革委发布了《碳排放权交易管理暂行办法》。这些政策推动各地在污染排放权交易、碳排放权交易、林权交易等方面进行了大胆探索。2016 年 12 月，国务院办公厅发布了《关于建立统一的绿色产品标准、认证、标识体系的意见》；2019 年 5 月，国家市场监管总局发布了《绿色产品标识使用管理办法》，激励绿色产品的消费。同时，资源、能源、环境领域的价格机制改革也不断深化，引导生产者和消费者积极节约资源、保护环境和修复生态。

四是促进生态文明体制改革的精神激励机制逐步成形。2015 年至今，已举办了两届全国生态文明奖表彰活动，累计对 59 个先进集体和 93 个先进个人进行了表彰。同时，近年来我国开展了多方面的生态文明建设试点和试验，试点和试验成为各地争相获取的荣誉。2013 年 12 月，国家发展改革委等 6 部委联合发布了《国家生态文明先行示范区建设方案（试行）》，开展了多批示范区建设。2016 年 8 月，中共中央办公厅、国务院办公厅印发了《关于设立统一规范的国家生态文明试验区的意见》，福建、江西、贵州、海南被先后确定为统一规范的国家生态文明试验区。2016 年 1 月，原环境保护部出台了《国家生态文明建设示范区管理规程（试行）》，此后多批授牌命名“绿水青山就是金山银山”实践创新基地和国家生态文明建设示范市县。

## （二）总体形成了生态文明建设的约束机制体系

一是政治约束机制成为亮点。“四个意识”强化了领导干部推进生态文明建设的政治意识。中央生态环境保护督察制度、党政同责制度是我国生态文明制度的创新，对促进生态文明建设发挥了重要作用。2015—2017年间，四批中央环保督察共受理了13.5万件群众举报。2019年6月，中共中央办公厅、国务院办公厅印发了《中央生态环境保护督察工作规定》，进一步明确了中央生态环境保护督察的重要作用，并对督察工作进行了规范。

二是法律约束机制明显加强。党的十八大以来，我国共颁布或修订了十多部生态文明建设法律法规，对各主体的法律约束不断加强。2015年1月，被誉为“史上最严环保法”的新《中华人民共和国环境保护法》开始实施，增加了按日计罚、查封扣押、行政拘留等条款，严格追究环境污染和生态破坏者的责任。2016年1月、2018年1月、2019年1月，新的《中华人民共和国大气污染防治法》《中华人民共和国水污染防治法》《中华人民共和国土壤污染防治法》分别开始施行。2016年9月、2017年10月，新版《中华人民共和国环境影响评价法》《建设项目环境保护管理条例》正式施行。行政执法与刑事司法衔接机制的建立，推动了法律法规的实施，增加了法律约束的有效性。

三是行政约束机制基本建立。2015年11月，中共中央办公厅、国务院办公厅印发了《开展领导干部自然资源资产离任审计试点方案》，开始进行试点工作。2017年12月，中共中央办公厅、国务院办公厅印发了《领导干部自然资源资产离任审计规定（试行）》，对领导干部自然资源资产离任审计工作提出了具体要求。2015年8月，中共中央办公厅、国务院办公厅印发了《党政领导干部生态环境损害责任追究办法（试行）》，对生态环境损害的追责主体、责任情形、追责程序等作出了规定。2020年3月，中共中央办公厅、国务院办公厅印发了《关于构建现代环境治理体系的指导意见》，为构建党委领导、政府主导、企业主体、社会组织和公众共同参与的现代环境治理体系提出了目标和路径。同时，针对企业的行政处罚、限产、关停并转等行政约束也不断推进。

四是市场约束机制日益形成。由于资源环境市场交易机制尚处于探索之中，故目前的市场约束机制主要表现在信用约束机制方面。2013 年 12 月以来，生态环境部联合相关部门出台了《企业环境信用评价办法（试行）》《关于加强企业环境信用体系建设的指导意见》《关于对环境保护领域失信生产经营单位及其有关人员开展联合惩戒的合作备忘录》等，旨在构建省级统筹推进，覆盖省、市、县三级的企业环境信用评价体系。截至 2018 年 3 月，全国 17 个省级、60 个市级、200 个县级环保部门开展了企业环境信用评价。各商业银行据此发放绿色信贷等，使环保失信企业受到了约束。

五是社会道德约束机制开始建立。近年来，国家开展生态文明建设的全民教育，强调企业和居民的环保社会责任，鼓励各类主体通过举报平台监督生态文明建设，形成了有力的社会监督和道德约束。2018 年，生态环境部共接到了 71 万件公众举报，其中电话举报 36.5 万件，微信举报 25 万件，网上举报 8.1 万件，另外还有 1.2 万件国务院大督查网民留言等其他途径收到的举报。上述各类举报使各种破坏生态文明建设的行为得以曝光，环境监管部门对被举报者进行查处，促进了生态文明建设。

## 二、生态文明激励约束机制有待健全

生态文明建设虽取得了突出成效，但我国目前仍存在资源能源消耗过多、污染排放较多、生态破坏较严重等问题，根本原因是生态文明体制改革不彻底，尤其是生态文明激励约束机制改革不到位，具体表现在五个方面。

### （一）激励约束机制不健全

激励机制方面，领导干部的容错机制内容不具体，具体实施机制不配套；生态补偿机制还只在个别地方实行，覆盖面不广；环境税、资源税作为地方税征收还面临很多障碍；资源环境市场交易机制尚处于探索之中，统一的绿色产品标准、认证、标识体系没有完全形成；各种示范区或试验区虽建了不少，但总结推广不够。约束机制方面，各种生态文明建设相关法律法规立法不少，但司法、执法和守法相对滞后；由于自然资源资产负债表制度和生态系统生产总值（GEP）或绿色国内生产总值（GDP）核算评价制度还未建立起来，导致领导干部自然资源资产离任审计制度和生态环境损害责任追究制度实施难以到位。

### （二）激励约束机制内部不平衡

在激励机制中，政治激励、行政激励较强，市场激励、精神激励较弱。相对来说，市场激励和精神激励更公平、更持久，更有利于资源优化配置，更能调动更多主体的积极性。资源环境市场属于“创建性市场”，不像商品市场，难以自发形成，故建立起来较慢。绿色产品的消费不仅依赖于标准、认证和标识，而且依赖于消费者消费习惯的形成，故产生效果也较慢。在约束机制中，也是政治约束、法律约束、行政约束较强，市场约束、道德约束相对较弱。原因同样是资源环境市场建立较慢，道德形成需要一个较长的过程。

### （三）激励机制与约束机制不对称

激励与约束相当于一个硬币的两面，若二者对称则效果更好。但在目前的生态文明激励约束机制中，激励机制和约束机制明显不对称，主要表现为约束机制较强、激励机制较弱，具体表现在：对资源能源消耗、环境污染排放、生态破坏等行为的禁止、打击、限制类机制和政策较多，对资源能源节约、效率提高、环境治理、生态保育等行为的奖励、鼓励和支持类机制和政策不够。由此导致被动型生态文明建设行动较多，主动型生态文明建设行动较少。

### （四）激励约束机制实施不够有力

建立激励约束机制与实施激励约束机制是两回事，很多时候是建立易、实施难，因为实施需要解决实施主体、实施时机、实施策略、实施条件等问题。如前所述，近年来我国确实颁布出台了不少生态文明激励约束机制方面的法律法规和政策文件，但其中很多或尚未实施，或还在实施中，或实施效果还不明显。如很多法律法规尚未落地，执法不到位；示范区建设多流于命名挂牌、较少总结推广；失信惩戒较少落实等。

### （五）激励约束机制实施保障条件不够

实施激励约束机制需要有保障条件，但目前的保障条件还有待加强。一是资金保障不够。在激励约束机制实施中，不管是开展生态文明建设本身，还是进行生态补偿、财政补贴等，都需要大量的资金投入，但目前各级政府都面临较大的资金缺口压力。二是人才短缺。在生态文明激励约束机制实施中，需要多个领域的大量专业人才和管理人才，但目前人才尤其是复合型人才明显不能满足需要。三是技术保障条件不够。实施生态文明激励约束机制需要信息技术、物联网技术、大数据技术、人工智能技术等新技术保障，但目前很多地方这些技术研发不够，推广应用也不够。

## 三、健全生态文明建设激励约束机制的建议

### （一）加快完善激励机制，形成生态文明建设的动力

对生态文明建设成效较好的地区相关干部给予较高的绩效奖励，并

提供更多的优先提拔机会。对那些政治站位高、具有全局观念、实施业绩较好的地区及其干部，给予其较大的试错权和较多的宽容度。将生态文明建设成效与政策激励挂钩，对承担生态环境保护功能较多、成效较好的地区给予较多的转移支付、补贴、税收优惠等财政政策激励，发放信贷、发行债券、设立基金、优先上市等金融政策激励，优先或倾斜安排国家项目、批准地方项目等投资政策激励，土地指标分配、土地指标置换等土地政策激励。鼓励和支持成效较好的地区和企业参与碳排放权交易等资源环境交易。对那些成效较好地区、企业和个人给予较高的信用评价或评级，并授予荣誉称号或牌子，进行多种形式的表彰，总结、宣传和推广其典型经验。

### （二）补齐约束机制短板，加大生态文明建设的压力

将生态文明机制改革成果上升为法律法规，将部分政策转化为法律法规，使改革和政策能持续推进和落实。完善和实施生态环保公益诉讼制度，健全生态环境行政执法与刑事司法的衔接机制。加强对各类主体的守法教育，提高守法意识。加强政治纪律、政治督察、政治考评、政治惩处，强力推动生态文明建设。强化行政督察、行政考核、行政问责，切实推进生态文明建设。严格标准，降低生态文明建设成效较差地区和企业的市场信用评级。建立环境污染“黑名单”制度，使环保失信企业处处受限。通过开展个人生态信用评价等，引导居民行为。公开曝光各种环境破坏行为，形成强大舆论约束压力。

### （三）协调好激励和约束关系，更有效地引导生态文明建设

提高对资源能源节约、效率提高、环境治理、生态保护等在生态文明建设中重要性的认识，平衡好它们与资源能源消耗、环境污染排放、生

态破坏等在考核中的权重，为更多地从激励角度促进生态文明建设奠定基础。鼓励和支持生态产品价值或生态系统生产总值（GEP）、经济生态生产总值（GEEP）、绿色GDP等指标核算制度和方法创新，为生态文明激励机制改革提供导向。不断完善容错机制、各种激励政策、表彰制度，加快建设资源环境市场，为生态文明激励机制改革创造良好的制度环境。

### （四）强化要素支撑，为实施激励约束机制提供坚实保障

加快培养和引进生态文明建设所需要的各类专业人才、管理人才，尤其是复合型人才，并用好和留住这些人才，为生态文明激励约束机制实施提供人才保障。加强生态文明建设领域的互联网、物联网、云计算、大数据、人工智能等新技术的研发和应用，为生态文明激励约束机制实施提供技术保障。适当加大生态文明建设及其激励约束机制改革中的财政投入，同时吸引和鼓励社会资本的投入，为生态文明激励约束机制实施提供资金保障。

李佐军　俞　敏

# 建立生态文明建设目标责任体系及问责机制 *

生态文明建设目标责任体系及问责机制是指以生态文明建设为导向，以目标管理、明晰地方政府和政府相关部门权责、行政问责为主要内容的机制，是生态文明制度体系的重要组成部分。它发端于20世纪80年代的环境目标责任制，经过30多年的实践，其内涵和外延不断深化发展，成为推动生态文明建设的重要执行机制。党的十八大以后，生态文明建设目标责任体系及问责机制日益成熟，但在实施中也存在一些问题，产生了一些负面影响。进一步完善这一体系，既是打好污染防治攻坚战的有效抓手，也是推动生态环境治理体系现代化的重要内容。

## 一、生态文明建设目标责任体系及问责机制演进历程

### （一）探索阶段（20世纪80年代至2005年）

生态文明建设目标责任体系发端于20世纪80年代的环境目标责任制[①]。1986年全国城市环境保护会议（洛阳）提出市长要对城市的环境质量负责任。《国家环境保护“七五”计划》提出实行环境保护责任制，即各级

---

* 本文成稿于2019年8月。

① 环境目标责任制是以签订责任书的形式，具体规定省长、市长、区长（县长）、厂长在任期内要实行的环境目标，建立相应的考核与奖惩办法的一种环境管理制度。

人民政府要对所辖区域的环境质量负责，国务院各部门、地方各级企业主管部门要对所辖企业的污染防治负责。从1989年起，国家对北京、天津、上海等32个重点城市开展“城市环境综合整治定量考核”，要求市长对城市的环境质量负责，并作为政绩考核的重要内容。在引导性的考评方面，1997年，原国家环境保护局（简称国家环保局）开始“国家环境保护模范城市”创建工作。“九五”“十五”期间，中国开始尝试污染物排放总量控制制度，先后提出12项、10项污染物减排指标，但实施情况并不理想。在干部考核方面，中组部、原人事部、原国家环保总局等有关部门开始探索将环境保护有关指标纳入干部考核体系。

### （二）进一步发展阶段（2006—2015年）

面对日益严峻的环境污染形势，《中华人民共和国国民经济和社会发展第十一个五年规划纲要》将单位GDP能耗、主要污染物排放总量作为“约束性”指标，并通过建立节能减排“三个方案”①和“三个办法”②以层层分解的方式和“一表否决”的责任制度对指标进行落实。“十二五”期间增加了主要污染物减排指标（增加了氮氧化物、氨氮），优化了能耗强度分解方式。在干部考核方面，中组部于2006年印发了《体现科学发展观要求的地方党政领导班子和领导干部综合考核评价试行办法》，涉及生态文明建设的有环境保护、资源消耗、耕地等资源保护3个要点。在问责机制方面，“十一五”“十二五”期间目标责任体系强调约束性指标的完成情况，并不注重政府各部门常态化的分工机制。2014年，原环境保护部印发了《环境保护部约谈暂行办法》，开始实行

① “三个方案”指《单位GDP能耗考核体系实施方案》《单位GDP能耗统计指标体系实施方案》和《单位GDP能耗监测体系实施方案》。

② “三个办法”指《主要污染物总量减排统计办法》《主要污染物总量减排监测办法》和《主要污染物总量减排考核办法》。

环保行政约谈制度。

### （三）成形阶段（2016 年以后）

以《生态文明体制改革总体方案》的全面实施和中央环保督察制度确立为标志，中国的生态文明建设目标责任体系及问责机制建构进入了新的阶段。2015 年 12 月，中央环保督察从河北省试点启动。2016 年 7 月，中央环境保护督察工作正式全面启动，截至 2018 年 1 月，第一轮中央环保督察完成了对 31 个省（自治区、直辖市）的督察意见反馈。在考核指标方面，"十三五"期间，国家将环境目标考核从强调污染物总量减排调整到以环境质量为核心，增加了空气质量、地表水环境质量考核。在制度建设上，这一阶段目标责任体系强调生态环境保护领域相关部门常态化的分工机制，不断厘清相关部门的权责，并且强调"党政同责、一岗双责"。在考核方面，国家层面引入了生态文明建设综合性评价考核，以《生态文明建设目标评价考核办法》为标志。与此同时，通过环境质量监测事权上收，实现了"谁考核、谁监测"，有效支撑了生态文明建设目标责任体系及问责机制的实施。

关于生态文明建设目标责任体系及问责机制演进历程的精简概括，可见附表 1。

## 二、生态文明建设目标责任体系及问责机制的基本框架

党的十八大以来，涵盖五个方面的生态文明建设目标责任体系及问责机制的框架基本形成。

第一个方面，是生态文明建设中以节能减排、温室气体控制、环境质

量改善等具体指标为导向的目标考核，包括“五年规划”中资源环境类约束性指标、基于这些指标的专项考核以及相关部门的其他专项考核。

第二个方面，是生态文明建设中综合性目标评价考核，在生态文明建设领域有关专项考核的基础上开展的综合考核，以《生态文明建设目标评价考核办法》为代表，其结果作为地方党政领导班子和领导干部综合考核评价的重要依据。

第三个方面，是激励地方政府高标准推进生态文明建设的引导性的、试点性的考评体系，包括生态环境部主导的《国家生态文明建设示范市县建设指标》、国家发展改革委主导的“生态文明先行示范区”、水利部主导的“水生态文明试点”等。

第四个方面，是生态文明建设中明晰相关部门权责的制度安排，包括各级政府生态环境保护工作责任规定、责任清单、权力清单等，推动相关部门履职尽责，提高政府的可问责性。

第五个方面，是建立在目标责任体系基础上的问责机制，包括中央生态环保督察制度、党政领导干部生态环境损害责任追究制度、领导干部自然资源资产离任审计制度等。问责机制从早期强调基于目标管理的考核，逐步转为目标管理与基于规制和程序的问责并重。

关于生态文明建设目标责任体系及问责机制基本框架的简要概述，可见附表 2。

## 三、生态文明建设目标责任体系及问责机制的成效与问题

### （一）生态文明建设目标责任体系及问责机制建构的成效

第一，党的十八大以来，生态文明目标责任体系及问责机制对地方

政府已产生深刻影响，地方政府环保意识显著增强。从调研情况来看，“十一五”以来，约束性的节能减排指标已经对地方政府环保工作产生了深刻影响。2015 年底从河北省开始试行的中央环保督察制度，作为一种强有力的“外部冲击”打破长期以来地方政府和环境监管机构环境执法难的“僵局”。在严格的督察问责的警示教育下，各级地方政府对环保工作的重视程度发生了深刻转变。

第二，环境保护工作的责任体系和“大环保”工作格局已经初步形成。各省（自治区、直辖市）制定了相应的《生态环境保护工作职责》文件，不断明晰相关部门环境保护责任。随着督察问责的深入，环境保护工作的责任体系不断压实。生态环境保护工作不再是生态环境部门的独角戏，“大环保”的工作格局逐步形成。河长制、湖长制作为重要的责任机制和协调机制，有效地整合了地方各部门涉及水资源保护和水污染防治的力量，形成了合力。

第三，目标责任体系的环境信息支撑能力显著增强，环境信息的公信力显著提升。通过环境质量监测事权上收等改革举措，中央政府获取地方环境信息的能力显著增强，有效支撑了目标责任体系和问责机制的实施。与此同时，政府环境信息的公信力显著提升。公众对政府环境信息的认可度明显改善。

### （二）生态文明建设政府目标责任体系及问责机制存在的问题

第一，面对生态文明建设领域专项考核、督察强度加大，一些地方政府存在不考核不行动的情况。从调研的情况来看，在第一轮中央环保督察期间，一些地方以产业划线、以区域设界，采取了“一刀切”关停企业的做法，成为一个时期社会反映强烈的突出问题，对经济社会发展造成了一定的负面影响。专项考核存在交叉重叠、考核工作“碎片化”的问题。而在督察问责中，也存在由于部门要求不一致，地方政府“无所适从”的现象。从长期看，以“督政”为主的督察问责机制，如果运用不当，容易导致政策执行中“层层加码”“乱作为”的情况，容易形成不考核则不行动的路径依赖。

第二，约束性指标设定、分解方式有待进一步改进。“十一五”期间，节能减排指标采取了“一刀切”的分解方式，导致了“十一五”末期备受批评的“拉闸限电”现象。“十二五”“十三五”期间，减排指标实施了差异化分解方式，但相应的调节机制还不健全，特别是，地方政府对能源消费总量指标反映强烈。通过行政命令的方式“层层分解落实”相关指标，在短期内可以“立竿见影”，但是这种方式往往“不计成本”，较少考虑政策执行的“成本收益”问题，阻碍了市场化减排机制作用的发挥（附表3介绍了“十一五”“十二五”“十三五”时期资源环境领域的约束性指标）。

第三，督察问责程序不完善，有待进一步制度化、法制化。从程序来看，《生态环境保护督察方案（试行）》《中央生态环境保护督察工作规定》等文件对问责主体和问责方式进行了明确，对问责事实的确立、问责的具体标准、问责的具体程序、问责结果复核有待进一步明确。在执行中，一些地方在问责有关责任人员的过程中，没有严格做到“依法依规”，存在“背锅式”担责、“轻过程、重结果”的现象。不是基于“尽职免责”原则的严格问责影响了环境监管机构依法依规作出监管决策。此外，在问责过程中，政治责任和法律责任不清晰。

第四，督察问责“运动式”特征显著，行政问责的长效机制尚未建立。近年来，生态环境领域行政、督察问责的广度、强度前所未有。但是，这种问责多以“运动式”的工作方式进行，表现为“督察一次，问责一批人”。与此同时，包括人大监督、司法监督、公众参与等多元主体参与的、常态化的监督问责机制尚未有效建立。

第五，生态文明建设正向激励不足，生态文明建设试点示范作用不强。生态文明建设目标评价考核在多目标的党政领导干部政绩考核体系中，仍体现为“约束”，评价考核结果运用不充分，正向激励作用不足。从目前的情况看，环保、发改、水利、林业等多个部门开展的生态文明的试点示范体现了各部门对生态文明建设的侧重，但缺乏系统性、协调性的设计。从示范效果来看，部分生态文明建设试点实施效果不明显，试点的指导、示范意义不强。

## 四、若干政策建议

一是科学设置生态文明建设考核指标，统筹优化生态文明领域的考评工作。统筹生态文明建设领域内容相近的考评工作，适度减少“运动式”考评、督查、检查等工作。生态文明建设领域设置约束性指标应充分考虑各地区经济发展水平、考虑科学性、可达性等因素，并与环境政策影响评估制度要进行有效衔接。能源消费总量、碳排放总量等总量类指标应建立合理的调节机制，并与相关市场机制衔接。进一步统筹规范相关部门生态文明建设试点、示范项目。通过环境信息公开等方式逐步替代城市空气、地表水环境质量领域“自上而下”的考评工作。

二是通过修订相关法律法规、权责清单等方式，进一步明晰生态文明建设政府相关部门的责任。进一步推动各级政府通过权责清单等方式建立分工明确、责权清晰的环境监管和环境保护工作体系。进一步完善政府生态文明建设绩效评价考核制度，明晰对政策绩效、监管绩效的评价考核。

通过法律法规进一步规范环境监管机构的自由裁量权，进一步细化环境监管机构“尽职免责”的情形和程序。

三是进一步规范与完善督察问责程序，推动问责制度制度化、法治化、规范化、程序化。在生态环保督察过程中，进一步规范问责启动、调查、核实、处理决定、信息公开等相关程序。在问责过程应基于规制和程序，充分考虑“因果关系”“尽职免责”等因素。建立和完善问责过程中相关责任人的申诉制度。在问责过程中，不以（增加）问责人员的数量、职级为目标。

四是统筹推进生态文明建设目标责任体系建设和机构改革。协调推进明晰部门权责和建立跨部门协调机制。按照“权责一致”的原则，平衡好环境监管集权化和属地管理之间的关系，高度关注省以下环保机构垂直管理改革中产生的“权责不对等”的新问题。要着力厘清和细化县一级环保机构上收后县级党委政府落实环保责任中存在的问题，进一步细化县级党委和政府环保事权和责任。

五是进一步完善生态文明建设中多元化的监督问责机制。进一步完善人大监督、司法监督和公众参与制度。强化各级人民代表大会对地方政府环境保护工作的日常监督作用，做实“向人大报告制度”，完善人大启动行政问责的机制。进一步完善检察机关环境行政公益诉讼制度。完善社会组织和公众对环境监管机构启动问责的程序。

陈健鹏

## 参考文献

[1] 陈健鹏. 完善生态文明制度体系推进生态环境治理体系和治理能力现代化. 中国发展观察，2019（24），12–15+22.

[2] 陈泉生，马波. 论政府环境保护责任实现的法治保障. 中国社会科学院研究生院学报，2014（2）（总200期），73–78.

[3] 葛察忠，王金南，翁智雄，段显明. 环保督政约谈制度探讨. 环境保护，2015年第43卷第12期，23–26.

[4] 龚梦洁，齐晔. 从信息结构视角解析地方政府环境监管行为——以‘十一五’污染物总量减排为例. 南京工业大学学报（社会科学版），2014年第13卷第1期，39–46.

[5] 过孝民. 环境目标责任制理论初探. 中国环境管理，1989（5），3–5.

[6] 黄爱宝. 论中国特色的生态行政问责制. 探索，2013（4），60–65.

[7] 黄冬娅，杨大力. 考核式监管的运行与困境：基于主要污染物总量减排考核的分析. 政治学研究，2016（4），101–112.

[8] 蒋洪强，王金南，程曦. 建立完善生态环境绩效评价考核与问责制度. 环境保护科学，2015年第41卷第5期，43–48.

[9] 康建辉，李秦蕾. 论我国政府环境问责制的完善. 环境与可持续发展，2010（4），62–65.

[10] 刘国才. 污染减排难在哪. 人民日报，2015年2月25日，第007版.

[11] 刘志坚. 环境监管行政责任实现不能及其成因分析. 政法论丛，2013（5），65–70.

[12] 梁芷铭. 政府生态责任：理论源流、基本内容及其实现路径. 理论导刊，2016（4），41–45。

[13] 潘岳. 环保指标与官员政绩考核. 环境经济，2004（5）（总第5期），12–15.

[14] 孙佑海. 依法改革考评机制强化地方环保责任. 环境保护，2009（16），27–29.

[15] 司林波，刘小青，乔花云，孟卫东. 政府生态绩效问责制的理论探讨——内涵、结构、功能与运行机制. 生态经济，2017（33）12，208–212+222.

[16] 王清军. 文本视角下的环境保护目标责任制和考核评价制度研究. 武汉科技大学学报（社会科学版），2015（17）1，68–72+96.

[17] 闫胜利. 我国政府环境保护责任的发展与完善. 社会科学家，2018（6），105-111.

[18] 张凌云，齐晔，毛显强等. 从量考到质考：政府环保考核转型分析. 中国人口·资源与环境，2018（28）10，105-111.

[19] 中央党校（国家行政学院）第17期青干班“生态文明建设政府目标责任体系建构研究”课题组，陈健鹏等. 完善生态文明建设政府目标责任体系. 学习时报，2018年12月5日.

附表1 生态文明建设目标责任体系及问责机制演进历程

| 阶段 | 代表性工作 | 主要特征 |
| --- | --- | --- |
| 探索阶段（20世纪80年代至2005年） | 从20世纪80年代开展城市环境综合整治定量考核；从20世纪90年代开展“环保模范城市”创建活动；“九五”期间尝试开展污染总量控制工作 | 环保工作开始起步，监测统计支撑能力不足 |
| 进一步发展阶段（2006—2015年） | 将单位GDP能耗降低和主要污染物排放总量减少作为国民经济和社会发展的约束性指标；“十一五”期间，建立节能减排“三个体系”，强化监测统计支撑能力；开始实施环保行政约谈 | 注重单项环境目标的完成情况，强调目标管理，不注重部门分工机制 |
| 成形阶段（2016年以后） | “十三五”期间，从考核总量减排转变到以环境质量改善为核心；完成了国控空气质量站点、地表水监测事权上收；开展生态文明建设综合性评价；2016年，第一轮中央环保督察开始实施 | 专项考评和综合性考评并重，强调“党政同责、一岗双责”，在明晰各部门权责基础上，强调履职尽责，通过中央环保督察制度，实施最严格问责 |

资料来源：本研究整理。

附表2 生态文明建设目标责任体系及问责机制基本框架

| 方面 | 主要内容 | 内涵及意义 |
| --- | --- | --- |
| 具体环境目标 | 五年规划资源环境领域约束性指标；部门的相关专项考核 | 目标管理特色，以具体任务和目标为导向，约束地方政府完成具体的目标 |
| 综合性生态文明建设目标评价体系 | 以《生态文明建设目标评价考核办法》为代表 | 在专项考核的基础上，增加综合考核，并不替代单项考核，调整各级地方政府重视生态文明建设工作 |
| 引导性、试点性的考评体系 | 相关部门的“生态文明建设试点示范” | 激励与约束并举，引导地方政府开展生态文明建设 |
| 部门分工机制 | 各级政府生态环境保护工作责任规定，权力清单、责任清单等 | 明晰相关部门的权责，推动相关部门尽职履责，提高政府的可问责性 |
| 问责机制 | 中央生态环保督察制度、党政领导干部生态环境损害责任追究制度、领导干部自然资源资产离任审计制度 | 在目标明确、权责分工的基础上强化问责，既强调基于目标管理的考核，也强调基于规制和程序的问责 |

资料来源：本研究整理。

附表3 “十一五”“十二五”“十三五”时期资源环境领域约束性指标

| 生态环境类指标 | | “十一五”时期（2006—2010年） | | “十二五”时期（2011—2015年） | | “十三五”时期（2016—2020年） |
|---|---|---|---|---|---|---|
| | | 目标 | 实际 | 目标 | 实际 | 目标 |
| 主要污染物减排 | 二氧化硫（%） | -10 | -14.29 | -8 | -18 | -15 |
| | 化学需氧量（%） | -10 | -12.45 | -8 | -12.9 | -10 |
| | 氮氧化物（%） | — | — | -10 | -18.6 | -15 |
| | 氨氮（%） | — | — | -10 | -13 | -10 |
| 能源强度（%，单位GDP能耗） | | -20 | -19.1 | -16 | -18.2 | -15 |
| 碳强度（%，单位GDP碳排放） | | — | — | -17 | -20 | -18 |
| 非化石能源占一次能源比重（%） | | — | — | 11.4 | 12 | 15 |
| 单位工业增加值水耗（%） | | -30 | -36.7 | -30 | -35 | — |
| 单位GDP水耗（%） | | — | — | — | — | -23 |
| 空气质量 | 地级以上城市达标比例（%） | — | — | — | — | >80 |
| | 未达标城市$PM_{2.5}$下降比例（%） | — | — | — | — | 18 |
| 地表水质量 | 好于Ⅲ类水比例（%） | — | — | — | — | >70 |
| | 劣Ⅴ类水比例（%） | — | — | — | — | <5 |
| 耕地保有量（亿公顷） | | 1.22 | 1.2 | 18.18（亿亩） | 18.18（亿亩） | 18.65（亿亩） |
| 森林发展 | 森林覆盖率（%） | 20 | 20.36 | 21.66 | 21.6 | 23.04 |
| | 森林蓄积量（亿立方米） | | | 143 | 151 | 165 |

资料来源：国民经济和社会发展“十一五”“十二五”“十三五”规划纲要，本研究整理。

附表4　生态文明建设领域相关部门专项考核

| 部门 | 专项考核 | 相关文件 |
| --- | --- | --- |
| 生态环境部门 | 城市环境综合整治定量考核（“城考”） | 1988年9月，国务院环境保护委员会发布《关于城市环境综合整治定量考核的决定》；<br>2001年，原国家环保局印发《“十五”期间城市环境综合整治定量考核指标实施细则》；<br>2006年，原国家环保总局办公厅印发《“十一五”城市环境综合整治定量考核指标实施细则》和《全国城市环境综合整治定量考核管理工作规定》 |
| | 重点流域水污染防治 | 2005年，《淮河流域水污染防治工作目标责任书执行情况评估办法（试行）》；<br>2009年，《重点流域水污染防治专项规划实施情况考核暂行办法》；<br>2012年，《重点流域水污染防治专项规划实施情况考核指标解释》 |
| | 重点生态功能区县域生态环境质量 | 2011年，《国家重点生态功能区县域生态环境质量考核办法》；<br>2014年，《国家重点生态功能区县域生态环境质量监测、评价与考核指标体系》；<br>2014年，《国家重点生态功能区县域生态环境质量监测、评价与考核指标体系实施细则》 |
| | 主要污染物总量减排 | 2006年，《国务院关于“十一五”期间全国主要污染物排放总量控制计划的批复》；<br>2013年，《国务院办公厅关于转发环境保护部“十二五”主要污染物总量减排考核办法的通知》 |
| | 大气污染防治行动计划（“大气十条”） | 2013年，《大气污染防治行动计划》；<br>2013年，《大气污染防治行动计划重点工作部门分工方案》；<br>2014年，《大气污染防治行动计划实施情况考核办法（试行）》；<br>2014年，《大气污染防治行动计划实施情况考核办法（试行）实施细则》 |
| | 水污染防治行动计划（“水十条”） | 2015年，《水污染防治行动计划》；<br>2016年，《水污染防治行动计划实施情况考核规定（试行）》 |
| | 土壤污染防治行动计划（“土十条”） | 2016年，《土壤污染防治行动计划》；<br>2018年，《土壤污染防治行动计划实施情况评估考核规定（试行）》 |

续表

| 部门 | 专项考核 | 相关文件 |
|---|---|---|
| 国家发展改革委 | 节能减排 | 2007年，《国务院批转节能减排统计监测及考核实施方案和办法的通知》；<br>2011年，《“十二五”节能减排综合性工作方案》；<br>2016年，《“十三五”节能减排综合工作方案》 |
| | 温室气体排放控制 | 2012年，《“十二五”控制温室气体排放工作方案》；<br>2016年，《“十三五”控制温室气体排放工作方案》；<br>2017年，《“十三五”控制温室气体排放工作方案部门分工》 |
| 国土部门（自然资源部） | 耕地保护 | 2018年，国务院办公厅印发《省级政府耕地保护责任目标考核办法》（2005年10月28日经国务院同意、由国务院办公厅印发的《省级政府耕地保护责任目标考核办法》同时废止） |
| 水利部门 | “三条红线” | 2013年，国务院办公厅印发《实行最严格水资源管理制度考核办法》；<br>2014年，水利部、发展改革委等十部门联合印发《实行最严格水资源管理制度考核工作实施方案》 |
| | 水资源“双控” | 2016年，《“十三五”水资源消耗总量和强度双控行动方案》 |
| | 水土保持 | 2017，《水利部关于加快推进水土保持目标责任考核的指导意见》 |
| 农业部门 | 畜禽养殖资源化利用 | 2017年，《国务院办公厅关于加快推进畜禽养殖废弃物资源化利用的意见》；<br>2018年，《畜禽养殖废弃物资源化利用工作考核办法（试行）》 |
| | 农用地膜 | 2019年，《关于加快推进农用地膜污染防治的意见》 |
| 住建部门 | 农村垃圾处理、污水处理考核 | 《城镇污水处理工作考核暂行办法》 |
| 能源部门 | 可再生能源比例 | 《可再生能源电力配额及考核办法（征求意见稿）》 |
| 林业部门 | 造林质量 | 《营造林质量考核办法（试行）》 |

资料来源：本研究整理。

附表5　环境保护相关政府考核制度的重要文件

| 时间 | 文件名称 | 发文单位 | 相关内容 |
| --- | --- | --- | --- |
| 2006年 | 《体现科学发展观要求的地方党政领导班子和领导干部综合考核评价试行办法》 | 中共中央组织部 | 环境保护、资源消耗与安全生产、耕地等资源保护3个细分评价要点 |
| 2009年 | 《关于建立促进科学发展的党政领导班子和领导干部考核评价机制的意见》 | 中共中央办公厅 | 突出对人口资源、社会保障、节能减排、环境保护、安全生产、社会稳定、党风廉政、群众满意度等约束性指标的考核 |
| 2009年 | 《地方党政领导班子和领导干部综合考核评价办法（试行）》 | 中共中央组织部 | 地方党政领导班子和领导干部的实绩分析，主要内容包括节能减排与环境保护、生态建设与耕地等资源保护 |
| 2014年 | 《党政主要领导干部和国有企业领导人员经济责任审计规定实施细则》 | 原监察部、人力资源和社会保障部、审计署、国务院国有资产监督管理委员会 | 审计内容自然资源资产的开发利用和保护、生态环境保护以及民生改善等情况 |
| 2016年 | 《生态文明建设目标评价考核办法》 | 中共中央办公厅、国务院办公厅 | 生态文明建设目标评价考核在资源环境生态领域有关专项考核的基础上综合开展，采取评价和考核相结合的方式，实行年度评价、五年考核 |
| 2016年 | 《绿色发展指标体系》和《生态文明建设考核目标体系》 | 国家发展改革委、国家统计局、原环境保护部、中组部 | 将中共中央办公厅、国务院办公厅《生态文明建设目标评价考核办法》作为生态文明建设评价考核的依据 |

资料来源：本研究整理。

附表6 相关部门生态文明建设引导性考评（试点示范）情况

| 部门 | 时间 | 主要内容 |
| --- | --- | --- |
| 环保部门（生态环境部） | 1995年 | “生态示范区” |
| | 1997年 | “国家环保模范城” |
| | 2003年 | “生态省、市、县”<br>原国家环保总局发布《生态县、生态市、生态省建设指标》 |
| | 2007年 | “生态文明建设试点” |
| | 2011年 | 《关于加强国家生态工业示范园区建设的指导意见》 |
| | 2013年 | 《关于大力推进生态文明建设示范区工作的意见》<br>2013年底，经中央批准，“生态建设示范区”正式更名为“生态文明建设示范区” |
| | 2014年 | 《国家生态文明建设示范村镇指标（试行）》 |
| | 2017年 | 国家生态文明建设示范市县 |
| | 2019年 | 《国家生态文明建设示范市县建设指标》《国家生态文明建设示范市县管理规程》 |
| 国家发展和改革委员会 | 2011年 | 《关于开展西部地区生态文明示范工程试点的实施意见》 |
| | 2013年 | 《国家生态文明先行示范区建设方案（试行）》 |
| | 2014年 | 《关于开展生态文明先行示范区建设（第一批）的通知》 |
| | 2015年 | 《关于开展第二批生态文明先行示范区建设的通知》 |
| 水利部 | 2013年 | 《关于加快开展全国水生态文明城市建设试点工作的通知》 |
| | 2014年 | “水生态文明试点” |
| 原林业局 | 2004年 | “国家森林城市”<br>《“国家森林城市”评价指标》和《“国家森林城市”申报办法》 |
| 住房和城乡建设部 | 1992年 | “生态园林城市” |
| 国家海洋局 | 2012年 | 《关于开展“海洋生态文明示范区”建设工作的意见》《海洋生态文明示范区建设管理暂行办法》 |

资料来源：本研究整理。

# “十四五”时期宜增强生态环保政策和法制的针对性和灵活性*

“十三五”时期，我国通过政策和法制改革有效地促进了污染防治和生态保护工作。主要的原因是创设了我国生态环保党政同责的体制，构建了中央生态环保督察制度，建立了生态环保专项督查机制，健全了史上最严格的生态环保法律法规体系，倒逼地方各级党委和政府认真履行保障法律法规有效实施的职责。这些政策和法制的刚性色彩浓厚，在实施中针对性和灵活性不足，带来了不同程度的“一刀切”等问题。灵活性不足主要体现为，国家层面的统一政策和法制用一把尺子来丈量全国，难以满足各区域、各行业和各流域灵活解决纷繁复杂实际问题的需要。“十四五”时期，我国既要为到2035年美丽中国建设目标基本实现开好局，也要为实现2030年前碳达峰的目标奠定坚实的基础，为此须进一步改革，使政策和法制在普适性的基础上更具针对性和灵活性，体现区域、流域、行业生态环境保护和绿色发展的实际需求，从均衡性方面提升全国生态环境国家治理的总体绩效，从充分性方面提升一些区域、流域和行业生态环境国家治理的综合绩效。

---

* 本文成稿于2021年1月。

## 一、健全党内法规和国家立法相互衔接的法制体系，促进国家立法的有效实施

国家立法和党内法规均属于中国特色社会主义法制体系的组成部分。“十三五”时期，党中央、国务院联合出台了《党政领导干部生态环境损害责任追究办法（试行）》《生态文明建设目标评价考核办法》《中央生态环境保护督察工作办法》等文件，对于破解国家生态环保法律法规难以充分和有效实施的问题，缓解我国生态环境形势严峻的局面起了撬动作用。

“十四五”时期，需针对国家生态环境法律法规实施成效不足的环节，如环境行政许可、环境行政执法、环境行政决策、环境保护社会协商、环境保护区域和流域协作、环境保护区域和流域立法、环境保护违法事件量化追责等，按照党政机构和领导干部的职责分工，分别在中央层面的党内法规和国家法律法规中做好衔接性的规范构建和创新工作。对于地方法规规章实施中存在的具体问题，以及地方生态文明体制改革中需打通的“肠梗阻”问题，按照党政机构和领导干部的职责分工，分别在省级党内法规和地方法规规章中做好规范构建和创新工作，改革、优化体制、制度和机制，细化所有责任方的职责，加强评价考核和监督追责，确保国家和地方法制得到整体和充分的实施。对于地方生态文明体制改革涌现的好经验、好做法，也可以通过地方党委与地方政府联合发文予以巩固和发展。

## 二、中央与地方签订行政协议，调动地方深入开展生态环保工作的积极性

一些地区生态保护和结构性减排的潜能大，为了实现国家整体的生态环保目标，可在国家法律强制规则的基础上，发挥中央与地方间行政协议

的激励作用，调动这些地区节能减排和转型升级的积极性。

“十三五”时期，生态环境部与一些省级人民政府签订了加强生态环保和促进绿色发展的行政协议，如2018年12月27日，生态环境部与海南省政府签订《全面加强海南生态环境保护战略合作协议》，开展海南生态环保顶层设计、打好污染防治攻坚战、绿色经济高质量发展、生态系统保护与修复等九个方面的合作。海南省按照协议要求积极开展“多规合一”、加强污染治理、推行“削煤减油”、提前实施“国六”标准、科学合理控制机动车保有量、推广新能源和清洁能源汽车、积极探索“零碳岛”建设；生态环境部支持海南大气、水、土壤、农村环境整治、近岸海域等环境保护专项资金项目建设，指导海南省推进生态环境信息化能力建设。再如2020年6月10日，生态环境部与山东省人民政府签署统筹推进生态环境高水平保护与经济高质量发展战略合作框架协议，在制度体系的构建、产业绿色发展、能源结构优化调整、交通运输转型升级、农业农村绿色循环发展、生态环境高水平保护等方面开展合作，共同优化山东省的产业结构，整合工业产能，提升工业品质，加强基础设施建设，开展生态修复。

“十四五”时期，可总结和推广上述行政协议对于依法、科学、精准治污及促进地方绿色发展的作用，形成一套可复制、可推广的模式。实施该模式时，可考虑约定省域生态环境高质量保护目标和相应的奖惩措施。奖励措施包括生态环境部需兑现的具体优惠政策和资金奖励措施，惩戒机制包括负面评价、区域限批、生态补偿和专项奖励资金扣罚等。如果可能，可以邀请中组部作为协议实施的监督方，督促地方落实生态环保约定目标的实现。

## 三、推进流域与区域的专门立法或者协同立法，通过体制、制度和机制的集成创新促进实际问题的解决

2014 年 4 月《中华人民共和国环境保护法》修订后，我国的生态环保法律体系进入以生态文明为指导的全面升级时代，生态环保立法按照实际需要作出体制、制度、机制的改革和创新。“十三五”期间，《中华人民共和国土壤污染防治法》《中华人民共和国生物安全法》得以制定，《中华人民共和国水法》《中华人民共和国大气污染防治法》《中华人民共和国水污染防治法》《中华人民共和国固体废物污染环境防治法》《中华人民共和国海洋环境保护法》《中华人民共和国野生动物保护法》《中华人民共和国环境影响评价法》《中华人民共和国森林法》等得到修改。如现有的普适性一般立法无法解决具体领域、区域和流域的特殊生态环境问题，则应对现有立法规定的体制、制度和机制开展整合甚至集成创新，如设立符合各流域和区域生态环保目标与区域定位的生态环保产业准入负面清单，体现其因地制宜性、可适用性和有效性。以《中华人民共和国长江保护法》的制定为例，条文对现有的体制、制度和机制开展了统筹整合或者集成创新，切合了长江流域地域广阔、生态环境基础不一、经济社会发展条件不一、生态环境问题复杂且解决生态环境问题、促进绿色发展难度大的实际。

“十四五”时期，需巩固和推广《中华人民共和国长江保护法》的制定经验，针对黄河、淮河、辽河、松花江、海河、太湖等大江大河大湖的特殊生态环保和绿色发展问题，在国家层面制定“黄河保护与治理法”等专门法律或者条例；针对京津冀地区、长三角地区、汾渭平原和成渝地区，在国家层面制定大气环境保护特别法律或者条例，如“京津冀地区大气环境保护法”等。如果立法有难度，可参考京、津、冀三地省级人大常委会 2020 年协同制定并实施《机动车和非道路移动机械排放污染防治条例》的

经验，构建共同或者协同的执法监管体制、法律制度和法律机制，开展协同立法和法律实施。

## 四、按照流域与区域依生态环保目标设立生态环境标准，体现生态环保工作的针对性和因地制宜性

为了促进全国生态环境保护工作的均衡性，须制定在全国具有普适性的生态保护、生态修复、环境质量、污染物排放等标准。这些标准在一些生态环境基础较好的发达地区比较容易达到，但对于一些生态环境基础薄弱的欠发达地区来说，全面达标有一定难度。全国的普适性标准有利于统一各省份的守法尺度，但不利于调动一些发达地区进一步提升生态环境质量的积极性。为此，《中华人民共和国环境保护法》《中华人民共和国大气污染防治法》《中华人民共和国水污染防治法》对于省级区域地方环境质量标准和污染物排放标准的制定权限做了规定，如《中华人民共和国环境保护法》第 15 条和第 16 条规定，对于环境质量标准和污染物排放标准，省、自治区、直辖市人民政府对国家标准中未作规定的项目，可以制定地方标准；对国家标准中已作规定的项目，可以制定严于国家标准的地方标准。地方这两项标准应当报国务院环境保护主管部门备案。对于一些跨省级行政区域的流域和空间区域，如长江、黄河、淮河、海河、辽河、松花江、西江、渭河和京津冀、长三角、汾渭平原、成渝地区等，国家普适性标准的适用难以体现这些具体流域和区域污染防治工作的难易程度；流域和区域内的一些省份实施了严格的地方标准，但是难以适用于流域和区域内的其他地区，难以提升全流域污染防治的整体要求。

“十四五”时期，有必要修改《中华人民共和国环境保护法》《中华人民共和国水污染防治法》《中华人民共和国大气污染防治法》等法律，规

定生态环境部按照各跨省流域和区域的生态环保和经济社会发展等实际情况，制定适用于全流域和区域且严于国家标准的环境质量标准和污染物排放标准；针对大流域的跨省支流，规定严于干流标准的水质量标准和水污染物排放标准。各省级人民政府可以制定严于所处流域和区域生态环境标准的省级区域标准，可以针对省域内的跨市河流和区域，制定比本省域普适性生态环境标准更严的环境质量标准与污染物排放标准。这样既有利于提升各流域和区域生态环保工作的充分性，减少全国普适性立法在流域和区域的实施成本，也有利于为一些新组建的流域生态环境执法机构统一执法尺度，开展全流域的生态环保执法和监察。

## 五、实行“法定义务 + 企业承诺”履行制度，因企制宜地落实各生产经营单位的生态环保责任

目前，一些区域内的生态环境容量资源和污染物集中处置资源已经有限，只有生产经营单位额外作出立法强制规定之外的针对性承诺，如建设固体废物集中收集和处置设施、产能置换、煤炭等量替换、排污指标购买、产业转型升级、企业搬迁、全面守法、信息公开、重污染情况下的限产停产、违法后果等，生态环境主管部门才能批准企业的建设和运行。企业获批或者运行后一旦违反承诺，就应依据承诺文件承担法律责任。

“十三五”时期，生态环境部和一些地方开展了有益的探索。如 2020 年 3 月，生态环境部印发了《关于统筹做好疫情防控和经济社会发展生态环保工作的指导意见》，将《建设项目环境影响评价分类管理名录》中 17 大类 44 小类行业纳入了环评告知承诺制审批改革试点范围。目前，北京等 15 个城市和浙江省试点了环评告知承诺制审批改革。江西省则更进一步，在生态环境审批领域全面采取了承诺制，如 2020 年 4 月，江西省生

态环境厅印发《江西省企业生态环境保护公开承诺制度（试行）》，要求本省排污企业就履行生态环保主体责任、执行法律法规和规范标准、落实各项管理制度等方面在统一的承诺模板上作出承诺，并向社会和企业职工公开。这项制度体现了生态环境法律法规实施的针对性和灵活性。

“十四五”时期，修改的生态环保法律法规涉及环境影响评价、生态环境许可证审批、企业整改验收等环节的规范时，应当普遍推行“法定义务 + 企业承诺”履行制度，将区域的生态环境管控实际与企业的实际情况相结合，既体现法律强制规定的普适性，也体现企业生态环境管理的差异化；既尽可能保障各企业正常开展生产经营活动，也提升区域生态环保的守法度。在企业履行法律规定的强制性义务和自己依法作出的承诺外，生态环境主管部门应制定激励措施，鼓励企业自愿承担其他的生态环保责任，如减排更多的污染物、减少煤炭消费总量、减少单位产品碳排放量，公开非强制性公开的生态环境信息等。

## 六、发挥市场调节的作用，总结和推广基层自治经验，促进生态环境国家治理

需进一步发挥市场机制对自然资源、生态资源和环保产业发展的调节作用。如可在需求量不一的省域间开展煤炭总量指标交易，盘活总量指标，确保全国煤炭消耗总量得到有效控制的同时，提升交易双方的经济活跃度。市场机制如能调节生态环保事项时，政府可以建立规则予以指导；市场机制如失灵时，政府须依据规则介入。只有这样，才能减少生态环境部门的监管成本和企业的守法成本，提升生态环境资源的配置效率。

国家层面的生态环境立法需要总结和推广一些地方探索和有效实施的灵活性自治方法。如浙江省的生态环境议事厅是新时代社会治理的一项创

新，通过社区居民或者居民代表对具体生态环保事项的讨论和协商，既促进了执法监管部门的有效执法及企业自觉守法和改造提升，又提高了群众的生态环保意识；既改善了最普惠的生态环境民生福祉，促进了经济的发展，又把矛盾化解在了基层，促进了社会和谐。“十四五”时期，建议修改生态环境法律法规，或者由生态环境等有关部门出台指导意见推广此做法，规范协商程序，衔接议事与守法、执法的关系，促进生态环境国家治理的长效和规范化发展。

常纪文

# “十四五”时期环境监管的新形势与新体制 *

党的十八大以来，我国生态环境保护发生历史性、转折性、全局性变化。随着碳达峰碳中和纳入生态文明建设整体布局和经济社会发展全局，“十四五”时期，我国生态文明建设进入以降碳为重点战略方向、推动减污降碳协同增效、促进经济社会发展全面绿色转型新阶段，环境监管面临新形势。一方面，碳排放约束将逐渐成为环境监管的重要内容；另一方面，在巩固环境监管刚性约束的同时，需要不断提高监管的科学性、合理性，在提高监管效能的同时更加注重监管质量，更好地统筹生态环境保护和经济社会发展。为此，需要从健全环境保护目标责任体系和问责机制、完善政府环境监管体系、强化市场化机制建设等方面系统着力。

## 一、“十四五”时期环境监管面临新形势

### （一）我国已经跨越了污染物排放的“环境拐点”，“十四五”时期碳排放向达峰企稳迈进，减污降碳进入新阶段

“十一五”至“十三五”期间，我国不断加大污染防治力度，从强化污染物总量控制，到以环境质量改善为核心，先后实施了水、气、土污染

* 本文成稿于2021年12月。

防治行动计划、污染防治攻坚战等一系列重大举措，污染防治取得了显著成效，空气、地表水环境质量已经显著改善，主要污染物排放与经济增长已逐步脱钩。依据“环境库兹涅茨曲线”经验规律，对比发达国家环境改善的历程，我国已经跨越了“环境拐点”，进入到环境质量总体上持续向好的阶段。由于污染物排放仍处于高位，要实现到2035年美丽中国建设目标基本实现，通过污染防治大幅削减主要污染物排放仍然是生态环境保护工作的主线。“十四五”时期，污染防治进入新阶段，污染物削减的边际成本增加，减排难度增大，环境质量改善速度趋缓，臭氧等污染问题将日益凸显。与此同时，我国经济自“十二五”期间进入新常态以来，能源消费、碳排放增速已显著趋缓，“十四五”时期我国碳排放将进一步向达峰企稳迈进。随着“双碳”目标纳入生态文明建设整体布局和经济社会发展全局，我国绿色发展进入了以降碳为重点战略方向的新阶段，必须更加注重减污降碳协同推进。

### （二）生态环境保护和经济社会发展进入深度“再平衡”重要阶段，面临更加复杂的形势

“十三五”期间，我国环境监管从严快速调整，随着中央环保督察制度和新的《中华人民共和国环境保护法》的实施，长期以来“环境违法是常态”的局面得到扭转，系统性环境监管失灵状况得到显著改善，在保持经济增长的同时主要污染物排放水平大幅下降。在这个过程中，随着环境监管有效性、一致性的提高，全社会环境守法水平显著提升，企业治污成本逐步内部化，经济社会发展绿色转型不断推进，生态环境保护和经济增长进入“再平衡”的阶段。“十四五”时期，“双碳”目标使碳减排对经济社会发展的约束进一步加强，对经济社会发展将产生深刻影响。我国仍处在工业化城镇化的中后期阶段，也是经济由高速增长转向高质量发展的重

要阶段。从经济发展水平来看，中国人均 GDP 已经达到 1 万美元，进入迈向高收入国家、完成现代化的关键阶段。由于“十四五”时期到 2035 年，我国主要工业产品生产、能源消费、机动车运行等驱动污染物排放的活动水平处于“平台期”或持续增长状态，在这种情况下，持续削减主要污染物排放，对环境监管提出了更高的要求。中美贸易冲突、新冠肺炎疫情给经济增长带来的冲击和不确定性，使中国经济保持适度增长、实现高质量发展面临挑战。“十四五”时期，生态环境保护和经济增长的矛盾可能会进一步凸显，这要求环境监管应充分考虑产业发展水平、企业竞争力、民生诉求等因素。

### （三）在生态文明体制改革框架下，环境监管改革从克服监管失灵进入提高监管质量的新阶段

20 世纪 90 年代以来，我国在市场化改革的进程中开启了政府监管改革进程，各领域的监管体系逐步建立和完善。党的十八届三中全会提出了“国家治理体系和治理能力现代化”的要求，我国全面推进生态文明体制改革和制度建设，系统性重构环境监管体系，全面改革环境监管的组织体系、监管工具、问责机制等。“十三五”时期环境监管改革的主要矛盾是克服长期以来的环境监管失灵，全面提高环境监管的有效性。这一目标已经基本实现，环境监管刚性约束已经初步确立，以政府监管为主要内核的生态环境治理体系初步形成。长期看，环境监管在环境治理体系中仍将处于核心位置，在推动经济社会全面绿色转型中仍将发挥基础性作用。“十四五”时期，深入推进环境监管改革，其目标仍然是构建公开、透明、专业、依法、可问责的现代监管体系。从问题导向看，一方面，需要巩固组织体系、监管工具、问责机制领域的改革成效，破题关键环节改革。同时，对前一阶段改革中存在的问题进行优化调整。另一方面，在提高监管

有效性的同时，更加注重改善监管质量。为此，需要补缺一些制度安排，如环境监管影响分析制度（RIA）。这既是监管实施中的决策工具，也是环境监管者的制度安排。“十四五”时期的监管改革，要为我国到2035年基本实现美丽中国建设目标进一步夯实制度基础。

## 二、环境监管要更好统筹生态环境保护与经济社会发展

### （一）环境保护目标责任制“正向激励”作用不足，约束性指标与经济发展之间的矛盾进一步凸显

从20世纪80年代逐步建立和完善的环境保护目标责任制，逐步成为驱动环境监管实施的基础性制度安排。“十一五”以来节能减排约束性指标进一步强化了该制度，并直接推动了主要环境指标的显著改善。党的十八大以来，随着中央生态环保督察制度的实施，环境保护目标责任体系和问责机制逐步成熟，由此地方政府加强环境保护的意识显著增强，各级环境监管机构履职尽责的状况显著改善。但是，在实施中也存在一些问题。一是环境保护目标责任制在多目标的党政领导干部政绩考核体系中，仍体现为“约束导向”，引导地方政府绿色发展的“正向激励”作用不足。以生态系统生产总值（GEP）为代表的绿色核算体系虽然在积极探索中，但缺乏共识，仍难以作为衡量绿色发展的标尺，尚不能发挥系统性引导地方政府绿色发展的作用。二是生态环保领域督察过程中责任认定机制不完善，“尽职免责”机制尚未建立，而常态化的问责机制，如政府向人大报告等制度尚未有效建立，社会问责、司法监督发挥作用不充分，导致部分地方政府解决突出环境问题有时以“运动式”方式进行，容易造成环境政策实施“重结果、轻过程”“层层加码”以及环境政策不够科学、不够

合理的现象。三是能源（碳排放）约束性指标与经济社会发展之间的矛盾日益凸显，缺乏制度化的调节机制。不同于主要污染物减排，能源（碳排放）与经济增长的耦合度更高，且尚未与经济增长脱钩。在二者产生矛盾时，只能通过危机倒逼“松绑”的方式来解决，由此付出的社会成本高。

### （二）以行政命令主导、带有“运动式”执法特点的环境监管方式仍然存在，容易对微观主体进行不当干预

一是部分地方政府和环境监管机构法治意识不强，环境监管机构自由裁量权不规范，习惯于通过行政命令的方式干预微观主体。在环境政策实施过程中，“依法依规”的原则往往让位于“环境目标实现”的原则。二是作为固定污染源核心监管工具的排污许可制改革尚在进行中，尽管已经全面完成了发证工作，但是统一污染源数据、转变监管执法方式的改革目标尚未破题，排污许可核发部门与执法部门之间衔接不够通畅、管理脱节，从而难以有效支撑精准监管工作以及环境保护税、排污权交易等市场化工具有效运行。与此同时，碳排放尚未纳入排污许可制度体系中。三是环境监管实施过程中，缺乏制度化、有约束力的环境监管评估机制，缺失平衡利益相关者诉求、协调环境监管和产业发展的制度安排。生态环境部门已开始探索实施环境政策影响评估制度，但总体上环境政策制定实施中政策评估不足。

### （三）环境经济政策工具的深度、广度以及有效性不足，激励微观主体减污降碳的市场化长效机制尚未有效形成

经过多年的发展，我国环境经济政策体系从类型上已比较完备，但总体发挥作用有限。一是环境保护税只有 200 亿元左右，规模偏小，挥发性有机物（VOCs）等污染物排放尚未纳入征收范围，跨部门征管协作机制尚

未理顺。二是排污权交易经过多年探索，试点地区的交易规模偏小，交易活跃度偏低，而由于排污许可制尚未全面有效落地，难以大范围推广应用并发挥市场化机制的效能。三是碳排放权交易经过7省市试点后已进入全国性碳市场探索阶段，但面临电价改革尚未破题、市场传导机制缺失等制度性障碍，实体层面减排机制有效性不足，且存在实体减排机制和金融交易脱钩的倾向，碳价机制尚未形成。能耗“双控”指标按行政区域分解考核与全国性碳市场建设之间的关系尚未厘清，二者矛盾日益凸显。

## 三、政策建议

“十四五”时期我国要持续优化环境监管实施机制，更好兼顾经济社会发展，需要系统推进相关制度改革。逻辑上，科学合理的环境保护目标责任体系和问责机制、高效的政府环境监管体系是市场化机制有效运行的前提。首先，应调整环境保护目标责任体系和问责机制，通过优化问责机制、优化约束性指标分解考核方式，为地方政府和各级环境监管机构“精准、科学、依法”履行监管职能以及市场化机制有效运行提供制度空间。其次，应持续推进环境监管体系改革，构建综合协同的碳排放监管体系，完善监管决策机制，全面提高环境监管效能和质量。最后，持续推进减污降碳市场化机制建设，理顺价格机制，完善“污染者付费机制”，破除诸如电价机制等体制性障碍，推动构建减污降碳市场化长效机制。

### （一）进一步改进环境保护目标责任体系和问责机制，强化“依法依规、科学合理”原则

以高质量发展指标体系为统领，统筹优化生态文明建设领域评价考核体系，将编制自然资源资产负债表、领导干部自然资源资产离任审计等

改革举措，和生态环保督察制度、自然资源督察制度及其他相关考核制度适度合并。完善中央生态环保督察制度，进一步规范与完善生态环保督察问责程序。建立和完善督察整改方案科学评估机制，科学制定督察整改方案。在解决突出环境问题的同时，要引导地方政府“依法依规、科学合理”履行环境保护职责，充分考虑生态环境保护与经济社会协调发展。进一步完善检察机关环境行政公益诉讼制度。强化各级人大对地方政府环境保护工作的日常监督作用，进一步做实“向人大报告制度”，完善人大启动行政问责的机制。

### （二）科学设置生态环境保护目标，完善约束性指标分解落实及调整机制

引导地方政府、重点行业，科学合理制定碳达峰目标。“十四五”期间接续开展气、水、土等领域新一轮污染防治行动计划。在国家层面整体满足指标目标要求的前提下，结合地方实际情况，建立指标目标值的动态调整机制，适时合理优化调整地方考核目标。充分考虑新发展格局下地区发展差异、产业转移趋势，建立地方考核目标动态调整机制。弱化能源消费总量控制指标，探索地区能源消费总量控制弹性管理制度，探索国家重大项目、特殊行业的指标豁免机制，在碳排放实现达峰后逐步用碳排放指标取代能耗指标。

### （三）深化环境监管体制改革，完善监管执行机制，提高环境监管效能

进一步深化环保机构省以下垂直管理改革、综合执法改革、设立区域流域环保机构等改革，完善运行机制，发挥改革效能。在充分论证评估的基础上，对争议较大、运行机制不顺的改革举措择机予以调整。通过修订

法律法规进一步规范环境监管机构的自由裁量权，细化环境监管机构“尽职免责”的相关规定，完善内部监督机制，规范环境监管机构依法依规履行监管职能，持续规范监管执法程序。在既有的环境监管体系和节能监察体系基础上，构建综合协同的碳排放监管体系，通过权责清单等方式明晰相关部门在碳排放监管事中事后的职能分工，加强跨部门协作，完善能耗指标、节能审查、碳排放环境影响评价等工具的监管协同机制。

### （四）建立适合我国国情的环境监管影响分析制度，提高环境监管科学决策水平

借鉴国际经验，引入成本—收益分析、有效性分析等方法，建立适合我国国情的环境监管影响分析制度。可优先探索在相关部门内部进一步完善环境监管影响分析制度，逐步建立跨部门协调机制，由立法机构、政府综合部门联合开展环境监管影响分析，作为批准环境监管政策出台的依据。“十四五”时期，研究制定并出台《重大环境政策影响评估办法》，在重大环境政策实施的事前、事中、事后环节引入制度化的政策评估机制，对重大环境政策的评估程序、评估机构、评估人员作出具体要求，并将评估结果作为环境政策实施以及调整的重要依据。“十四五”时期，加强对能耗“双控”、碳达峰碳中和等重大环境政策事中事后评估。监管影响分析需要综合考虑经济增长、调整经济结构、产业竞争力等宏观层面影响，还应分析政策实施对企业的成本与收益、产品结构调整、技术创新等微观层面的影响。

### （五）推动基础性政策工具有效落地，增强政策体系的协同性，推动建立减污降碳市场化长效机制

接续以做实排污许可制度为抓手，加强相关部门内部协同，切实解决

污染源监测与执法协同中的体制机制障碍，统筹推进环境影响评价、环境保护税、总量控制、排污权交易、碳市场等监管工具协同发展。择机修订《中华人民共和国环境保护税法》，扩大环境保护税征收范围，完善征管机制。在推进碳减排的市场机制中，以碳市场为核心政策工具，逐步弱化用能权、节能量交易等政策工具，着力破解碳市场建设中面临的电价市场化改革等关键问题，现阶段应稳妥处理好碳交易实物交易属性和金融属性之间的关系。加强碳税方案研究，作为进一步完善碳减排市场化机制的政策储备。

陈健鹏　高世楫

## 参考文献

[1] 陈健鹏，高世楫，李佐军. 中国主要污染物排放进入转折期——预判污染物排放峰值在“十三五”期间. 国务院发展研究中心《调查研究报告专刊》，2014年第63期（总1373期）.

[2] 高世楫，李佐军，陈健鹏. 我国环境监管体制进入重要调整阶段——“十三五”时期环境监管体制改革面临的形势与多重意义. 国务院发展研究中心《调查研究报告》，2016年第31号（4914号）.

[3] 高世楫，李佐军，陈健鹏. “十三五”时期环境监管体制改革的目标、思路和若干建议. 国务院发展研究中心《调查研究报告》，2016年第32号（4915号）.

[4] 高世楫，陈健鹏. 提高环境监管效能，促进绿色发展. 国务院发展研究中心《调查研究报告专刊》，2017年第42期（总1566期）.

[5] 陈健鹏，王超. 能源消费、空气污染物排放、碳排放达峰时序国际比较及启示. 国务院发展研究中心《调查研究报告专刊》，2017年第43期（总1567期）.

[6] 陈健鹏. 生态文明建设目标责任体系及问责机制：演进历程、问题和改进方向. 国务院发展研究中心《调查研究报告》，2020年第80号（5824号）.

# 优化生态安全屏障体系，维护国家生态安全*

生态安全屏障[①]是保障国家及区域生态安全和生态服务供给并支撑可持续发展的重要复合生态系统。近年来，我国生态安全屏障体系建设已取得重要进展，但在质量功能、体制机制、监管能力等方面仍存在一些短板。“十四五”时期，需围绕国家生态安全大局全力优化生态安全屏障体系。

## 一、我国生态安全屏障体系建设已取得重要进展

党的十八大以来，随着生态文明体制改革的不断深化，不同空间尺度的生态安全屏障建设尤其是重要生态系统保护和修复工程持续推进，我国生态安全屏障体系建设取得重要进展。

“两屏三带”生态安全屏障骨架初步构筑。2010年，国务院印发《全国主体功能区规划》，明确要构建我国以“两屏三带”为主体的生态安全战略格局。目前“两屏三带”生态安全屏障骨架已初步构筑，“两屏”指

* 本文成稿于2022年4月。

① 生态安全屏障是特定区域范围内具有战略性意义、基础性作用，尤其以山地、高原、丘陵为典型地貌，以森林、草地、湿地、水域等为主要生态类型的重要复合生态系统，事关国家、区域生态安全和可持续发展。它可分为国家意义、地区意义的屏障。生态安全屏障体系是一系列类型相互补充、规模相互匹配的生态安全屏障的总称。

“青藏高原生态屏障”“黄土高原－川滇生态屏障”，“三带”指“东北森林带”“北方防沙带”“南方丘陵山地带”，对维护国家生态安全、支撑生态文明建设发挥了基础性关键性作用。

以国家公园为主体的自然保护地体系初步形成。自然保护地体系是生态安全屏障体系的核心载体与主力。经多年努力，全国已建立数量众多、类型丰富、功能多样的各级各类自然保护地。“十三五”期间，全国自然保护地数量增加 700 多个，面积增加 2500 多万公顷，总数量已高达 1.18 万个，约占陆域国土面积的 18%。三江源、东北虎豹、大熊猫、祁连山等国家公园试点和实施规划得以积极推进，并于 2021 年正式设立了第一批共五个国家公园，涵盖近 30% 的陆域国家重点保护野生动植物种类。自然保护地体系建设的稳步推进，在维护国家生态安全、提升生态系统功能、保护生物多样性等方面发挥了重要作用。

生态系统保护和修复工作取得初步成效。生态系统保护修复是生态安全屏障体系建设的关键抓手。党的十八大以来，在习近平生态文明思想的指导下，国家不断加大生态保护修复力度。一方面，重点防护林体系建设、湿地与河湖保护修复、海洋生态修复等多项重点、重大生态保护与修复工程持续推进。2020 年出台的《全国重要生态系统保护和修复重大工程总体规划（2021—2035 年）》，成为党的十九大后我国生态保护和修复领域首个综合性规划，基本囊括了山、水、林、田、湖、草以及海洋等全部自然生态要素。另一方面，统筹山、水、林、田、湖、草沙冰等要素的系统保护和修复治理工作稳步推进。“十三五”期间，共开展了 25 个山水林田湖草生态保护修复工程试点，涉及全国 24 个省份，累计完成生态保护和修复面积约 200 万公顷；2021 年又启动“十四五”时期第一批共 10 个山水林田湖草沙一体化保护和修复工程项目。

经过包括上述在内的工作，目前我国自然生态系统恶化趋势基本得到遏制。以“十三五”时期为例，全国森林覆盖率达23.04%，草原综合植被盖度升至56.1%，水土流失面积较20世纪80年代监测最高值减少97.76万平方千米，全国湿地保护率达52.65%，累计整治修复岸线1200千米、滨海湿地2.3万公顷。主要类型自然生态系统稳定性逐步增强，重点生态功能区生态服务功能稳步提升，为国家生态安全屏障的存续、改造和建设发挥了重要基础性支撑作用。

## 二、当前我国生态安全屏障体系建设仍存在短板

在取得重要进展的同时，我国生态安全屏障体系建设仍面临一系列问题亟待解决。

生态安全屏障总体上质量不高、功能较弱且不稳定。生态系统长期严重超载，导致生态系统功能退化、资源环境承载力下降的形势依然严峻。草原中度、重度退化面积占1/3以上，2020年重点天然草原平均牲畜超载率达10.1%。目前全国21个省（自治区、直辖市）地下水超采区总面积达28.7万平方千米，年均超采量158亿立方米。黄河流域水资源开发利用率高达80%，上游水源涵养能力不足、中游水土流失严重、下游河口自然湿地面积减少。洞庭湖、鄱阳湖等长江流域湖泊面积大幅萎缩，导致淡水蓄水能力明显下降。总体而言，生态极脆弱和脆弱区域约占全国陆地国土空间的一半，加之生态系统本底脆弱，重点生态系统整体质量和稳定性状况不容乐观，潜在生态安全风险依然很大。

自然保护地体系尚未全面形成。长期历史遗留性问题，如顶层设计不完善、分类欠科学、空间布局欠合理、产权不清晰、管理体制不顺畅，以及配套政策、法律法规及监督机制不健全等，导致各级各类自然保护地尚停留于数量集合而难以形成系统性有机整体，自然保护地生态系统破碎

化、孤岛化、管理交叉重叠等问题突出，部分地方政府和职能部门因保护与开发的矛盾，擅自调整保护地范围、功能区划，甚至撤销自然保护地，大大降低了生态空间保护修复的有效性，甚至造成生态安全风险。

生态安全屏障保护建设的体制机制有待完善。长期以来，生态安全屏障保护建设所涉及的林草、水利、自然资源、生态环境等部门之间缺乏统筹协调，多头管理造成各类治理工程条块分割、“拼盘”现象严重。山水林田湖草沙生态保护和修复的系统性、整体性及科学性亟待提升，部分治理工程仅从行业或局部的单一目标出发，区域生态系统被割裂，顾此失彼，导致资金使用低效、浪费甚至出现重复投资，严重影响治理成效，甚至对生态安全屏障造成系统性破坏。

生态安全屏障系统动态监管能力有待提升。生态安全屏障监管目前在能力建设方面存在的一些短板，突出表现在生态监测网络建设有待完善，目前监测与监管结合尚不紧密，动态监测数据质量仍有待提高，部门间信息共享机制尚未建立，距离“陆海统筹、空天地一体、上下协同”的生态监测网络建设目标尚有一定差距；自然资源、生态系统及其开发、利用、保护等调查、监测、评价、预警工作较为滞后，生态资源本底情况仍不甚清楚；重要生态系统保护修复治理成效缺乏评估标准，尤其是对已受损生态系统修复到什么程度即认作达标的问题尚未提出明确的判别标准，且修复目标往往缺乏可及性；相关监管的法律法规、政策标准体系亟待完善，“国土空间开发保护法”“自然保护地法”等需尽快出台，“国土空间规划法”等立法工作需加快推进，《中华人民共和国自然保护区条例》《风景名胜区条例》《森林公园管理办法》等相关法规规章的修订工作也需加快推进。

## 三、围绕国家生态安全大局，全力优化生态安全屏障体系

为妥善解决我国生态安全屏障体系建设中存在的突出问题，亟须优化现有生态安全屏障骨架，加大体制机制创新、调查监测评价、系统保护修复等工作力度。

### （一）优化生态安全屏障骨架，筑牢国家生态安全战略格局

在国土空间规划体系中统筹考虑设置生态安全屏障体系专项规划。在全域国土空间规划中统筹划定、优化并严守生态保护红线，优化调整自然保护地，严控生态空间占用。以维护国家生态安全为目标，以习近平生态文明思想为引领，构建以国家生态安全屏障为骨架，以自然保护地为主力的功能齐备、布局合理的国家生态安全战略格局。基于国家生态安全风险的考虑，优化现有“两屏三带”生态安全屏障骨架，可考虑将其进一步扩展为“六屏五带”的国家生态安全屏障主体架构。“六屏”即青藏高原、新疆北部、天山、黄土高原、燕山—太行山、川滇六大天然生态屏，“五带”即东北森林、秦巴—武陵山、长江中下游、南方丘陵、东部沿海五大生态带。

### （二）加快推进以国家公园为主体的自然保护地体系建设进程，强化生态空间差别化管控

整合优化现有各类自然保护地，加快构建以国家公园为主体、自然保护区为基础、各类自然公园为补充的自然保护地体系，着力解决自然

保护地重叠设置、多头管理、边界不清、权责不明、保护与发展矛盾突出等问题。优化各类自然保护地的空间布局，使自然保护地分别占全国陆域 20% 以上、管辖海域 10% 以上。持续推进各级各类自然保护地的标准化、规范化建设，科学划建国家公园，有效保护国家重要生态安全屏障的原真性和完整性。优化自然保护区和自然公园的功能定位、建设布局及规模。

加强对各级各类自然保护地的空间管控。严格保护冰川，禁止任何开发建设行为；严禁在水源涵养区、水源保护区等生态敏感区域进行一般性矿产资源勘探和开发；推进天然林保护和围栏封育，严格保护具有水源涵养功能的植被，限制或禁止放牧、无序采矿、毁林开荒、开垦草地、侵占湿地等行为。

### （三）统筹重要生态空间保护修复治理，提升生态系统服务功能

坚持山水林田湖草沙生命共同体理念，统筹推进山水林田湖草沙一体化保护和修复治理，分区分类、科学规范推进重点生态工程建设。因地制宜科学打造以森林、草地和湿地为核心的生态廊道，充分发挥其行洪蓄洪、削减洪峰、保持水土、净化水质、保护生物多样性等功能，并着力解决生态空间破碎化、保护区域孤岛化、生态连通性降低等突出问题。通过生境必要性重建、生态系统结构优化，在重点区域强化生态安全屏障及大尺度生态廊道的保护修复，全面提升重要生态系统的质量、稳定性、复原力和生态服务功能，促进生态系统良性循环和永续利用，为筑牢生态安全屏障奠定坚实基础。

## （四）加强统筹协调，健全生态安全屏障体系建设体制机制

理顺跨区域、跨流域管理与行政区域管理事权，建立统一、协调、高效的生态空间管理体制，统筹推进不同空间尺度生态安全屏障的系统保护与建设。构建跨区域、跨流域生态保护修复相关部门参加的协作联动机制和风险预警防控体系，推进跨区域、跨流域统一监测、信息共享、联合执法、应急联动。

探索创新生态保护修复与区域绿色发展协同推进模式，不断建立健全生态产品价值实现机制，提升优质生态产品供给及价值实现能力，为持续推进生态安全屏障体系建设提供内生动力。探索建立多元化生态补偿长效机制，全面落实《国务院办公厅关于鼓励和支持社会资本参与生态保护修复的意见》，尤其要鼓励和支持社会资本参与生态保护修复项目的投资、设计、修复、管护等全过程。以自主投资、PPP、公益参与等方式，充分发挥财政资金引导和杠杆作用，撬动更多金融资本、社会资金参与生态安全屏障体系建设。

## （五）补齐生态监管短板，提升生态安全屏障监管能力

结合《关于加强生态保护监管工作的意见》相关要求，强化生态安全屏障体系监管。充分利用卫星遥感、无人机遥感、走航监测和地面监测等技术手段，加快建立健全覆盖重要生态系统和重点区域、陆海统筹、空天地一体、上下协同的生态质量立体监测网络及相应的评估与预警体系，并依托国土空间信息平台等，建立互联互通的生态安全屏障监管信息化平台。建立健全相关政策法规与标准体系，加快推进生态环境保护综合行政执法改革与统一执法能力建设。完善日常监测、评估、预警、执法、督查

等监督管理制度，加强对重点区域、重点流域以及湿地、草原、荒漠等重要生态系统的大范围调查、监测、评估，实时准确掌握重要生态系统质量变化，对可能出现的生态空间占用、生态功能降低等问题进行定期预警，逐步形成生态风险预警机制，确保生态安全。

杨　艳　李维明　谷树忠

## 参考文献

[1] 国务院. 全国主体功能区规划. 国发〔2010〕46号.

[2] 国务院办公厅. 中共中央办公厅 国务院办公厅印发“关于进一步加强生物多样性保护的意见”. 中华人民共和国国务院公报，2021年.

[3] 陆昊. 全面提高资源利用效率. 人民日报，2021年1月15日.

[4] 郭二果，李现华，祁瑜等. 国家北方重要生态安全屏障保护与建设. 中国环境管理，2021（2），80-85.

# 进一步推动我国生态保护补偿制度实施的三个着力点*

我国生态保护补偿工作始于20世纪90年代。经过20多年的探索改革，生态保护补偿制度不断完善，成为生态文明制度体系的重要内容。当前，我国多领域、多类型、多层面生态问题累积叠加，给生态保护补偿制度的实施带来更大挑战。“十四五”时期，生态环境保护步入以减污降碳协同治理为重点的新阶段。因此，系统研究生态保护补偿的进展、问题和建议，对更好发挥生态保护补偿制度的作用具有重要意义。

## 一、我国生态保护补偿的实践进展与成效

### （一）生态保护补偿的顶层设计逐步明确

1992年，原国家经济体制改革委员会发布的《关于一九九二年经济体制改革要点》中明确指出，“要建立林价制度和森林生态效益补偿制度”。这是国家官方文件首次提出生态补偿制度，标志着我国政府正式开始建立生态保护补偿制度。此后，我国生态保护补偿制度顶层设计主要经历了四个阶段。

第一阶段（2005年之前），单一领域生态保护补偿制度初步建立。

* 本文成稿于2021年12月。

2001 年，财政部〔2001〕5 号文件设立森林生态效益补助资金，正式建立了森林生态效益补偿制度。同年，在该政策支持下，森林生态效益补偿在河北、黑龙江、浙江等 11 个省级区域开始实施。第二阶段（2005—2012 年），多领域生态保护补偿试点阶段。2005 年，党的第十六届五中全会公报首次明确了生态补偿机制的原则，即“按照谁开发谁保护、谁受益谁补偿的原则，加快建立生态补偿机制”。2007 年，原国家环境保护总局印发《关于开展生态补偿试点工作的指导意见》，多领域的生态保护补偿工作开始在全国展开。中央财政转移支付是该阶段生态保护补偿资金的主要来源，即纵向生态保护补偿机制。第三阶段（2013—2016 年），生态保护补偿制度成为生态文明制度体系重要内容，横向生态补偿机制加快形成。2013 年，《中共中央关于全面深化改革若干重大问题的决定》提出，“推动地区间建立横向生态补偿制度”。2015 年，《关于加快推进生态文明建设的意见》等生态文明建设顶层设计文件将生态补偿机制列为生态文明制度体系的重要内容。该阶段，全国多区域开始探索开展跨省流域上下游横向生态保护补偿，地方财政占生态保护补偿资金的比重逐步提高。第四阶段（2016 年至今），生态补偿市场化、多元化改革阶段。2016 年以来，生态保护补偿制度走上市场化、多元化改革的快轨。中共中央、国务院以及中央各部委先后出台了多部关于生态保护补偿制度的政策文件，初步建立了纵向横向相结合的生态保护补偿制度，并逐渐迈向市场化、多元化的发展轨道。2021 年，中共中央办公厅、国务院办公厅印发的《关于深化生态保护补偿制度改革的意见》围绕纵向补偿和横向补偿如何协调推进、市场和政府如何形成合力等问题提出了“十四五”时期推进生态保护补偿的制度安排。

### （二）生态保护补偿的领域不断拓宽

我国生态保护补偿最早从森林领域开始。1998 年，我国开始实施天然林保护工程等重大生态建设工程，开始了以生态建设工程为依托的生态保护补偿。2001 年，财政部〔2001〕5 号文件正式建立了森林生态效益补偿制度。2005 年，生态保护补偿扩展到矿产资源领域，《国务院关于全面整顿和规范矿产资源开发秩序的通知》提出“探索建立矿山生态环境恢复补偿机制”，2006 年正式建立起以矿山环境治理恢复保证金制度为代表的矿山生态环境恢复补偿制度，后调整为矿山环境治理恢复基金。2008 年，财政部《国家重点生态功能区转移支付（试点）办法》设立国家重点生态功能区转移支付，重点生态功能区生态保护补偿机制正式建立。2010 年，国家海洋局开始实施海洋生态补偿试点。同年，财政部、原国家林业局启动了湿地保护补助工作，此后陆续启动了退耕还湿、湿地生态效益补偿试点和湿地保护奖励等工作。2011 年，财政部和原农业部颁发的《草原生态保护奖励补助政策》标志着草原生态补偿制度正式建立。2013 年，《中共中央关于全面深化改革若干重大问题的决定》提出，“推动地区间建立横向生态补偿制度”。此后安徽、浙江、广东等 15 个省（自治区、直辖市）10 个流域探索开展了跨省流域上下游横向生态保护补偿。2013 年，国家启动土地沙化封禁保护区的试点，开始了荒漠领域生态保护补偿。2016 年，国家在内蒙古、河北、黑龙江等省份推动开展土地轮作休耕试点工作，耕地领域生态保护补偿工作开始实施。

总的来说，我国不同领域生态保护补偿进展不一。森林、矿产、草原、重点生态功能区等领域的生态保护补偿制度较为健全，湿地、耕地、河流等领域生态保护补偿制度的雏形初步形成，海洋、荒漠等领域的生态保护补偿制度仍处于探索阶段。

### （三）生态保护补偿的力度不断加大

自 2001 年实施森林生态效益补偿以来，我国生态保护补偿资金规模不断增加。据笔者不完全统计，“十五”时期，中央财政拨付的生态保护补偿资金约1300亿元。“十三五”时期，中央财政拨付的生态补偿资金超过8000亿元。其中，森林生态效益补偿资金累计超过2500亿元，从2001年的10亿元增长至2020年的530亿元。重点生态功能区转移支付累计超过6000亿元，从2009年的120亿元增长至2020年的790亿元，覆盖了全国31个省（自治区、直辖市）800余个县域。

生态补偿资金规模大幅提升主要因为以下三方面原因。其一，补偿领域不断拓宽，我国生态保护补偿已从最初的森林拓展到草原、河流、重点生态功能区等多个领域。其二，生态保护补偿范围不断扩大。以森林为例，2001年森林生态效益补偿面积为2亿亩，2004年增加到4亿亩，2017年已超过13亿亩。其三，生态保护补偿标准不断提高。森林生态效益补偿标准从一开始每年每亩5元提高到2019年的每年每亩16元。

## 二、我国生态保护补偿面临的问题

### （一）生态保护补偿可持续性有待提升

当前，我国生态补偿资金超过95%均来源于各类财政资金。据不完全统计，2011年以来，随着流域横向生态补偿等配套资金的增加，地方财政资金占比从不足3%增长到10%以上，中央财政资金占比从96%以上下降至90%以下，但其他资金占比始终小于1%。随着生态保护补偿的领域不断拓宽、范围不断增加、标准不断提高，以中央财政资金为主要来源的生态保护补偿制度的可持续性有待提升。一方面，生态保护补偿地区多为生态脆弱的欠发达地区。对这些地区而言，生态保护补偿兼具生态扶贫功能，补偿资金需求较大。特别是重点生态功能区、禁止开发区等地区承担着生态涵养、水源涵养等功能，不宜大规模开发，本地财政收入低且提升空间小，对中央生态补偿资金需求提出更高要求。另一方面，一些生态补偿 PPP 项目的投入大、周期长且风险分担机制不完善，降低了社会资本加入的积极性。此外，我国仍缺乏对生态补偿资金使用情况的有力监管和有效考核，生态补偿绩效考核“重项目、轻绩效”，无法准确识别生态补偿的实际效果，难以保障生态补偿资金的高效利用，进一步削弱了以中央财政转移支付为重要支撑的生态补偿机制的可持续性。

### （二）市场化生态保护机制难以有效实施

近年来，国家有关部门积极推动建立健全市场导向的生态保护补偿制度，市场化生态补偿在相关文件中的重要性不断提升。实践中，市场化生态补偿的效果却不尽如人意，社会资本在生态补偿资金中的占比仍不足0.5%。造成这一现象的原因主要有以下三方面。其一，对市场化生态补偿的地位和作用认识不一。从学术研究和国际经验比较来看，即使在市场化程度较高的发达国家，市场化生态补偿机制仅作为补充。在实践中，不少人认为财政资金应是生态补偿的主要来源，市场化生态补偿只能作为辅助。其二，市场化生态补偿的配套制度仍不健全。当前，我国自然资源统一确权登记、自然资源资产有偿使用制度等制度仍在不断完善中，碳排放权、排污权、水权等交易市场仍不活跃，生态保护补偿的利益分配机制和风险共担机制尚未建立，这些都在一定程度上减缓了市场化生态补偿的实践进展。其三，生态保护补偿中涉及的政府、企业、个人等各类主体的权责利关系有待厘清。从补偿范围、对象和标准来看，实践中的生态补偿范围确定缺少明确的方法和标准，致使补偿的责权利关系不明确，进而影响了社会主体参与生态补偿的积极性。

### （三）生态保护补偿与其他政策的协同性亟待提高

近年来，我国生态文明制度体系不断完善，长江大保护、黄河流域高质量发展、乡村振兴等重大战略对生态保护补偿提出更高要求，但生态保护补偿制度与这些政策和战略的协同性仍有待提高。一方面，生态保护补偿制度与其他生态文明制度的协同性有待提高。随着生态文明体制改革的深入推进，生态保护红线、自然保护地体系等新制度不断完善。但生态补偿制度与其他这些生态文明制度的衔接仍不够，例如，生态保护补偿资金的分配与生态保护红线、自然保护地体系等的关联较弱，分领域生态保护补偿尚未适应山水林田湖草一体化保护修复的新要求等。另一方面，生态保护补偿制度与产业绿色发展政策的协同性有待提高。当前仍缺少有效的生态价值核算方法和合理的利益分配机制，生态保护补偿与产业政策之间的融合性不强，延缓了生态保护补偿“输血”向“造血”转变的进程。而且，生态保护补偿的产业化补偿方式仍不成熟，难以将环境污染治理、生态系统保护修复与生态产业高质量发展有效衔接起来。

## 三、进一步推动生态保护补偿制度实施的政策建议

2021 年，中共中央办公厅、国务院办公厅印发了《关于深化生态保护补偿制度改革的意见》，进一步明确了“十四五”时期推进生态保护补偿制度改革的方向和重点，在该文件实施中需重视以下三方面。

### （一）着力提高生态保护补偿资金使用效益

在今后一段时间内，财政资金仍将是生态保护补偿最重要的资金来源。在生态补偿资金需求持续增加、财政收支矛盾日益突出的背景下，提

高使用效益是关键。一方面，进一步明确中央和地方财政生态补偿的重点。中央财政资金重点补偿关系国家生态安全的重要区域，如三江源地区、长江、黄河等；地方财政重点补偿本区域的重要生态空间。在市场化生态补偿条件相对成熟的领域和横向生态补偿机制较为健全的地区逐步减小中央财政转移支付规模，探索建立生态补偿的财政资金退坡机制。另一方面，建立健全生态补偿资金全生命周期预算绩效管理机制。按照生态环境要素分类，科学制定生态补偿资金绩效评价体系，作为生态补偿预算制定的重要依据。建立事前、事中和事后相结合的全过程抽查机制，助力稳步提升补偿资金带来的环境效益。在生态环境项目建设全生命周期中，逐步建立起区域间、上下游生态补偿资金协调联合联动机制，支持区域联合开展多种渠道、多种方式相结合的环境保护、资源环境产业开发以及区域生态治理，更好地发挥生态补偿资金在区域协调发展中的引导作用。

### （二）着力健全生态保护补偿多主体参与机制

生态保护补偿工作涉及政府、企业、个人等多个主体，只有各类主体通力合作才能形成全社会绿色发展合力。其一，加强对生态保护补偿资金用途、成效、潜在拉动效应等的考核，将地方生态保护成效作为下达补偿资金的重要依据，压实地方政府监督管理的主体责任。同时，要建立健全区域内和区域间的生态产业发展合作机制，深入探索“飞地经济”等生态补偿新模式，优化区域内、区域间和上下游之间的利益共享机制，提高生态保护地区和保护者的收入水平。其二，完善各类市场主体参与生态保护补偿的制度环境。加快推进生态资源确权登记工作，进一步优化各类生态资源的价格形成机制，加快健全碳汇、碳排放权、排污权等环境权属交易市场，探索市场主体参与生态保护的利益分配机制。其三，加快全社会环境信用体系建设，将生态补偿受益个人履行生态保护义务的情况纳入个人环境信用体系中，生态保护义务履行成效更好的补偿对象拥有更高的环境信用积分，享受更高的生态补偿资金，即将个人补偿资金的多少与生态保护成效的好坏关联起来。

### （三）着力提高生态保护补偿与其他制度的协同性

生态保护是一项复杂的、涉及面广的系统工程，提高生态补偿制度与其他制度的协同性才能激发更大政策潜能，形成经济社会发展全面绿色转型的制度合力。其一，提高生态保护补偿制度与国家重大战略的协同性。将乡村振兴、黄河流域高质量发展、长江大保护等国家重大战略作为生态保护补偿资金分配、使用、考核等的重要考量因素，着力推动生态补偿机制，更好服务碳达峰碳中和目标，如建立健全能够体现碳汇价值的生态保护补偿机制。其二，提高生态保护补偿与其他生态文明制度的协同性。加强生态保护补偿与国土空间规划和用途管制制度之间的衔接，探索形成分级分区的生态保护补偿标准，将生态空间的重要性、范围、改善情况等作为分级分区依据。加强生态保护补偿与各类资源环境制度的衔接，将环境影响评价、排污许可证等信息作为企业缴纳生态补偿资金的依据，将各类资源有偿使用收费标准作为确定生态补偿标准的重要依据。加强生态保护补偿与生态文明绩效评价考核和责任追究制度的衔接，将生态保护补偿资金使用效益作为考核的重要内容。其三，提高分领域生态补偿资金的协同性，在条件成熟时，逐步统筹利用分领域生态保护补偿资金。山水林田湖草沙是生命共同体，要进行一体化保护和修复工作。因此要加强各类资金的统筹协调，探索建立与山水林田湖草沙一体保护修复相适应的生态保护补偿资金分配机制。

俞　敏　刘　帅

# 加快开展黄河流域生态保护和高质量发展统计监测工作 *

黄河流域生态保护和高质量发展是事关中华民族伟大复兴的重大国家战略。2021 年 10 月，《黄河流域生态保护和高质量发展规划纲要》（以下简称《纲要》）正式印发实施，各地各部门正积极推进落实包括统计监测工作在内的中央各项决策部署。目前黄河流域相关统计监测工作已有一定基础，但尚未成体系，宜及早开展全面、系统、综合的统计监测工作，客观评估和监控黄河流域生态保护和高质量发展进展，确保国家重大战略贯彻落实。

## 一、统计监测工作对贯彻落实黄河流域生态保护和高质量发展国家战略意义重大，且已有相关经验可供借鉴

科学完备的统计监测是落实好黄河国家战略的重要基础保障。为贯彻落实好《纲要》具体要求，须及早开展黄河流域生态保护和高质量发展统计监测工作，全面掌握流域发展现状、科学预判未来发展趋势，进而为制定实施相关规划方案、政策措施和建设相关工程项目提供基础支撑。同时，黄河流域上中下游各地区发展基础和资源禀赋不同，生态保护和高质量发展重点各异，做好统计监测基础工作，有利于分类指导沿黄地区发

---

* 本文成稿于2021年12月。

展，并为地方政府对照目标找差距、优化实施策略、加快高质量发展步伐提供重要依据。此外，治理黄河须打破传统“头痛医头、脚痛医脚”的治理模式，要把系统观念贯穿到生态保护和高质量发展全过程，统筹协调好各部门工作。开展统计监测，以及在此基础上建立考评制度，可为流域管理决策提供量化标准和指引，对推动部门信息共享、提升政府治理能力、强化流域综合管理意义重大。

长江经济带、长三角一体化、京津冀协同发展等国家重大区域发展战略已探索建立起相应统计监测体系，并取得了行之有效的可鉴经验。体制建设方面，都成立了由国家统计局领导担任组长的统计监测协调领导小组，相关省份统计部门参加，领导小组办公室设在重点省（自治区、直辖市）统计局。机制建设方面，均制定了科学且具操作性的统计监测规范，建立了完整的联席会议、数据共享等制度，统筹推进全方位区域统计合作和重大统计改革试点任务。统计监测内容方面，分别构建了服务重大国家战略需求的综合指标体系，并按季或年度形成统计成果。如长江经济带发展统计监测年报从人口规模、资源环境、综合经济等 11 个方面设置了 80 个指标；京津冀协同发展统计监测指标体系则囊括了区域分工、产业发展、生态环境、基础设施、资源要素、公共服务 6 个方面共 40 余项指标。

## 二、开展黄河流域统计监测工作已有一定基础，但仍面临诸多挑战

一方面，水利、生态环境等部门已开展黄河流域分领域统计监测工作并取得积极进展，统计部门也已先行开展综合试点工作。水利统计监测方面，水利部黄河水利委员会于 2001 年启动“数字黄河”工程，共完成 9 个水情分中心建设，每年发布黄河水资源、泥沙和水土保持等公报，按日

统计水情、按月编制水量调度方案，已实现水利部黄河水利委员会系统内省市县各级单位100多个局域网、5000多台终端的联网运行。生态环境监测方面，生态环境部黄河流域生态环境监督管理局在全流域设置了123个监测点位，常态化开展河流总体特征、环境压力要素、常规水体环境参数等监测工作。综合试点方面，自2019年11月以来，河南省统计局受国家统计局委托在14个省辖市（示范区）先行开展试点工作，在省内下发《黄河流域生态保护和高质量发展统计监测工作方案》，初步构建了一套统计监测指标体系，包括生态环境保护，黄河安全、文化和水资源利用，高质量发展3个方面共47个三级指标。

另一方面，推进黄河流域生态保护和高质量发展统计监测工作仍面临指标体系不健全、范围和单元难确定、部门协作机制缺失、基础能力薄弱等棘手问题。一是指标体系尚不完善，水利、生态环境等部门的统计监测指标仅针对特定领域，缺乏流域层面的系统性考虑；而地方统计部门拟提出的综合统计指标尚处于省域内试验阶段，仍需按照系统治理和高质量发展要求与部门监测类指标充分结合。二是范围和单元难以确定，若以黄河干支流流经地区为统计监测范围，可保证流域完整性，但无法反映黄河下游山东、河北等受水区情况[①]；若以沿黄九省（区）为统计监测单元，指标易获取，便于国家了解整体情况，但与流域范围偏差大，不易反映具体政策的落地效应，而以县（市、区、旗）为单元，理论上最精确，但相当部分指标数据难获取，短期达不到方案设计要求。三是跨部门信息共享和协作机制尚未建立，流域各地区、各单位间数据尚未实现集中融合和共享，数据成果汇交和共享的标准化规范以及协同监测、协同评价、协同发布的机制存在缺失。四是基础能力仍然薄弱，流域现有监测站网布局、密度及功能尚存明显短板，尤其是取退水工程的信息采集和监测能力薄弱，对河

① 尽管河南省统计局在试点监测范围中增加了纯受水地区，契合河南省流域特点，但与《纲要》所确定的范围不尽一致。

源区和河口三角洲地区生态环境以及中下游湿地、滩区、生态走廊等常规性监测不足。此外，统计监测手段仍相对滞后，现代化的数据收集、统计和分析手段不足，大数据分析应用不充分，数据收集、审核、发布网络化程度不够，预报、预测精度有待提高。

## 三、加快开展综合性统计监测工作，助力黄河流域生态保护和高质量发展

严格落实《纲要》要求，根据问题导向，尽快加强统计监测工作顶层设计，健全工作机制，夯实基础能力，加快推进综合性统计监测工作，有力支撑黄河国家战略实施。

建立健全统计监测组织体系，形成协同工作合力。建议在“国家推动黄河流域生态保护和高质量发展领导小组”下设统计监测工作组，由发展改革委、统计局有关司局主要负责同志共同担任组长，相关部（局、协会）为成员单位，日常工作由国家统计局业务司局承担。建立相应的联席会议制度，组织开展重大课题联合攻关，加快编制出台统计监测工作方案，制定统计监测全过程统一的规范和标准，建立数据共享和发布机制，推动流域统计监测工作整体化协同化[①]。水利部黄河水利委员会作为流域管理部门，建议参加联席会议并承担有关工作职责。

明确统计监测范围和单元，循序渐进构建统计监测指标体系。建议除将《纲要》所涉及县（市、区、旗）全部纳入统计监测范围外，还需结合《纲要》“根据实际情况延伸兼顾联系紧密的区域”要求，将黄河向流域外供水区域、鄂尔多斯内流区等纳入。鉴于数据可获得性，可先行选择沿黄

---

① 部门类统计监测事务仍须各司其职，以确保工作独立性和专业性，但涉及黄河流域综合性统计监测数据的上报、汇总、审核、共享、发布等事宜，则需通过联席会议制度开展。

九省（区）为统计监测单元，通过不断夯实数据基础、优化工作方案，逐步推动监测单元由省级过渡至市级，并最终实现与《纲要》明确的县级范围一致。在此基础上，紧紧围绕《纲要》目标任务，统筹考虑综合类与部门类统计监测指标，兼顾黄河上中下游不同类型区域特点和工作重心，系统构建统计监测指标体系[①]。

夯实基础能力，建立大数据平台。尽快建立健全针对河源区、河口三角洲地区和中下游湿地、滩区、生态走廊及其他监测站网空白河段的常规监测设施，进一步加强流域水文、水资源、水生态环境等方面监测站网布设，使布局、密度及功能能够满足监测甚至评价工作需要。建立黄河流域生态保护和高质量发展统计监测大数据平台，全面整合基础数据、监测数据、业务管理数据、跨行业共享数据、地理空间数据等，构建综合评价、专业评价及可视化模型，加强大数据分析应用，推进流域数据集中融合和共享。

完善统计监测产品，加强成果应用与决策支撑。以及时准确把握黄河流域生态保护和高质量发展情况为导向，合理设计年鉴、年报、季报、月报、统计分析报告等多种形式的统计监测产品，突出其监测预警功能，进一步增强针对性、敏锐性和前瞻性，还要突出专题类产品的咨询服务功能，拓展统计分析产品深度和广度。切实加强统计监测成果运用，加快开展黄河流域生态保护和高质量发展综合评价工作，鼓励权威研究机构发布流域发展指数类研究成果，同时探索更多方面的专业指数，如黄河健康指数、黄河文化发展指数等，更好服务和支撑黄河流域生态保护和高质量发展综合评价、科学决策与政府考核工作。

高世楫　张金良　李维明　曹智伟　王亦宁

---

① 课题组从实现“让黄河成为幸福河”整体目标出发，突出干支流河流健康功能维持、流域生态环境有效保护、经济社会高质量发展三维协同，初步构建了一套完整的统计监测指标体系（见附表）。

**附表　黄河流域生态保护和高质量发展统计监测指标体系（初步）**

| 序号 | 一级指标/目标层 | 二级指标/准则层 | 指标 | 单位 | 属性 |
|---|---|---|---|---|---|
| 1 | 河流健康 | 水文泥沙状况 | 年降水总量 | 毫米 | 《纲要》扩展性指标 |
| 2 | | | 典型断面径流量（花园口/头道拐/利津） | 亿立方米 | |
| 3 | | | 典型河段主河槽过洪能力（宁蒙河段/黄河下游） | 立方米/秒 | |
| 4 | | | 来沙量 | 亿立方米 | |
| 5 | | | 典型河段总冲淤量（宁蒙河段/黄河下游） | 亿立方米 | |
| 6 | | | 来水来沙协调度 | — | |
| 7 | | 水灾害治理 | 洪水成灾率 | % | |
| 8 | | | 现代化（标准化）堤防达标率 | % | |
| 9 | | | 地级及以上城市防洪标准达标率 | % | |
| 10 | | | 黄河干流花园口站设防流量达标率（与22000标准值相比） | % | 《纲要》约束性指标 |
| 11 | | 水资源利用效率 | 万元GDP用水量 | 立方米 | |
| 12 | | | 万元工业增加值用水量 | 立方米 | |
| 13 | | | 农田亩均灌溉用水量 | 立方米 | |
| 14 | | | 城市供水管网漏损率 | % | |
| 15 | | | 地表水水资源开发利用率 | % | |
| 16 | | | 人均水资源量 | 立方米 | 《纲要》扩展性指标 |
| 17 | | | 农村自来水普及率 | % | |
| 18 | | | 城市用水普及率 | % | |

续表

| 序号 | 一级指标/目标层 | 二级指标/准则层 | 指标 | 单位 | 属性 |
|---|---|---|---|---|---|
| 19 | 河流健康 | 水资源利用效率 | 集中式饮用水水源地合格率 | % | 《纲要》扩展性指标 |
| 20 | | | 地下水开发利用程度 | % | |
| 21 | | 流域水管理效率 | 黄河流域水利工程\信息化建设资金投入增长率 | % | |
| 22 | | | 流域管理法律法规和规章规范数量 | 部 | |
| 23 | | | 黄河流域研究论文发表增长率 | % | |
| 24 | 生态环境 | 生态环境质量 | 生态环境质量指数 | — | 《纲要》预期性指标 |
| 25 | | | 森林覆盖率 | % | |
| 26 | | | 草原综合植被覆盖度 | % | |
| 27 | | | 三江源草原综合植被覆盖度 | % | |
| 28 | | | 黄河流域城市空气质量优良天数比率 | % | |
| 29 | | | 地表水达到或好于Ⅲ类水质断面比例 | % | 《纲要》约束性指标 |
| 30 | | | 地表水劣V类水质断面比例 | % | |
| 31 | | | 重要水功能区达标率 | % | 《纲要》扩展性指标 |
| 32 | | | 重要断面生态流量保证程度 | — | |
| 33 | | 生态环境治理 | 野生动物重要栖息地面积增长 | % | 《纲要》预期性指标 |
| 34 | | | 黄土高原水土流失治理面积 | 平方千米 | |
| 35 | | | 重要湿地面积变化率 | % | |
| 36 | | | 县级以上城市建成区医疗废物无害化处置率 | % | |
| 37 | | | 城市生活污水集中收集率 | % | |

续表

| 序号 | 一级指标/目标层 | 二级指标/准则层 | 指标 | 单位 | 属性 |
|---|---|---|---|---|---|
| 38 | 经济社会 | 经济发展 | 粮食产量 | 亿斤 | 《纲要》预期性指标 |
| 39 | | | 万元GDP能耗 | 吨标准煤 | |
| 40 | | | 可再生能源装机量在全国占比 | % | |
| 41 | | | 制造业增加值占GDP比重 | % | |
| 42 | | | 研究与试验发展经费投入强度 | % | |
| 43 | | | 常住人口城镇化率 | % | |
| 44 | | | 人均GDP | 美元 | 《纲要》扩展性指标 |
| 45 | | | 非农产业产值占GDP比重 | % | |
| 46 | | | 非农劳动力占总劳动力的比重 | % | |
| 47 | | 文化保护传承弘扬 | 文化及相关产业增加值占GDP比重 | % | 《纲要》预期性指标 |
| 48 | | | 实施黄河文化遗产保护利用设施建设项目 | 个 | |
| 49 | | | 黄河流域文物保护单位数量 | 个 | |
| 50 | | | 黄河流域省级以上文物保护单位开放率 | % | |
| 51 | | | 接待国内游客 | 亿人次 | |
| 52 | | 民生福祉 | 居民人均可支配收入年均增长率 | % | |
| 53 | | | 劳动年龄人口平均受教育年限 | 年 | |
| 54 | | | 人口自然增长率 | % | 《纲要》扩展性指标 |
| 55 | | | 平均预期寿命 | 岁 | |
| 56 | | | 夜晚灯光指数 | — | |
| 57 | | | 每千人口医生人数 | 人 | |

# 尽快制定黄河保护的专门法律*

为促进《黄河流域生态保护和高质量发展规划纲要》有效实施，建议尽快制定黄河保护的专门法律，立法名称可考虑采用“黄河保护与治理法”。

## 一、尽快制定黄河保护专门法律的必要性

随着《黄河流域生态保护和高质量发展规划纲要》的实施，黄河流域生态环境保护和高质量发展工作进入快车道。有无必要专门制定黄河保护法律为黄河流域生态环境保护和高质量发展保驾护航，取决于现有法律体制、制度和机制能否充分地解决现实问题。

首先，现行法律解决黄河流域具体问题的针对性不强。《中华人民共和国防洪法》《中华人民共和国水法》《中华人民共和国水污染防治法》《中华人民共和国水土保持法》《中华人民共和国农业法》《中华人民共和国森林法》《中华人民共和国草原法》等法律创设的体制、发布的政策、构建的制度、设计的机制、配套的责任，能够解决黄河流域一些共性生态环境问题和绿色发展问题。但是，黄河流域地域广泛，区域间自然生态、地质地貌、水文水利和经济社会发展水平各异，上述法律规定的生态环保

* 本文成稿于2021年2月。

标准、“三线一单”、生态修复、生态保护补偿、水灾害防治、沙化治理等一般性规定适用于全国，解决黄河流域现实问题的针对性和有效性不足。

其次，现行法律解决黄河流域特殊问题的规则供给不足。黄河流域生态环保和经济社会发展所需要的区域开发和生态环境空间的统一管控、山水林田湖草沙系统治理、岸线一体化保护、特色和优势产业发展、黄河文化弘扬及区域间生态保护补偿与环境损害赔偿的开展、产业协同、生态环保执法与司法的协同、生态环保标准与监测的协调等特殊的体制、制度和机制，现行法均难以全面和精准地提供。

基于上述考虑，有必要借鉴2020年《中华人民共和国长江保护法》的立法经验，以生态保护和高质量发展为导向专门制定黄河保护法律。对于现行法中实施绩效不高的体制、制度、机制和法律责任，结合黄河流域的实际予以整合、创新甚至集成创新；对于黄河流域的特殊问题，创设特殊的体制、制度和机制。

## 二、黄河保护专门法律的名称和定位

关于立法名称，目前主要有“黄河法”“黄河保护法”“黄河保护与治理法”“黄河流域生态保护和高质量发展法”几种建议。“黄河法”涉及生态环境与自然资源保护、产业发展、乡村振兴、安全稳定、社会与文化发展等所有领域，调整事项太多，所涉关系太复杂，难以全部聚焦和突破。如参考《中华人民共和国长江保护法》的立法模式取名为“黄河保护法”，虽然可保障全国各流域立法名称和内容的一致性，但鉴于《黄河流域生态保护和高质量发展规划纲要》将黄河流域的工作主题确定为生态保护和高质量发展，工作重点确定为黄河治理和保护，因此立法名称为“黄河保护与治理法”更科学。

关于立法定位，黄河保护专门法律宜界定为：一是主要规范流域内中央与地方、区域与区域、国家和行业、国家与企业、政府与市场间生态保护和高质量发展关系的行政法；二是综合协调各方面关系并促进各区域协同共进的调控法；三是实现黄河流域生态保护和高质量发展体制、制度、机制整合、创新甚至集成创新的框架法；四是推进生态保护和高质量发展的促进法。该法应针对黄河流域提出系统性保护要求，针对采砂采矿等重点问题提出明确治理要求，针对各地共同但有差别的实际情况设立综合性调控和区域援助的制度和机制。对于区域违法的，如水质断面考核不合格、水量抽取超标、信息通报不及时等，可规定地方政府的法律责任。

## 三、黄河保护专门法律的框架和主要内容

立法框架和主要内容的设计，建议以促进《黄河流域生态保护和高质量发展规划纲要》的有效实施为宗旨，采取以下方式谋篇布局。

一是以新发展理念为指导，设立第一章“总则”，对立法目的、适用范围、基本方针、工作思路、国家政策、基本原则、监管体制、法律概念作出基本的规定，为黄河流域生态保护和高质量发展划定基本的法制规矩。

二是以空间管控和区域风险防范为导向，设立第二章“规划与管控”，规定国土空间规划、国土空间用途管制、生态环境分区管控和生态环境准入清单、岸线与自然保护地保护、航线管控、采砂采矿等专项规划的制定与实施、流域标准体系的构建与协调、资源环境承载能力评价、生物多样性调查等内容，总体把控黄河流域各项开发利用活动的风险。在环境标准方面，规定全流域的水环境质量标准和水污染物排放标准，并规定沿黄河各省级人民政府制定严于国家标准的省级流域标准，体现流域标准的针对

性和有效性。

三是以黄河流域生态环境系统保护思想和新发展理念为指导，先分设水资源集约节约利用及配置与调度、生态系统保护与修复、污染系统治理与环境质量改善、流域长治久安、流域高质量发展、自然遗迹与人文资源保护六章，再统设监测预警及信息共享与公开、监督管理与保障、法律责任、附则四章，对黄河流域生态保护和高质量发展作出全面且重点突出的规定。对于现行法律已有的内容，不再作出重复的规定。

黄河流域与长江流域情况差别大，生态和气候变化的机理还不完全清晰，仍需观察，建议相关规定宜粗不宜细。

## 四、黄河保护的监管体制和法律机制

在监管体制方面，国务院有关部门依法分工负责黄河流域生态保护和高质量发展相关工作。在规范各层级政府责任的基础上，参考《中华人民共和国长江保护法》设立“长江流域协调机制”的经验，建立黄河流域生态保护和高质量发展协调机制。该机制由国家发展改革委、水利、自然资源、生态环境、林草、农业农村、应急管理、科学技术等主管部门组成，职责为统一指导、统筹协调流域的生态保护和高质量发展工作，审议流域保护重大政策与规划，分析研判流域形势，组织协调、督促推进跨部门和跨地区重大事项，创新推进林长制、河湖长制等体制机制，督促检查重要工作的落实情况。

在法律机制方面，黄河保护专门法律宜强调综合性、统筹性和集成性。一是突出山水林田湖草沙一体化保护修复和流域资源环境承载能力综合评价、预警的机制。二是在统一的国土空间用途管制下，建立水上空间利用、水面行船、水中育鱼、水头发电、水底采砂等权益的衔接保护机制，建立水资源节约、水生态恢复、水污染治理、水灾害防治的综合推进机制，建立上中下游利益的统筹补偿机制。三是衔接、整合水土保持、水资源、水环境、水利、水灾害等监测和预警体制，形成综合性的预警机制。四是建立区域协同立法的机制，即借鉴2020年北京、天津、河北三省域协同制定《机动车与非道路移动机械排放污染防治条例》的立法经验，在黄河流域生态保护和高质量发展协调机制之下，各省级人大、政府、司法机关定期召开立法、规划、执法和司法等协调会议，建立健全区域间市场准入、产业互补、对接帮扶、统一预警、衔接执法、协调应急、统一司法等协调机制。

常纪文

# 第二篇

# 绿色发展

# 实现生态产品价值重在建立动力机制 *

开展生态产品价值实现机制试点是践行习近平生态文明思想的重要途径。2019 年，国家相关部门批准丽水市成为我国首个生态产品价值实现机制试点城市。试点以来，丽水紧紧抓住动力机制这个“牛鼻子”，形成了多种主体参与生态产品价值实现的持续动力。

## 一、丽水试点的主要经验在于探索了政府主导、市场化运作、多主体参与的生态产品价值实现动力机制

第一，创新奖惩制度，构建政府引导生态产品价值实现的动力机制。省级层面，建立健全绿色发展财政奖补机制。浙江省推出了出境水水质、空气质量等财政奖惩机制和流域上下游横向生态补偿机制。实行了“两山”建设财政专项激励政策，通过竞争性分配方式确定扶持范围并进行相应考核。探索建立了与生态产品价值实现程度挂钩的财政奖补机制，将生态系统生产总值 GEP[①] 及其增长率作为考核指标。市级层面，探索建立生态产品价值实现试点工作审计机制。丽水市将生态产品价值实现工作纳入干部审计中。一方面，针对生态产品价值实现机制试点工作相关的部门和

* 本文成稿于2020年10月。

① GEP是一套与国内生产总值（GDP）相对应的、能够衡量生态产品价值的统计与核算体系，包括生态物质产品价值、生态调节价值、生态文化价值等。

乡镇开展专项审计。另一方面，将生态产品价值实现机制试点工作量化为指标，并纳入干部离任审计指标体系中，用“生态账”和“经济账”两本账检验干部工作实绩。县级层面，探索建立县级生态产品价值年度考核机制。按照加快实现 GDP 和 GEP“两个较快增长”要求，优化了县（市、区）综合考核指标体系，新增 3 类 27 项与生态产品价值相关的指标。乡镇层面，开展生态产品价值实现示范创建工作。为了调动基层政府积极性，丽水市开展了生态产品价值实现示范乡（镇）创建工作。18 个试点乡镇结合本地特色，探索不同类型生态产品的价值实现路径。同时，建立了示范乡（镇）创建联系指导制度，加快推进试点政策的落实。

第二，培育市场主体，形成企业主导生态产品价值实现的动力机制。一是大力培育多种市场主体。丽水市推动成立了“两山公司”[①]，公司负责所在乡镇的生态环境保护修复，并为政府和企业提供生态产品购买服务。健全了乡镇“两山邮政”服务体系，将生态农产品产销对接服务延伸到村、精准到户，打通线上线下销售通道，解决“农民卖难，市民买难”问题。成立了“两山银行”[②]，要求“两山公司”、个人等将分散的生态产品经价值评估后存入“两山银行”，对生态环境造成破坏的项目开发业主向“两山银行”购买相应价值量。二是持续探索多种融资渠道。丽水市建立了覆盖市、县、乡三级的生态产品产权交易平台，开展水域养殖权等 12 类产权交易，已累计完成各类产权交易 4865 宗，交易金额 8.28 亿元。设立了山海协作“两山”转化基金，重点支持生态产业培育和生态产品价值实现重大项目建设。与浙江股权交易中心联合设立了“丽水生态经济板”，累计为 82 家经营生态产品的企业提供融资渠道。创新推出了“生态

① “两山公司”是经营乡村生态产品的平台，通过“村集体+企业”模式，整合各类资源。

② “两山银行”即生态产品服务交易平台，借鉴了商业银行“分散式输入、整体化输出”模式。

贷”“两山贷”[①]等绿色金融产品，金融机构基于年度生态产品价值增量的预期收益、个人生态信用积分等信息发放优惠贷款。三是创新打造区域公共品牌。丽水市积极打造了“丽水山耕”等区域公共品牌，在全国首创政府所有、协会注册、国资公司运营的模式，覆盖全市、全产业、全品类进行区域公用品牌建设，解决了生态产品规模小、分布散、市场影响力低等问题，实现了30%以上的品牌溢价。

第三，推进产权改革，建立个人参与生态产品价值实现的动力机制。一是开展“产权到户”改革。丽水市创新推出了“河权到户”改革，将河道管理权和经营权分段或分区域承包给村集体或农户，变政府治水为共同治水，建立了“以河养河”长效管理机制。目前已累计完成河道承包312条，每千米河道年均增收8000元以上。二是探索农民产权入股经营模式。丽水市将“两山公司”作为乡村经营的重要平台，将乡村的文化空间、建筑空间等资源要素折价入股，创新建立了地方政府、村集体、村民、工商资本四方共同参与、利益共享、风险共担的生态产品价值产业化实现模式。为保障农民权益，建立了“负赢不负亏”机制，通过“资源经营权流转+优先雇用”“农民入股+保底收益+按股分红”利益联结机制，让村民和村集体在不同环节受益。三是建立全社会生态信用体系。丽水市建立了企业、村集体和个人的生态信用档案、正负面清单和信用评价机制，并探索建立了个人信用积分的生态守信激励机制，为生态信用守信者提供景区购票、住宿等打折优惠服务和商品信用兑换服务，形成了全社会参与生态产品价值实现的共治体系。

---

① “生态贷”：将年度生态产品价值增量的预期收益作为还款来源发放贷款。“两山贷”：以个人生态信用积分代替常规担保，对符合生态信用评级的农户给予贷款支持。

## 二、推动在更大范围建立生态产品价值实现动力机制的政策建议

一是健全生态产品价值实现的政府奖惩机制。生态产品价值实现需要发挥政府的引导作用。丽水市在试点中建立了“省—市—县—乡”四级奖惩机制，综合运用财政奖补、考核、审计、示范等多种措施，调动了各级政府和干部的积极性，构建了政府引导生态产品价值实现的动力机制。因此，建议国家总结和推广丽水试点经验，建立 GDP 与 GEP 相结合的各级政府考核制度，建立与生态产品价值实现挂钩的财政奖励机制，完善市场化、多元化生态补偿制度，将生态产品价值实现工作作为各级干部离任审计内容，鼓励开展生态产品价值实现示范区创建工作，并建立示范区联系指导制度。

二是加快培育生态产品价值实现的市场机制。市场机制是有利于资源优化配置的生态产品价值实现长效机制。丽水市通过试点在培育市场主体、建立交易平台、塑造区域公共品牌、推进产业化经营等方面进行了大胆探索，为企业主导生态产品价值实现提供了内在动力。故建议重视和推广丽水试点经验，鼓励各地培育多种形式的、能主导生态产品价值实现的市场主体，探索建立水权交易、林权交易、碳汇交易等生态产品产权交易平台，拓宽生态贷、股权融资、基金等融资渠道，创新打造各具特色的区域公共品牌和区域产业品牌，开展生态产品产业化经营试点。

三是建立生态产品价值实现的公众参与机制。调动公众的积极性是生态产品价值实现的基本保障，其中“权益到户”是关键。丽水市在试点中积极开展产权到户、农民入股、生态信用评价等改革，形成了全社会参与生态产品价值实现的共治体系。这启示我们应在全国加快推进“河权到户”“林权到户”改革，建立“以河养河”等长效管理机制，推进林地经

营权、农村宅基地及房屋使用权流转工作，鼓励探索农民产权入股的生态产品经营模式，建立乡村、企业、个人的生态信用档案、正负面清单和信用评价机制。

李佐军　俞　敏

# 新时代需推进森林资源可持续经营管理 *

森林资源是重要的自然资源和战略资源，在维护国土生态安全、提高林业碳汇、保持生态平衡中具有重要地位。当前，我国经济已转向高质量发展阶段，实施森林资源可持续经营管理尤为重要而紧迫。

## 一、森林资源可持续经营管理是森林资源传统管理的转型升级

### （一）可持续经营管理是森林资源可持续发展的内在要求

森林所蕴含的物种多样、功能丰富，是陆地上最复杂和庞大的生态系统，森林产品本身涵盖多元种类和多元价值，包括木质林产品、生物多样性保护、森林游憩服务产品、水土保持、碳封存等。从狭义上讲，森林资源经营管理是针对林木及林业产品进行经营管理以获得森林生态效益和经济效益的活动。如植树、养护抚育、林产品提升、森林病虫害防治、林产品砍伐和管理等活动。从广义上讲，森林资源经营管理包括涉及森林的所有工作，如森林设计、应用、建设，林产品开发、森林旅游及林区多元生态建设等。

在森林管理中，可持续经营管理方式不仅能保障森林生态系统不被破

---

* 本文成稿于2020年1月。

坏，而且能发挥其社会经济价值，满足人们对林产品的需求。1992 年联合国环境与发展大会《关于森林问题的原则声明》明确指出，“森林资源和林地应以一种可持续的方式管理……以满足当代人和子孙后代在社会、经济、生态、文化和精神方面的需要，包括森林产品和服务功能”。在世界林业大会第七届会议上，复合利用原则被提出，体现森林管理和开发的多功能林业思想。与只种不砍的森林管理理念相比，可持续经营管理注重同时管理、协调开发森林资源的各种产品和服务。第 26 次蒙特利尔进程工作组会议提到，森林资源可持续经营管理包括经济、社会、环境、文化四个方面的目标。

森林资源转向可持续经营管理既是经济发展、产业升级的外部要求，也是持续开拓创新和自我发展的内在要求，如资源要素日趋紧张、竞争环境日趋激烈、天然林保护工程的实施、良好的产业发展前景等。森林资源可持续经营管理的转型升级就是由过去的粗放管理转向集约管理、由单纯追求数量向追求质量提升转变，森林资源和产品从低附加值向高附加值转变升级。

### （二）我国森林资源管理的历史演变

我国森林资源管理大体可分为三个阶段。

一是无序砍伐阶段。我国森林的滥砍滥伐主要出现在 20 世纪 80 年代之前。由于对生态环境重要性认识不足，森林木材被大肆砍伐，诸多林地的树木稀疏、树种单一、生态功能弱化、生产能力下降等问题，严重影响了森林生态系统的正常生存发展。

二是只种不伐阶段。20 世纪 80 年代以来，我国大力开展植树造林，不断加强保护措施，森林资源取得了长足发展。森林覆盖率由 40 年前的 12% 提高到 23%，森林蓄积量增加了 85 亿立方米。根据全国第八次森林资源普查结果，我国的森林覆盖率是 21.6%；森林的面积合计大概为 2.1 亿公顷，位居世界第五；有约 151.4 亿立方米的森林蓄积量；有大约 164.3 亿立方米的活立木量；有 6933.4 万公顷人工林，其蓄积量居世界第一，为 24.8 亿立方米，植树造林政策取得了显著成效。但与此同时，森林开发的力度不足，只种不伐导致植树造林的成本高昂，且均为财政负担，压力巨大。林业经营管理政策不健全、林业产品供给不足。

三是可持续经营管理阶段。当前，我国仅有个别林场探索森林资源可持续经营管理，但尚未普及。例如，塞罕坝机械林场在保护的同时进行开采砍伐利用，通过 50 年的全过程、全方位科学管理，实现了林业的可持续发展。塞罕坝机械林场大致经历了两个生态建设的历程阶段：第一阶段是自 1962 年建场到 1982 年，以造林为主；第二阶段是自 1983 年至今，以经营为主、造林为辅。建场以来，通过造林绿化和森林经营“两手抓”，将森林覆盖率提升到 80%，营造了 7.47 万公顷人工林，森林总蓄积量提升到 1012 万立方米，经估算，其森林资源价值合计达到了 153 亿元。该林场真正实现了树木越砍越多、产品越开发越好、森林资源得到良好利用的可持续发展风貌，被原国家林业局定为“森林资源可持续经营试点单位”。

### （三）新时代实施森林资源可持续经营管理意义重大

森林资源可持续经营管理目的是提升森林资源的种类、数量，同时实现其经济、社会和环境价值，不仅能服务当代，而且可以造福后代。森林可持续经营管理可以有效维持森林保有量，同时提高森林资源数量、质量，提升森林生态系统的各种服务功能，森林经营从只注重提高森林木材的生长量转到森林资源保护与开发并举，能充分发挥森林资源的生态效益和经济效益。

生态效益主要体现在固碳、涵养水源、保持生物多样性等方面。提高森林经营管理水平是应对气候变化的重要举措，同时对增强森林生态系统涵养水源、保持生物多样性等服务功能具有重要作用。

经济效益主要体现在实现供给服务，如提供优质的林产品，实现市场化经营，经营者种植、维护、管理，从单纯政府出资转变为社会出资进行森林植树、保护与开发，同时产生市场经济效益。

## 二、我国森林资源管理中存在的主要问题

### （一）总量不足，不能满足生态安全需求

我国现阶段人均森林面积占有量只是世界人均水平的 21%，人均森林蓄积量仅占世界平均水平的 12%。总量不足、质量不高、分布不均、功能不强，导致森林资源总体状况还达不到满足维护国家生态安全的需求。如我国目前的人工用材林面积世界第一，达到 2415 万公顷，但单位蓄积量不足，仅达到世界林业发达国家的 20%，而澳大利亚用不到 1% 的林地，解决了国内 50% 的木材生产量。

### （二）森林资源的生态效益尚未充分发挥

我国人工造林势头很高，但人工林生态效果较差，森林资源的效益未充分发挥，生态环境恶化、水土流失频发。我国有 1/3 的国土面积面临水土流失问题，并且每年的数量还在增加。森林涵养水源功能不足，土地沙化、旱涝灾害频发，受灾地区较多。

### （三）森林火灾的频发严重破坏生态环境

由于不合理管理，森林火灾频发。2016 年我国发生森林火灾 2034 起；

2017 年 3223 起；2018 年 2478 起；仅 2018 年 11 月至 2019 年 2 月底，就发生 354 起，受害森林面积超过 731 公顷。森林火灾使树木生长过程中吸附的二氧化碳重新释放到空气中，更大程度地破坏了生态环境。同时，也造成人民生命财产巨大损失，引起社会广泛关注。

### （四）树种单一结构制约森林物种多样性

我国森林资源树种较为单一，总体质量不高，忽视了不同树种之间的竞争反而有利于森林的更好发展。虽然不同地区森林生产的树种不同，但即便是资源丰富的地区，总量也不超五种，并且其分布特点无明显规律。所以，我国森林资源并不多样，其分布也不广泛，而且很多林区的树木幼龄林木较多，树龄结构较不理想。

### （五）森林资源经济效益未充分开发利用

我国目前的森林资源管理方式极大地限制了森林资源的开发利用，其经济效益对经济贡献明显不足。因此，通过科学管理和拓展经营渠道，在保护森林资源的同时提高经济效益，将是森林资源管理工作亟待解决的问题。例如，我国是全球最大的木制品生产、贸易和消费国。随着我国经济发展，对木材与木制品、木结构建筑的需求将持续增长，板业、家具、造纸等木制品的消费水平已经位于世界第二位。目前我国的人均木材消费量仅为每年 0.4 立方米，要达到世界人均每年 0.7 立方米和发达国家人均每年 2 ~ 3 立方米的消费水平，还有较大增长空间。

### （六）现有管理体制机制不利于森林建设

森林建设和发展是一项长期的工程，植树造林和森林生态系统维护均需投入大量的人力、物力和财力。目前的管理体制机制不利于可持续经营管理森林资源，国家和地方政府在森林资源管理方面的经济负担巨大。很多地区对林业的扶持力度不足，缺乏配套资金和政策，有的地区森林经营收益欠佳，林农选择其他产业发展，导致大面积森林缺乏管理。

### （七）木材资源作为建材功能未充分发挥

木结构建筑具有鲜明的节能减碳和抗震作用。清华大学国际工程项目管理研究院报告显示，建造阶段用木结构代替混凝土结构可节省45.24%的能源和46.17%的水；使用阶段比混凝土结构节能10.92%。中国建筑科学研究院《现代木结构建筑全寿命期碳排放研究课题》研究表明，使用木材与仅使用钢筋和混凝土的基准建筑相比，建材生产阶段碳排放可以降低48.9% ~ 94.7%。此外，木结构坚固抗震，房屋使用率一般可达85% ~ 90%。如日本既是全世界地震最多的国家，又是地震死亡率最低的国家。其主要原因就是其民居多是木结构，柔性结构可以更好地稀释地震力量。

近年来，日本新建住宅中木结构建筑的比例约为45%；芬兰、瑞典90%的房屋是木结构建筑；北美80%的居民生活在木结构房屋中。目前我国木结构建筑比重过低，不符合建设节能环保绿色发展要求。据统计，2016年我国木结构建筑的保有量仅为1200万 ~ 1500万平方米。中国城镇现有住宅保有面积超过230亿平方米，农村住宅保有面积超过200亿平方米，即使千分之一用木结构建筑，每年也要建成超过4000万平方米的木结构建筑。

## 三、发达国家森林资源可持续经营管理政策及经验借鉴

在森林资源可持续经营管理方面，发达国家已有成功经验和模式可予借鉴。如加拿大不列颠哥伦比亚省土地总面积约9500万公顷，森林覆盖

面积达 2/3，总量达到 110 亿立方米。不列颠哥伦比亚省的林地 95% 是公有林，大约一半的公有林地可供采伐。1990 年至今，公有林的年平均采伐面积是 18 万公顷。除此之外，每年还有 2 万公顷的私有林地采伐。通过可持续经营管理，始终保持森林资源可持续发展。

## （一）通过法规规范砍伐

根据不列颠哥伦比亚省森林管理法规定，需对一切森林资源的开发利用价值进行周密考量，且原住民和公共民众有权参与决议。政府已立法规定所有森林资源使用者必须保护森林资源的持续价值，包括木材、生物多样性、水质、土壤质量和野生动物栖息地。砍伐后的每一公顷公有土地均应在规定时间内重新造林并达到相关指定标准。重新造林能保证不列颠哥伦比亚省森林资源永续发展，即使 100 年后，不列颠哥伦比亚省所拥有的公有林地面积仍将居世界之首。

## （二）科学控制采伐量

目前，不列颠哥伦比亚省的年允许采伐总量是 8500 万立方米。年允许采伐量是根据 10 年的可持续发展目标制定的，因此通常每 10 年评估一次。不列颠哥伦比亚省的首席林务官组织对林地状况和木材供应作评审，以决定其后年份允许采伐量是增长、减少或是保持不变。

## （三）通过认证管理保障森林资源可持续发展

当前，全球有两类具有影响力的森林认证体系：一类是国际森林认证体系，包括森林管理委员会（FSC）体系和森林认证体系认可计划（PEFC）；另一类是国家森林认证体系，包括美国、加拿大、马来西亚在内的近 40 个国家的森林认证体系。加拿大 91% 的森林有第三方森林管理认证，不列颠哥伦比亚省是全球第三方森林认证的领跑者。因此，在过去的20多年中，加拿大几乎没有发生过乱砍滥伐的事件。

### （四）合理利用森林资源

不列颠哥伦比亚省木材优先法案要求由政府出资的所有新建和改建项目将木材作为首选材料。利用森林资源加工成建筑部件，达到永久固碳的作用。加拿大政府亦把发展多高层木结构建筑作为促进林产业转型，提高林产业竞争力的关键战略，在鼓励科研创新，完善标准规范，实施示范工程等方面不断加大政策和资金支持力度。

### （五）废旧木材资源得以再利用

一些原来难以利用的树种、很小径级的原木、已经死亡的树、锯木厂的剩余废料、造林或采伐时的废弃物等，将被“下一代”林产品生产利用。对于没有得到充分利用的木材资源，不列颠哥伦比亚省政府出台“次级保有证书”（林业采伐证及木材供应采伐证），在一级保有者采伐后，如有其他企业对散落在装卸区域和路边等地的剩余物感兴趣，而又无法通过第三方协议与一级保有者达成一致，该证书可以保证这些原本要废弃的资源得到再利用。在废旧木材利用方面，其他国家如日本运用技术革新，将废旧建筑木材进行收集，加入化工材料，做成再生的木材原料，再经成型加工等工艺流程，循环产出木建筑材料，从而替代传统的实木材料。

## 四、我国森林资源可持续经营管理的政策建议

### （一）实施保护与开发并重的森林资源可持续经营管理

加强森林资源经营管理理念创新，由单纯控制森林消耗和森林保护，

向生态保护与林业产业发展并重转变。一方面，应明确重点地区森林资源保护，特别应加强流域源头、水土流失严重区域、公路沿线、居民点附近的森林资源保护。另一方面，要以可持续发展战略为前提，处理好森林经营过程中种植、保护与开发的关系，将加强森林资源保护与推进林木采伐管理改革有机结合。根据林木种类的不同，实行分类管理和经营，充分发挥森林资源的生态价值和经济价值。

### （二）深入推进林业、林地、林权等改革

加快林业流转机制改革，发放《林地经营权流转证》，对流转的林地经营权进行确权，保护林地所有者权益，吸引社会资本投资林业。推进林场经营体制改革，发展适度规模经营，探索工商资本与林农结成利益共同体，建立林业股份制合作组织、培育家庭林场、林业合作社等。创新林权抵押贷款，建立“统一评估，一户一卡，随用随贷”的林权信息系统，推广“信用+林权”贷款、公益林补偿收益权质押贷款、村级惠农担保合作社等多种内容、多种模式林业金融产品，破解林权不能作为抵押物贷款难题，保障林权抵押贷款制度化、规范化。

### （三）进一步完善森林认证体系

加强森林认证基础研究，开展森林认证机制、模式、市场研究；完善森林认证标准体系建设，积极开展行业标准向国家标准的转化工作；在已有基础上扩大森林认证试点。加强与国际森林认证体系的合作与交流，积极参与国际规则的制定，推进国际互认；通过多种渠道向社会宣传森林认证，提高森林认证产品的影响力。

### （四）因地制宜开发应用木产品

木材是唯一同时具有可再生、可重复利用、可生物降解性质的绿色生态型材料，具有设计灵活、轻量化、改建简易等特点，在节能、环保、抗震等方面优于传统工业材料。应开发利用木产品，因地制宜发展木结构建筑，有效减少建筑垃圾、固体废物、建筑扬尘等问题，从源头减量上支持“无废城市”建设。

### （五）完善森林公园建设，积极发展森林旅游

在生态保护的前提下，充分发挥森林资源休闲游憩的服务功能。加强森林公园管理体系建设，完善森林公园保护、建设管理标准；编制森林公园保护与发展规划，科学布局森林公园；提高森林游憩功能的智能化水平和服务质量，构建富有竞争力的、可持续的森林旅游产品。

### （六）有效利用林业生物质能源

借鉴发达国家林业原材料收运储备、生物质能源产业运行模式等方面的先进技术和经验，充分利用废旧木材资源，开发利用林业生物质能源。依托国内外科研机构和企业间的合作，促进生物质能领域的技术合作；广泛争取国际社会对我国生物质能源基础设施和技术的投资，促进林业生物质能产业科学发展。

### （七）充分发挥森林资源在应对气候变化中的作用

森林和木质林产品是全球碳循环系统中的重要组成部分，木质林产品碳储的持续增加对减排的贡献非常重要。砍伐森林会将一部分林生物量转移到林产品碳储，林产品碳储是影响大气温室气体浓度的重要因素，砍伐

后重生的森林也比成熟林能更有效地从大气中吸收温室气体。因此，林产品也应该被纳入林业减排潜力的评估之中。一方面，林产品能增加碳储，另一方面，林木重生后其碳汇也会进一步增加，这对国家增加碳汇意义重大，国际社会已经将建设可持续林业作为抵抗温室效应的有效措施。

程会强　黄俊勇　王海芹

## 参考文献

[1] 中共中央，国务院. 关于进一步加强城市规划建设管理工作的若干意见，中发〔2016〕6号.

[2] 国家林业局办公室. 中国落实2030年可持续发展议程国别方案——林业行动计划，办规字〔2016〕302号.

[3] 工业和信息化部，住房和城乡建设部. 促进绿色建材生产和应用行动方案，工信部联原〔2015〕309号.

[4] 程燕芳，李庆雷. 创意林业的理论基础与发展路径. 林业调查规划，2017（6），127-132.

# 改革再生资源行业税收政策 *

再生资源回收与再生利用产业在我国得到一定的发展，已成为构建绿色、低碳、循环经济体系的重要抓手。以 2020 年为例，我国废钢铁、废有色金属、废塑料、废轮胎、废纸、废弃电器电子产品、报废机动车、废旧纺织品、废玻璃、废电池等主要类别再生资源的回收利用总量达到 3.72 亿吨。因再生资源回收和加工环节的所得税和增值税问题长期未得到有效解决，制约了行业的规范化发展和转型升级，亟须以问题为导向开展税制改革。

## 一、我国再生资源行业税收政策的建设现状

1995 年以来，我国再生资源行业税收政策几经变动。针对废旧物资回收经营企业税负过重问题，国家先后实施了增值税先征后返、免增值税、加工环节凭废旧物资购买发票享受增值税 10% 进项抵扣等优惠政策。因缺乏有效监管手段，在实施过程中出现了虚开、倒卖发票的现象，导致 2008 年国家取消了回收和加工环节的税收优惠政策。此后作为过渡，再生资源回收经营增值税实行有条件先征后退。2011 年，国家取消了废旧物资回收行业税收优惠政策，再生资源回收环节不享受增值税优惠，只在加工环节将废旧电池、废塑料等纳入资源综合利用产品及劳务优惠政策范围。对于

* 本文成稿于2021年9月。

符合条件的加工企业，可享受所缴增值税即征即退 50% 的优惠政策。而对于回收企业，却不能享受任何税收优惠政策的扶持。2015 年，财政部和国家税务总局发布《资源综合利用产品和劳务增值税优惠目录》，针对加工利用环节和资源综合利用产品扩大了增值税优惠范围，按不同品种实行 30% ~ 70% 不等的增值税即征即退政策，并将税收优惠向回收环节进行传导。2016 年，财政部和国家税务总局发布了《关于全面推开营业税改征增值税试点的通知》，全面推行再生资源行业的营改增。

## 二、我国再生资源行业税收政策存在的主要问题

目前，再生资源行业税收政策的制定和实施存在以下问题，迫切需要解决。

一是缺乏进项发票，增值税难以实现抵扣，大幅提高了回收企业的成本。再生资源回收企业的原料来源主要为：其一，从众多的消费者、流动商贩和个体户手中购买再生资源，该部分再生物资比例约占 90%。回收企业因得不到增值税发票，故无法抵扣进项税。其二，从产废企业购买再生资源。因一些产废企业不按规定对外开具增值税专用发票，导致回收企业无法抵扣进项税费。以报废汽车回收拆解行业为例，目前约 40% 的个体经营者无法提供进项发票，约 40% 的国有企业无法开具抵税发票，而其余约 20% 的企业在报废车辆时可开具一般纳税人专用发票。以废弃电器电子产品拆解为例，回收公司开具的增值税发票税率为 13%、个人开具的增值税发票税率为 3%。部分不能开具发票的供货商会到税务局代开发票，但此类发票为普通发票，不能进行抵扣，拆解企业需缴纳较高的进项税费。营改增后，小规模纳税人年收入调整为不超过 500 万元。由于社会来源的废电器比例高达 90%，回收公司开具的增值税发票税费经传导后，实际上

仍由拆解企业负担。江苏、江西、浙江等省份的部分地市为了解决这一问题，允许回收企业在本省域开具收购发票或凭证，用作进项税额的抵扣。因担心企业虚开发票，这一做法并未在全国推广。回收企业向下游加工企业销售再生资源时，只能按销售总额缴纳13%的增值税，加上地方附加税，总税负远高于一般行业的企业水平。

二是加工环节税收优惠政策适用范围狭窄，条件严格，难以满足行业的实际发展需求。如《资源综合利用产品和劳务增值税优惠目录》（以下简称《目录》）规定，当企业的综合利用产品为“经冶炼、提纯产生的金属及合金（不包括铁及其合金）”时，只有原料70%以上来自所列资源且取得相应资质后，才可享受30%的退税；当企业产生的综合利用产品为“炼钢炉料”时，只有产品原料的95%以上来自所列资源、炼钢炉料符合《废钢铁》（GB4223—2004）所提技术要求、生产经营满足《废钢铁加工行业准入条件》所列条件等时，才可享受30%的退税；符合条件的废塑料、废旧聚氯乙烯制品、废铝塑（纸铝、纸塑）复合纸包装材料综合利用企业，退税比例为50%。但从实践来看，《目录》设置的条件苛刻，标准高，只有少数再生资源加工企业符合要求。以废塑料加工为例，《目录》强调“产品原料100%来自所列资源”，但因加工利用列入产品目录的废塑料一般需添加助剂，故难以享受所得税优惠，全国能享受退税政策的废塑料加工企业不足1/3。以废旧轮胎为例，《目录》对轮胎翻新、再生胶和胶粉规定了税收优惠条件和比例，但未对废旧轮胎热解规定优惠措施，且要求再生胶中胶粉占比达到95%，要求极为严格。另外，企业如遭受1万元及以上的环保行政罚款，就会丧失为期三年的退税权。

三是再生资源加工环节的税收优惠难以传导至回收环节的正规企业。尽管再生资源行业税收优惠针对的是再生资源加工利用环节，但政策设计的初衷是鼓励企业综合发展，将加工环节的税收优惠传导至回收环节的正规企业。在实践中，由于再生资源回收处理产业链较长，回收、贮存、分拣、拆解、深加工等环节分工细致，单个企业难以完成所有环节的工作。目前回收环节的门槛较低，流动商贩和非正规企业大量进入。根据中央生态环保督察组 2021 年的通报，有的地方存在非法回收拆解废汽车现象达 30 多年之久。调研发现，超过 85% 的废电器拆解处理企业附近存在非法拆解点，平均每个企业周边超过 10 个，其中大部分是无任何手续的回收和拆解网点。由于不纳税，非正规经营者抬高价格从产废者手中收购再生资源，形成了非正规回收者“无票价”与正规回收企业“带票价”两种价格体系，挤压了正规回收企业的生存空间。由于税负及规范运营的成本较高，正规企业回收再生资源时不敢出高价，因而丧失价格竞争优势，有的不得不停产甚至转行。

四是现行税收政策导致再生资源价格倒挂，损害其相对于原生资源的价格竞争力。再生资源经回收和处理后成为可再生的原材料。与原生资源相比，再生资源的品质接近甚至部分品类优于原生资源，但也存在供应不稳定等问题。目前，废钢铁、废纸、废塑料等再生资源行业的税负高，大幅提升了回收利用成本，降低了其相对于原生资源的价格优势，企业往往不愿意选择使用再生原料，不利于循环经济的发展。以塑料为例，如 2020 年 8 月涤纶树脂（PET）原生塑料的价格是每吨 6000 元左右，而再生塑料颗粒每吨达到 1 万多元。这一价格倒挂现象的形成，税负的作用不可小视。与此同时，企业的税收、环保成本、管理成本、人力成本等持续增加，导致再生塑料的总体生产成本居高不下。以汽车拆解为例，正规的报废汽车回收拆解企业需遵守场地硬化、环境影响评价、纳税等法律要求，故综合成本高，而小作坊式的拆解企业因逃避这些责任，故综合成本低，导致劣币驱逐良币的现象，既扰乱市场秩序，也污染生态环境。以金属加工为例，加工企业若采用废杂铝则无增值税进项抵扣，而采用电解铝则有进项抵扣，因此企业往往选择使用电解铝，导致废杂铝使用率下降，不利于循环经济的发展。

五是各地税收政策差异较大，市场竞争环境不公平。目前，我国尚未统一出台与再生资源行业发展需要相适应的税收政策，各地制定和实施的政策不一，出现了一些乱象。如为了发展废旧物资回收利用产业，山东、安徽、河南等省份制定了财政扶持政策，对增值税地方留存的部分实施比例不等的返还，形成了行业税收的洼地。这些政策虽然减轻了部分再生资源企业的负担，但拉大了地方税收政策的差距。再如，一些地方税务部门在适用《目录》时，对于何为加工环节却有不同的理解。基于此，废旧物资回收企业的分布自 2009 年以来呈现明显的地域差异，规模化企业逐步向有财政税收优惠政策的地区聚集。各地税收政策的不同，既破坏了再生资源回收利用行业内的公平竞争环境，也易形成地方间与企业间的马太效应。如为了减税，有的企业专门选择到税收洼地注册公司，不开展实际业务，仅开展开票业务。异地开票不仅为企业带来了经营风险，也给国家带来重大税收损失。

## 三、改革我国再生资源行业税收政策的建议

再生资源的综合利用既可节约原生资源和能源，保护生态环境，又减少温室气体的排放，因此税收政策作为重要的宏观调控手段，应予以特别支持。基于再生资源行业的特殊性，建议国家尽快制定统一的税收优惠政策，动态调整税收优惠目录，建立全供应链信息化综合服务平台，完善配套的税收优惠实施制度和机制。

一是允许符合监管要求的企业自行开具收购发票或免征增值税。随着再生资源行业的发展、信息技术的创新和监管手段的完善，我国在报废汽车拆解与综合利用、废电器拆解与综合利用等领域涌现了一批技术水平、

管理能力较好的再生资源回收、加工利用龙头企业，部分领域的发展在世界上处于先进水平。为此，建议在报废汽车、废电器等已具备良好监管基础条件的领域开展试点，允许回收企业自行开具收购发票，国家对其增值税予以一定比例的优惠甚至免征增值税。未来，该政策可扩展至具备一般纳税人资格的再生资源回收企业，同时禁止无票收货。回收者向满足“三流合一”等监管要求的企业销售废旧物资时，可享受税收优惠。这样可降低行业整体税负和成本，大幅提升正规企业的回收和加工利用率。

二是建立优惠目录动态调整机制，扩大适用范围并加大加工环节税收优惠力度。建议由国家发展改革委牵头组织或者委托相关协会开展调研，全面摸清再生资源行业各品类再生原材料的加工、利用程度与再加工工艺水平。对《资源综合利用企业所得税优惠目录》和《资源综合利用增值税优惠目录》实施动态管理，及时更新、修订并扩大优惠企业范围，细化、优化目录规定，将再生资源利用企业税负控制在一个合理区间，降低再生原料加工与使用成本，保持其价格竞争优势。此外，提升加工环节增值税的即征即退比例，如全部实行增值税即征即退 70% 的优惠政策；将企业丧失三年退税权的环保行政处罚额度提升至 5 万 ~ 10 万元。只有这样，才能提升再生资源行业正规企业的竞争力和各类再生资源的回收利用率。

三是强化行业信息化与信用监管工作，完善与税收相关的配套制度。为了提升再生资源行业的集中度并便于监管，建议分行业制定市场准入标准，规定经营场地、设施设备、管理要求等条件。不符合市场准入条件的，不得享受税收优惠。提升再生资源行业的信息化水平，在全行业内推广使用企业资源计划系统（ERP），加强回收、贮存和加工环节的再生资源流向监管，为税收优惠在前后环节的正规企业之间传导创造条件。发挥社会组织和行业协会的自律和监督作用，加大征税监管及对违法行为的处罚力度。建立违法企业黑名单制，对于偷税漏税等违法企业依法追缴所欠漏税款，取消其税收优惠资格，并将违法记录纳入社会征信系统实行联合惩戒，切实改变守法成本高、违法成本低的现象。

四是打造公共回收平台，规范各环节的税收核定与征缴工作。针对再生资源回收行业业务真实性难判定、企业所得难核定、发票易虚开、产废企业难开票等实际问题，建议国家发展改革委委托相关协会牵头建立再生资源供应链公共服务平台。该平台利用银行卡、微信、支付宝等第三方在线支付、区块链、可视化物流、企业资源计划系统等现代化信息技术，采集供应链中上下游企业、供货个人、司机、银行、第三方支付平台等主体的实时交易数据，并与企业资源计划系统（ERP）、车辆运行轨迹采集App、第三方支付系统、税务监管信息平台相连接，佐证业务的真实性，明晰加工企业实际的进项税，实现税收核定与征缴工作的全环节信息化与规范化。只有利用平台开展业务方可享受相应的增值税优惠政策，并开具增值税电子普通发票。平台的建立应采用符合国家统一标准的 OFD 格式，做到格式统一、安全可靠、操作便利。如此一来，既促进行业的规范化发展，又总体降低行业的整体税负。

五是加强国家统一部署和协调，消除税收洼地，营造公平竞争的市场环境。建议财政部和国家税务总局开展调研，全面摸清各地实施的再生资源行业税收优惠具体政策。在把握现状的基础上，统一出台全国性的税收优惠政策，取消不一致的行业税收政策，消除税收洼地，禁止未从事实际业务的异地开票行为；培育公平、合理的行业市场竞争环境。针对税收优惠目录内各方理解不一的加工环节，建议在业内充分研讨的基础上，发文明确“加工”的具体含义，消除《资源综合利用企业所得税优惠目录》和《资源综合利用增值税优惠目录》的适用歧义。

常纪文　许军祥　于可利　冯玉霞　陈维兴

# 加快推进我国水文化价值实现*

水是生存之本，文明之源。中华民族有着善治水的优良传统，中华民族几千年的历史，从某种意义上说就是一部治水史。悠久的中华传统文化宝库中，水文化是中华文化的重要组成部分，是其中极具光辉的文化财富。加快推动我国水文化价值实现，是积极做好新发展阶段下水文化保护、传承和弘扬，充分发掘中华优秀治水文化，延续历史文脉的迫切需要。针对我国水文化价值实现进程中面临的思想认识尚不到位、管理体系尚不健全、基础性制度和政策工具有待完善、相关支撑保障薄弱等突出问题，必须增强社会各界对水文化价值实现的认知，创新管理体制与协作机制，进一步丰富水文化价值实现方式，建立健全水文化价值实现的基础性制度和相关支撑保障体系。

## 一、增强社会各界对水文化价值实现的认知

一是客观辩证看待水文化保护和经济建设之间的关系。坚定水文化保护也是“政绩”的理念，深刻认识水文化保护和经济发展的辩证统一关系，并自觉将其运用于水文化建设的改革实践中。牢记推动水文化价值实现的初衷是为了更好地保护水文化，且实现过程必须因地制宜、因时制宜、因类制宜。牢记政府监管是保障水文化价值实现的一个重要前提，须

---

* 本文成稿于2021年11月。

划定并严守水文化保护红线，加强水文化资源空间管控，用最严格制度最严密法治保护水文化资源、守好水文化家底。二是将水文化价值理念融入经济社会发展的各方面。在水利工程中充分彰显水文化，基于保护、管理与利用实际需求导向，以陈设、展演等多方式，充分展现我国水利文化。在城市建设中充分弘扬水文化，坚持“以水悦民、人水和谐”的现代化水利理念，结合公共基础设施建设，加快城市水利工程文化品位提升，多形式体现当地特色水文化和历史治水名人事迹。在乡村振兴中充分体现水文化，加强河道整治和农村面源污染治理，努力打造“水清、岸绿、景秀、河畅”的自然环境，并结合乡村水文化遗产保护利用，适当融入水利器具和设施以普及水文化遗产知识，大力建设特色田园乡村。在旅游开发中充分突出水文化，抢抓打造全域旅游机遇，持续强化水系和水生态环境治理。三是多种渠道宣传弘扬水文化。加强水文化阵地建设，以水利工程、水情教育基地、水利风景区、博物馆、档案馆、展示（览）馆、水文化园区、主题公园等为载体，加强面向社会公众的水文化宣传教育。丰富宣传模式与手段，广泛开展水文化进企业、进校园、进机关、进社区等活动，积极开发研学课堂；积极推动水文化纳入国情国民教育，通过展览、读物、博览会、讲坛、比赛等形式，利用世界水日、中国水周、国际古迹遗址日、国际博物馆日、文化遗产日等时间节点，广泛开展面向社会公众的科普活动；充分发挥各类水遗址、水工程、水景观在水文化传承和弘扬方面的重要作用，积极开展多样化多元化涉水民间民俗文化活动；充分发挥涉水文学艺术创作独特作用，鼓励引导文艺工作者努力打造一批具有中华民族特色、代表行业典型形象的水文化艺术精品；依托受众较多的网络平台及新媒体途径，通过制作综艺节目、短视频等方式，多渠道创新传播水文化。坚持“引进来”与“走出去”相结合，积极借鉴国外水文化价值实现相关经验，加强与联合国涉水组织联系，研究推动设立国际水文化中心，积极参与国际水事活动和国际水组织平台，加强我国水文化对外宣传交流合作，努力讲好“中国故事”，增强我国水文化全球影响力。

## 二、进一步完善管理体制和协作机制

进一步明晰水文化资源及遗产管理机构职责，水利部作为国务院水行政主管部门，对推进水文化发展和繁荣、推动水文化价值实现责无旁贷。建议可由水利部门牵头，在文旅、住建、交通等部门配合下，尽快完成全国水文化资源普查和评估，建立全国水文化遗产分级名录，经审批纳入该名录的仍由实际管理单位、运营单位和上级管理部门，承担规划设计、资金筹措、管理实施、运行维护职责；水利部门主要承担管辖内水文化遗产的规划审查、技术指导、监督管理等职责，还要积极参与其他部门重点水文化遗产保护利用重大项目的规划和审查。加强水利部门对水文化价值实现工作的统筹协调，建立联席会议制度，并将其列入各级水利单位重要议事日程和水利系统文明单位测评体系、水利工程建设考核体系，强化水文化建设工作落实情况的监督评价，尽快形成上下协调、左右联动的工作格局。由水利部、各省（自治区、直辖市）和各地级市水行政主管部门牵头成立国家级、省级和市级水文化遗产专家委员会，分别负责各级水文化遗产的评审、监督、检查、考核等工作。

## 三、进一步丰富水文化价值实现方式

一是创新水文化传承利用方式。按照水库、湿地、河湖、灌区等不同类型，选择一批基础条件好的水利风景区，组织开展水文化资源保护利用示范景区创建工作，积极探索水文化价值实现新模式，及时总结推广试点成效和经验。二是开展水文化资源挖掘抢救计划。对工程建筑类水文化资源，及时采取补救修复措施，最大限度维护其功能和景观的完整性和真实性；对遗址遗迹类水文化资源，因地制宜设立遗址公园，探索发展水文化旅游产业；对非物质类水文化资源，积极创造有利于传承与展示的条件和平台。三是实施水文化保存记忆工程。积极引导有条件的国家公园、重大水利工程、河湖岸线等，结合实际规划建设水利博物馆、文化馆、科普馆或展览厅，收集水利文物，充实馆藏资源，完善服务设施，健全完善不同层次、不同类型、不同办馆主体兼容并蓄的水文化展览体系；深入贯彻落实我国政府《关于推进博物馆改革发展的指导意见》，加快水文化博物馆建设和现有水文化博物馆高质量发展。四是实现水利遗产保护传承利用协调推进。重点认定一批治水特色鲜明、历史文化及科技价值重大、安邦惠民价值突出的水利遗产。强化国家水利遗产管理工作的科学性和规范性。成立国家水利遗产认定专家委员会，发挥地方政府遗产保护利用主体作用。基本形成兼顾各种类型、各种特点、各区域的遗产分布格局。五是提升水利工程文化内涵。重点建设一批富含水文化元素的精品水利工程，深入开展水工程与水文化有机融合案例推选、示范推广工作。充分挖掘已建工程文化功能，从保护传承弘扬角度将水利工程与其蕴含的水文化元素有机融合。依据新建、在建工程特点配建水文化、水利科普展示场所，面向社会公众开放。

## 四、健全水文化价值实现的基础性制度

一是在法律层面予以保障。积极推动水文化资源及遗产保护内容在《中华人民共和国文物保护法》《中华人民共和国水法》《中华人民共和国黄河保护法》等法律法规中得到体现，尽快制定专门管理办法，进一步明确部门权责分工，尤其要明确文物与水利管理部门对水文化资源及遗产保

护与利用的责任主体，对文保范围内的在用水利工程建设，可明确在保护的前提下合理利用，并提出特殊性的维修建设批准和协商规定。二是在规划层面全面融入。在调查、评估、确定水文化资源保护等级基础上，研究制定水文化资源保护规划及管理办法，各级政府要结合本辖区普查结果，加快水文化资源保护库建设，并将水文化保护利用融入当地国民经济和社会发展规划以及水资源保护、水利工程管理、国土空间、水利风景区发展等专项规划中，定期开展水文化保护理念、方式、资金落实等情况评估并提出切实可行的保护措施。三是加快制定标准规范。将水文化元素纳入水利工程建设标准体系，确保水利工程与文化建设同步规划、同步设计、同步实施。针对不可移动、可移动、非物质水文化遗产的不同特点，及其认定、保护、利用、管理等各环节的差异化要求，加快制定覆盖全面的水文化资源及遗产相关标准规范；还要在总结各地价值核算实践基础上，探索制定水文化价值核算规范，明确核算指标、具体算法、数据来源和统计口径等，推进核算工作标准化，为推进水文化价值实现提供基础支撑。此外，还需完善水文化价值实现的一系列其他保障制度，包括空间管控制度、有偿使用制度、特许经营制度、市场流转制度、金融支撑制度、社会参与制度、科技支撑制度、调控监控制度等。

## 五、建立健全水文化价值实现的支撑保障体系

一要以全面调查、深入摸底为原则，开展全国水文化资源普查和评估工作，改变前期水文化遗产调查中存在的评价标准和申报程序不一致情况，在建立健全工程类、管理类和非物质水文化遗产申报程序、评价体系、认定标准、统计监测、管理制度等内容基础上，尽快编制国家水文化遗产名录，逐步建立国家级和省、市、县级水文化遗产数据库；同时，建

立水文化资源动态监测制度，及时跟踪掌握更新水文化资源及遗产数量分布、质量等级、功能特点、权益归属、保护和开发利用情况等信息，建立开放共享的水文化资源信息云平台。二要加强水文化价值实现基础理论、技术标准、政策体系研究，充分利用水文化相关研究机构，深入研究水利工程文化内涵与品位提升策略，物质形态水文化遗产保护、抢救、整修与利用路径，精神形态水文化遗产包括哲学思想、治水理念、治水精神、水利文献等的挖掘与弘扬，对制度形态水文化遗产扬弃性的整理和现代阐释等，并在公益性水利科研项目立项上予以适当倾斜支持。三要加强水文化建设与保护投入，将水文化元素列入现有水利工程建设管理有关规程、规范、定额、技术标准及评价指标体系，并可将其纳入水利工程基建前期财政预算；推动国家设立重点水文化遗产保护专项基金，将水文化保护和遗产维护经费纳入各级政府本级财政预算并逐步提高，加大资金投入支撑水文化遗产保护管理、水文化研究与传播载体建设、水文化与相关工程融合等重点项目力度；充分发挥市场在水文化建设领域作用，鼓励社会参与，积极吸引社会资本进入水文化建设领域，争取多方捐助成立水文化保护基金；加大有条件地区挖掘保护国家水利遗产资金支持力度，完善水文化研究、保护、传承、弘扬等功能。四要加强跨专业技术人才培养，推动水利高校水文化学科建设，加大水利系统水文化保护、建设、管理、传播领域人才培养力度，加快水文化或水利遗产保护工程等相关专业技术职称评定与人员培养工作；定期开展相关教育专项培训活动，逐步把水文化知识纳入水利部门有关培训课程；加强水文化咨询专家队伍建设，联合各行业部门成立跨行业水文化资源及遗产保护利用工作指导专家库，服务水文化价值评定、规划审查与实施决策、基层人员技术指导、相关理论与实践经验推广等工作。

李维明　杨　艳　谷树忠　高世楫

# 我国水文化价值实现进展与问题 *

中国作为世界文明古国，水文化资源[①]丰富、历史悠久、形式多样、内涵深刻。一直以来，我国政府高度重视水文化保护传承利用工作。积极做好新发展阶段下水文化的保护、传承和弘扬，充分发掘中华优秀治水文化，延续历史文脉，是推动我国水文化价值[②]实现的迫切需要。

## 一、近年来我国推进水文化价值实现工作取得积极进展

### （一）注重加强顶层设计和规划引领，水文化建设工作稳步推进

我国政府十分注重水文化遗产保护和水文化建设的顶层设计，先后制定出台一系列推动水文化发展和繁荣的政策举措。2005 年，国务院发布《关于加强文化遗产保护的通知》，表明我国文化遗产保护事业步入新阶段。2011 年，水利部出台《水文化建设规划纲要（2011—2020 年）》，明

---

* 本文成稿于2021年11月。

① 水文化资源是能够为人类创造物质、精神等财富的涉水文化内容，是水文化价值存在的载体和前提。根据其存在形态的差异，水文化资源可区分为物质类和非物质类两大类。

② 水文化价值是以水和水事活动为载体形成的文化形态价值，是人类在水事活动过程中创造的物质、精神等财富价值的总和。考虑水的文化功能，不论物质类还是非物质类水文化资源，总体来看，其价值主要体现在历史、艺术、科技、精神等方面。

确了我国水文化建设目标、任务及保障举措。2013 年，水利部确立水文化建设工作机制，由水利部文明委统一领导、文明办负责组织协调、办公厅等有关司局分工负责、水利部新闻宣传中心等单位具体落实、各方面力量积极参与。随后，水利部文明委分别印发水文化建设 2013—2015 年、2016—2018 年三年行动计划。2019 年，水利部再次明确由水利部办公厅全面负责和指导水文化工作，水利部宣传教育中心等单位负责组织落实。2021 年，水利部印发《水利部关于加快推进水文化建设的指导意见》，编制了《“十四五”水文化建设规划》。

### （二）成功申报一批世界文化遗产、世界灌溉工程遗产等，水文化遗产影响力不断提升

我国持续加强水文化遗产保护，成功申报并入选一批世界文化遗产、世界灌溉工程遗产、全球重要农业文化遗产等。我国涉水类世界文化遗产包括青城山—都江堰、杭州西湖文化景观、红河哈尼梯田文化景观、大运河、良渚古城遗址等共 14 项，数量超过我国世界文化遗产数量的 1/3。都江堰、灵渠、郑国渠等工程先后入选世界灌溉工程遗产，截至 2020 年 12 月，我国世界灌溉工程遗产总数已达 23 项，成为拥有遗产工程类型最丰富、分布范围最广泛、灌溉效益最突出的国家。浙江湖州桑基鱼塘系统、湖南新化紫鹊界梯田等先后列入“全球重要农业文化遗产”名录。通过申报世界遗产方式，古老的水利工程成为著名的“世界遗产”，其社会影响力显著提升，不仅实现了遗产的较好保护，使其所蕴含的文化价值和古代智慧得以弘扬和展示，还通过充分发挥水文化遗产的教育、启迪作用，有效凝聚了全社会关心支持水文化事业发展的强大动力。

### （三）大力推进水利风景区建设，水文化遗产保护性利用得到蓬勃发展

就水文化资源及遗产而言，单纯的保护并不能实现其可持续发展，而结合其属性特征，积极打造水利风景区、大力发展生态旅游，已成为目前我国行之有效的一种水文化资源保护性利用方式。2001—2018 年，我国已有 18 批次共计 878 个国家级水利风景区获批公布，各地省级水利风景区更是加速建设，且多为依托水文化加强风景区建设，比如新疆吐鲁番市坎儿井、福建莆田市木兰陂、广西桂林市灵渠、河南林州市红旗渠、陕西咸阳市郑国渠、四川成都市都江堰等水利风景区，均系依托国家重点文物保护单位的水文化遗产为核心景观而打造。这些水文化遗产可为创建水利风景区增彩添色，而建设水利风景区也已成为实现我国水文化资源尤其是水文化遗产活化保护的一条有效路径。

### （四）积极利用各种途径弘扬水文化，相关特色品牌和产品不断丰富

加强水情教育基地建设，目前已公布中国水利博物馆、都江堰、灵渠等四批 63 家“国家水情教育基地”。借助中国水文化网、水利文明网、《中国水文化》杂志、《中国水利报》、中国水利官微等多种媒体，面向社会公众开展国情水情和水文化宣传教育。国家、省、市级水文化遗产及水利行业博物馆、纪念馆陆续成立并对外开放展示，包括中国水利博物馆、黄河博物馆、陕西水利博物馆、宁夏水利博物馆、洛阳水利博物馆、宁波它山堰水利陈列馆等。自 2017 年以来水利部陆续开展三届“水工程与水文化有机融合案例征集展示活动”，为水工程文化建设提供借鉴与启示。深入挖掘中华民族优秀传统治水文化和理念，陆续出版《中国水利史典》

（一期工程）、《中华水文化书系》等公益图书产品。围绕水利重点工作，编写图书《中国河湖大典》《图说河长制》《水文化建设系列丛书》《水利辉煌七十年》并策划制作系列电视宣传片，3D 动画片《中华治水故事》荣获中国文化艺术政府奖，在 50 多家国内媒体和英国、印度、阿尔巴尼亚等国外媒体播映。稳步推进水利文献史料整编与数字化工作，充分借助多媒体方式和虚拟现实技术来复原展示水文化遗产。

### （五）初步开展水文化遗产调查、学术研究等基础工作，各省市水文化遗产调查名录基本形成

2009 年，中国水利水电科学研究院受水利部委托，历时半年开展并完成了在用古代水利工程与水利遗产调查。随后，水利部出台《关于开展水文化遗产调查工作的通知》，各流域和省市按要求从 2012 年起陆续对辖区内水文化遗产资源开展摸底和调查。通过以上两次专项调查，并结合其他途径的调查结果[①]，共获得全国范围内 5 万余处调查成果。全国各省（自治区、直辖市）水文化遗产数量公布情况见图 1。2021 年水利部启动国家水利遗产认定申报工作，明确从当年起，每隔两年开展一次国家水利遗产认定工作，积极探索构建水利遗产认定管理体系。同时，住建部也组织开展了全国风景名胜资源普查，初步掌握了包括水文化遗产在内的各类风景名胜资源分布、价值、数量、保护、管理等情况。这些都为最终形成水文化遗产全国数据库打下了基础。此外，为推动水文化遗产学术研究，水利部水文化遗产研究中心落户中国水利博物馆，国内部分水利高校和机构也纷纷成立水文化遗产研究学会、协会以及其他学术组织，如河海大学成立水文化研究所、华北水利水电大学成立水文化研究中心、浙江水利水电学院

---

① 2011年，国家文物局完成第三次全国文物普查工作，普查成果中包括部分水文化遗产。

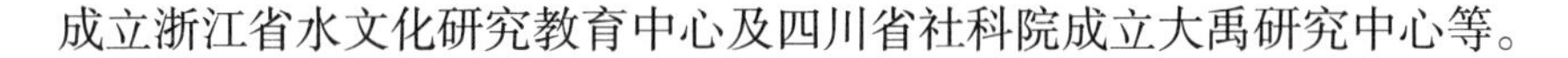

成立浙江省水文化研究教育中心及四川省社科院成立大禹研究中心等。

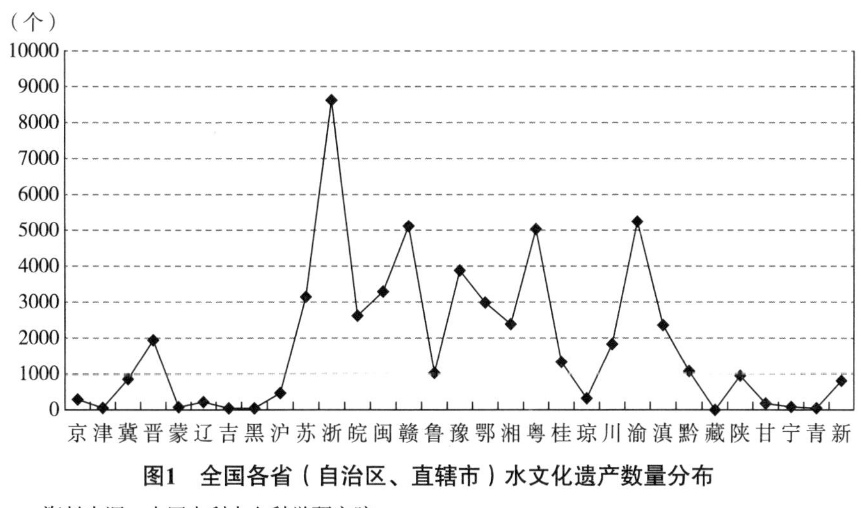


**图1　全国各省（自治区、直辖市）水文化遗产数量分布**

资料来源：中国水利水电科学研究院。

## 二、当前我国水文化价值实现仍然面临不少问题与挑战

### （一）思想认识尚不到位

一是宣传不够、意识薄弱，理念欠科学。我国针对水文化资源及其价值的宣传主要集中在水文化博物馆、纪念馆内，借助主流媒体进行宣传报道的并不多，导致无论政府部门还是普通民众对水文化及其价值实现重要性认识不足、理念欠科学。由此造成各地各部门在推进水文化价值实现过程中，普遍偏重自然风光开发营造，对历史文化价值重视不够，对非物质文化遗产和可移动水文化遗产，如用水乡规民约、传统取水用水工具等保护不足，对水利风景区与周边人文自然环境的统一规划设计考虑不够；普遍偏重开发利用，对水文化资源优化整合与深入挖掘不够，存在有意变更甚至拆损其功能和形式的行为，对水文化遗产自身文化内涵和历史烙印造成破坏。鉴于此，国家对水文化价值实现的引导力度还有待加强，有待形

成全社会科学支持水文化价值实现的良好氛围。

二是对水文化保护与经济发展的辩证关系缺乏全面理解。增长挂帅惯性导致水文化保护让位于经济社会建设的现象仍然存在，且经济发展离不开机场、铁路、公路、地产开发等大型项目，而这些项目建设势必会影响一些重要的古代水利工程、水文化历史建筑和遗址遗迹，一旦损毁很难恢复。同时，目前实现水文化价值的方法尚不多，对于如何破解、通过什么路径实现等关键问题，至今尚未形成一套完整的体系，且实施严格保护所带来的收益可能会多年后才显现，或者该收益并不能被当初的受损者所独享，这种“眼前受损”和“未来受益”之间的不确定性、受损者成本和收益之间的不对称性，导致地方不少领导干部对两者辩证关系缺乏全面理解，更谈不上积极探索实践如何将文化优势转化为经济优势。

### （二）管理体系尚不健全

围绕水文化价值实现的管理主体多元化和跨部门化特征明显，主要涉及水利、文保、文旅、住建、交通、农业农村等部门，管理体系较为复杂。以水文化遗产为例，隶属水利部门管辖的最多且主要为水利工程和部分其他遗产，文保部门主要管辖列为文物保护单位的和需要考古发掘的遗址水文化遗产，住建和交通部门则分别涉及部分园林景观类和运河类水文化遗产，而大型水文化遗产往往由多部门共管，还有众多的小型水利工程则隶属县镇政府或村委会管辖。由于不同类型水文化遗产分别由不同行政部门管理，各部门的保护意识不同、管理目标各异，导致不可避免地存在职责交叉与真空、管理不协调问题。比如，尚有大量在用水文化遗产目前由其他部门而非水利和文物部门管辖，由于水文化遗产管理经验不足，造成水文化资源保护利用工作难以统一有效管理和形成整体合力。与此同时，水文化遗产保护规划滞后，如部分被列为全国文保单位的在用水利工程遗产，保护与利用规划编制工作存在明显滞后。

## （三）基础性制度和政策工具有待完善

一是法律法规体系不完善。以工程类在用水文化遗产为例，主要依据《中华人民共和国文物保护法》《中华人民共和国水法》《中华人民共和国防洪法》《中华人民共和国河道管理条例》《水利风景区管理办法》等实施管理，但上述法律法规并未涉及专门针对水文化遗产的保护和利用。

二是相关标准规范缺失。我国水文化资源及遗产种类丰富多样，价值形态各异，保护利用技术手段和控制标准不一，目前对其价值认定、价值评估、标准管控等仍较为依赖基于传统认知和经验的主观判断，由于认定标准、价值评估和技术标准体系尚不完善，造成不少有价值的水文化资源仍处于保护与管理的“真空”状态，严重阻碍了水文化价值的实现。

## （四）相关支撑保障薄弱

一是资金投入不足，经费渠道欠畅通。目前我国水文化资源及遗产保护尚无专项资金，许多纳入文保范围的涉水遗产大多是在用的古代水利工程，属于典型的活化遗产，可持续利用效益可观，但现有文保政策按照“死”文物的要求限制“活”遗产的维修养护，一定程度上违背工程管理的客观规律，也造成工程可持续利用效益的锐减；而一些没有纳入文保范围的涉水遗产，财政对其支持力度明显不够，特别是那些乡村小型堰坝陂塘等，多数处于经费不足、年久失修的尴尬境地。同时，尽管浙江、河南等省份在地方水利建设标准规范中有所突破，但目前国家水利工程建设管理标准定额中并没有文化建设的经费列支渠道，造成无论是已有工程的文化提升还是新建工程的文化景观打造，均得不到水利建设资金的支撑。此外，水文化价值实现工作量大面广、任务繁重，政府拨款仅是杯水车薪，由于尚未形成多元化的投入机制，造成一些重要水利档案、地图、公文等尚未得到有效保护，一些珍贵的物质类水文化遗产也因缺乏维护经费面临损毁隐患。

二是综合知识型人才匮乏。不少领域如园林景观、文化遗产、水利工程、旅游管理以及经济社会发展等，往往与水文化价值实现密切相关，需要大批精通文化资源保护和历史文化挖掘的高素质复合型人才。以工程类涉水文化遗产保护管理为例，其对水利专门知识的要求更高，而目前多数从业人员往往缺乏该方面专业知识，造成现有人才队伍与当前水文化保护利用新形势和新要求存在不适应之处，已成为我国水文化价值实现的突出制约因素。

三是底数不清、基础调查研究不够。前期虽然进行了初步的调查统计，但随着研究不断深化，分类标准和调查程序在不同历史时期和不同省市各异，因此调查研究工作还应不断深入，相关统计数据应不断更新。同时，现有调查对象大多是工程类水文化资源及遗产，如何对管理类、非物质类文化遗产开展调查仍需进一步完善。此外，现阶段围绕水文化价值实现的研究仍处于起步阶段，基础理论体系有待建立完善，相关关键性技术与制度保障也需抓紧研究与落实。

李维明　杨　艳　谷树忠

# 创造条件，将老旧小区“微改造”升级为绿色改造 *

城镇老旧小区改造是近年来国家着力推进的一项民生工程和发展工程，对改善城市功能、提升便民服务和居民生活质量具有重要意义。面对新冠肺炎疫情暴发后经济受到严重冲击的新形势，2020 年《政府工作报告》明确提出“新开工改造城镇老旧小区 3.9 万个，支持加装电梯，发展用餐、保洁等多样社区服务”。这既可有效扩大投资，又可惠及千万百姓，是一举多得之策。欧盟也在其 2019 年底通过的《欧洲绿色政纲》和 2020 年 7 月通过的《欧盟复兴基金计划》中明确提出了推动能源资源高效利用的建筑改造，与我国做法相近。

因建造年代和标准不同，2000 年之前建成的绝大部分老旧小区虽地理位置较好，但建筑本体大多存在抗震设防要求低、套型陈旧、功能空间缺失、建筑质量不高等缺陷，小区整体也存在基础设施不足、居住环境质量差、私搭乱建等问题，且受历史条件和成本限制使得拆迁难度大，所以进行改造是提升居住品质的最优选择。然而近年来各地改造标准不统一，既有“微改造”模式，也有部分按照绿色标准进行的深度改造，百姓满意度也参差不齐。随着人民对美好生活的要求不断提升，未来的老旧小区改造应突出绿色和健康元素，从有条件的城市着手，将“微改造”升级为绿色改造。

---

* 本文成稿于2020年8月。

## 一、老旧小区改造，应逐步突破“微改造”方式，推进绿色改造

### （一）“微改造”方式难以全面解决老旧小区存在的固有弊端

改变老旧小区“硬件差”和“软件弱”等核心症结，需同时对建筑本体及其附属设施、小区市政配套基础设施和环境配套设施及社会服务设施等进行全面改造。但“微改造”主要包括如下改造中的一项或几项：（1）为提升老旧建筑节能效果而增加外保温层、更换窗户等；（2）为解决小区内“水电路气网”等基础设施年久失修、安全隐患高的问题而进行的修补或更换工程；（3）为避免陈旧房屋建筑外观影响城市形象而进行的外墙粉刷工程等。由于“微改造”很少全面涵盖建筑本体安全加固、功能补全、社区服务功能完善等工程，使改造后的老旧小区往往仍有功能短板：一是民生宜居和生活便利性仍显不足；二是社区智慧治理和防疫应急能力仍显不足；三是小区整体环境美化和节能减排水平仍显不足。因居民住宅的设计寿命往往是50年，这些不足会对居住品质、生活环境及资源能源消耗等均产生长期负面效应。因此，面向到2035年美丽中国建设目标基本实现的总体要求，要以新发展理念为遵循，以前瞻性和长期性的视野，将“微改造”升级为绿色改造。

### （二）推进绿色改造有望大幅提升老旧小区的居住品质

老旧小区绿色改造并非新事物。住房和城乡建设部2017年就发布了《既有社区绿色化改造技术标准（JGJ/T 425—2017）》（以下简称《绿改标准》），将既有社区绿色化改造定义为以资源节约、环境友好、促进使用者

身心健康为目标，以性能品质提升为结果的改造活动。相比“微改造”，依据《绿改标准》对老旧社区的绿色改造，将统筹改造工程建设与后期运维，涉及社区规划与布局、环境质量、资源利用、交通与环卫设施、建筑性能和运营管理等方面，以确保全寿命期的品质提升。绿色改造具体包括六方面内容。

一是优化社区用地及布局。包括对社区的公共服务设施、道路交通设施、公用设施、公共空间、水系等进行改造，并确保改造与社区周边地区的城市发展统筹规划相协调。二是改善社区环境质量。包括对社区热环境、风环境、声环境、光环境、空气质量、植被景观水环境等进行绿色改造。三是提高资源利用效率。包括对社区供水方式、供水管材和附件等的改造，对可再生能源利用设施、输配电线路、集中供热系统、供冷系统、室外照明、分布式冷热电三联供系统等能源供应和输配设施的改造。四是完善交通环卫设施。包括对社区步行环境、自行车骑行环境、公交站点布置和公交路线、停车设施、道路交叉口路名牌等的改造，对生活垃圾分类管理系统、道路垃圾桶、生活垃圾收集清运设施、社区公厕和环卫设施等的改造。五是提升建筑性能。包括对建筑加固、补齐使用功能、防雷、应急等方面的性能改造。六是加强智慧化运营管理。包括对社区室内外环境监控系统、能源监控系统、水资源监控系统、交通资源管理系统等的完善改造；运用物联网、移动互联网等技术对其他资源管理软硬件平台的改造，以及与智慧城市系统兼容的改造等。绿色改造是对老旧小区“微改造”的理念升华和标准升级。

在此基础上，2019 年出台的《中国城市科学研究会标准（T/CSUS 04—2019）：城市旧居住区综合改造技术标准》进一步明确了老旧小区改造的优选改造项目 68 项，拓展改造项目 49 项。这些项目覆盖了建筑本体改造、基本服务类和品质提升类市政基础设施及“新型基建”等建设，既可提升社区健康智慧水平，也可实现高标准节能减排，可面向中长期切实提升老百姓的获得感和幸福感。

### （三）“微改造”升级为绿色改造可有效提升老旧小区经济价值

对北京、上海、广州、宁波、淄博、沈阳、宜昌、呼和浩特等地实施的老旧小区改造调研结果（见附表）显示，绝大部分“微改造”小区每平方米投资规模为 200 ~ 500 元。虽然一次性投入不大，但改造前后的房产价格涨幅与相似地理位置、相近年代建成的未改造老旧小区的房产价格涨幅相比，也没有带来显著升值，市场反应也比较平淡。

而在经济水平较高的省会城市或者较发达城市，也有一些老旧小区在得到业主支持和出资的基础上，开展了绿色改造，包括：建筑本体的加固、节能、保温改造、加装电梯等，小区的消防、电力、燃气、给排水、采暖等基础设施改造，以及停车位、路面、绿化等室外环境改造；合计改造成本为 3000 ~ 5000 元 / 平方米。虽从成本上看，绿色改造高于“微改造”，但从房价走势的比较看，绿色改造后的房子相对周边小区的升值可达 5000 ~ 12000 元 / 平方米，这给业主带来较明显的直接经济收益。而且，绿色改造后引入物业管理服务和医疗、康养、停车等公共服务及便利居民生活的相关商业服务，还带来了持续的间接经济收益，以及节约能源资源、降低碳排放等环境效益。

### （四）老旧小区绿色改造具有显著拉动经济的潜力

绿色改造成本是现有“微改造”的 10 倍左右，但作为一项具有巨大投资收益的活动，相应对宏观经济的拉动作用也将呈现 10 倍级的规模放大。利用自主研发的动态可计算一般均衡模型（IREPAGE 模型）对老旧小区改造的宏观经济效应进行定量分析[①]结果显示，若全国40亿平方米的老旧小区全面推行“微改造”，按照每平方米200 ~ 500元的投资测算，直接拉动投资需求为0.8万亿 ~ 2万亿元，综合带动经济产出仅1.5万亿 ~ 4万亿元。而如果完全实现绿色改造，按3000 ~ 5000元/平方米投资计算，可直接拉动投资12万亿 ~ 20万亿元，创造700余万个就业岗位；间接带动其他行业产出25万亿 ~ 40万亿元；而且可促进绿色装饰装修材料、环保家具、智慧家居消费3.5万亿 ~ 7万亿元，合计带动经济产出扩大40万亿 ~ 70万亿元；还可间接带动健康医疗、托幼养老、家政、社区服务等绿色消费，有效支撑数年的经济稳增长。

然而，上述增长潜力的释放有赖于政府政策引导、市场环境支持、社区居民配合等一系列外部条件和体制机制支持。考虑到我国区域发展的不均衡性，可从发展水平较高的大中城市开始，形成示范效应，加快推进“微改造”向绿色改造的升级。

## 二、与“微改造”相比，老旧小区绿色改造更新面临三方面潜在挑战

### （一）绿色改造更深刻触及百姓生活，必须得到业主广泛支持是首要挑战

近年来，一些以外墙粉刷、水电气管道更新等工作为主的“微改造”不必得到所有小区居民的许可就可动工，实施起来相对容易，但因改造不

① 构建IREPAGE模型过程中，我们针对绿色建筑和传统建筑的应用比例及成本结构差异，以2017年投入产出表为基础，对表中的房屋建筑及建筑装饰、装修和其他建筑服务这两个部门进行细化拆分，利用分离出的绿色建筑和装饰装修部门开展定量分析。按照细化的投入产出关系，测算绿色建筑投资对全行业增长的拉动效果。

够彻底，房产增值不显著，没有起到示范带动作用；一些老旧小区改造工程品质不高，甚至出现“一年新、两年旧、三五年坏”的现象，反而产生了不良影响；同时还有部分居民对政府推动的改造工作缺乏信任，或因影响其短期居住或出租收益等而比较抵触。尽管绿色改造的效果可期，但具体施工过程较“微改造”模式会更多触及建筑本体改造，对小区环境和基础设施的改造内容也更多，工期也会更长，若没有小区业主、居民的普遍认同和支持将难以顺利开展。

### （二）绿色改造更新投资大，面临多渠道解决资金来源的挑战

“微改造”模式下，资金来源基本上都是政府“大包大揽”。2020 年若完成 3.9 万个老旧小区改造，按绿色改造更新标准的直接投资需求为 4 万亿 ~ 5 万亿元，远超出“微改造”，仅靠政府投资难以支持。为此，必须突破由政府负担的投资模式，引入多种市场化投融资渠道，探索建立业主、参与其中的市场主体、金融资本和政府共担的新型投融资模式。

### （三）绿色改造更新涉及多个领域，面临强化多部门协同的挑战

“微改造”主要侧重个别领域的改造工作，如节能改造、亮化工程、基础设施更换等，涉及的部门少，工作比较容易统筹和协调。绿色改造更新涉及社区规划与布局、环境质量、资源利用、交通与环卫设施、建筑性能和运营管理等方面，有待住建、国土、财政、环境、能源、交通、环卫、工信及金融等多个领域和部门相互配合。若这些部门未能统一认识、统筹协同，绿色改造工作难以顺利推进。

## 三、创新机制，建立全面统筹推进老旧小区绿色改造更新的适用模式

### （一）依法有序推进绿色改造更新，多措并举加大居民参与度

一是遵循共同缔造理念，研究建立政府、业主、市场投资主体的共商共建共享机制，高效反映民意，使多数业主深度参与社区全寿命期的管理和监管工作。二是在吸纳前期地方工作经验教训的基础上，出台国家层面指导意见，由相关部门具体负责并明确老旧小区分类标准和物业管理要求，界定政府的管理责任和业主的主体责任，建立司法调解机制和监管机制等，实现依法依规推进改造更新。三是加强宣传引导，营造良好社会氛围，促进各方踊跃支持绿色改造更新工作。

### （二）加快建立市场化运行机制，统筹推进老旧小区绿色改造更新的资金筹措

探索建立覆盖改造更新、后期运维及相关公共服务、商业服务的规范化市场机制。一是理顺业主出资机制。积极盘活老旧小区公共维修基金等存量资金；规范业主出资标准和方式，依市场原则签订商业合同，明确各方权责。二是广泛吸引社会资本参与投资。如引入房地产信托投资基金（REITs），采用改造与运营一体化模式，将改造更新与社区物业管理、停车设施运营及新增公共服务和配套商业设施运营等市场化运营项目挂钩；鼓励挖掘更多收益性项目，形成投资和运营双重收益，如在符合安全、消防等要求的前提下对原有建筑加高楼层，或适度扩大通过原地绿色复建方式进行改造的小区的容积率，新增住房可用于商业租售；支持采用政府和

社会资本合作（PPP）模式、施工总承包＋资金（EPC+F）模式，着力培育城市运营商和民营市场主体，吸引社会资本广泛参与。三是吸引绿色金融支持。出台老旧小区绿色改造一揽子金融支持政策，鼓励绿色信贷、债券、保险等金融资本参与。四是用活财政资金。用好中央财政城镇保障性安居工程专项资金，合理安排地方政府专项债，利用财政资金撬动社会资本，集中用于社区基础设施、公共服务设施的改造更新工作；对率先执行的项目，中央给予相应补贴，并建立先行先试补贴退坡机制。

### （三）强化各级部门统筹协调和推行绿色建筑强制性标准，鼓励探索绿色改造的新模式

明确老旧小区绿色改造是“一把手”工程，各级党委和政府要统一思想，尽快建立老旧小区改造的协调工作机制，统筹并压实相关部门[①]责任，落实规划、指南、工作方案等编制工作。国家层面要加快完善顶层规划设计，统筹编制国家—省—地市三级老旧小区绿色改造规划，推行绿色建筑强制性标准。地方层面要强化各级党委和政府的组织领导，统筹各相关领域的需求，科学编制工作指南。工作层面，要同步制定实施方案，摸清老旧小区家底，建立分类改造项目库，广泛争取民意并科学确定绿色改造更新方式，分步实施。鼓励大胆先行先试，以财政、金融等手段支持有条件的地区率先启动改造工作，优先以社区或街道整体为改造对象，采取全面绿色改造的模式；统筹谋划改造与运维、服务，兼顾保护性修复；对预估改造成本过高的社区，应结合城市规划进行原地绿色复建、原地安置。

① 住房城乡建设、发展改革、生态环境、交通运输、人民银行、教育、工业和信息化、民政、财政、自然资源、卫生健康、市政、市场监督、税收等部门。

### （四）集成绿色建筑技术叠加效应，通过新一代技术手段助力绿色改造提质增效

充分利用5G、大数据、云计算、人工智能等新技术手段提高老旧小区智慧化水平，探索智慧化绿色改造新模式。一是充分利用老旧小区原有基础设施，将既有成熟智能技术系统化应用于社区全部区域，提升社区服务管理水平，降低运行服务成本。二是遵循建筑智能化、绿色化的发展趋势，对于新型绿色改造技术及应用进行试点，尽快总结经验形成标准，在全国老旧小区中推广。三是为充分发挥信息化网络手段在绿色改造中的作用，应充分打破信息孤岛，实现资源共享，避免重复建设，保障信息安全，探索智慧绿色、节能低碳、宜居生态的新型社区建设。

李继峰　陈珊珊　林常青　郭焦锋

**附表　各地老旧小区改造对房屋升值的影响对比**

| 对照组编号 | 城市及区县 | 小区 | 建造年份 | 总户数 | 改造时间 | 2017年价格（元/平方米） | 2019年价格（元/平方米） | 2020年6月价格（元/平方米） | 改造内容及房价比较情况 |
|---|---|---|---|---|---|---|---|---|---|
| 实施“微改造”的老旧小区与相似小区相比房价走势没有明显优势 | | | | | | | | | |
| 1 | 沈阳市北陵区 | 改造小区 | 1995年 | 2043 | 2016年 | 7688 | 8897 | 10761 | 改造内容：景观工程、市政工程、建筑工程、智能化管理工程、增设健身器材等方面<br>房价比较：改造后的小区房价较未改造的相似小区房价高2000元/平方米 |
| | | 未改小区 | 1997年 | — | — | — | — | 8525 | |
| 2 | 沈阳市东中街 | 改造小区 | 2000年 | — | 2018年 | — | 8200 | 8326 | 改造内容：屋面防水，外墙、楼道粉饰整理，单元门窗维修；翻新道路；更换排水、供水、供气和供热等公用部位管线等<br>房价比较：改造后的小区房价与未改造的相似小区房价基本一致 |
| | | 未改小区 | 1996年 | — | — | — | — | 8308 | |
| 3 | 呼和浩特市鼓楼区 | 改造小区 | 2000年 | 380 | 2017年 | 9623 | 15842 | 16097 | 改造内容：拆除凉房、改造管网、硬化路面、增加富有内涵的文化体育设施，引绿、种植花草等<br>房价比较：改造后的小区房价涨幅与未改造的相似小区基本一致 |
| | | 未改小区1 | 2000年 | 326 | — | — | 12120 | 12387 | |
| | | 未改小区2 | 2000年 | 963 | — | 10337 | 14644 | 14927 | |
| 4 | 呼和浩特市哲理木路 | 改造小区 | 2000年 | 3096 | 2017年 | 6711 | 10257 | 10914 | 改造内容：拆除违建、拆墙并院、路面硬化及小区其他绿化工作<br>房价比较：改造后的小区房价与未改造的相似小区房价基本一致 |
| | | 未改小区1 | 2000年 | 1466 | — | 6856 | 10246 | 10524 | |

续表

| 对照组编号 | 城市及区县 | 小区 | 建造年份 | 总户数 | 改造时间 | 2017年价格（元/平方米） | 2019年价格（元/平方米） | 2020年6月价格（元/平方米） | 改造内容及房价比较情况 |
|---|---|---|---|---|---|---|---|---|---|
| 5 | 呼和浩特市光明路 | 改造小区 | 2000年 | 1080 | 2017年 | 5521 | 8588 | 9591 | 改造内容：合理规划小区停车位、社区绿化以及老旧小区改造增项<br>房价比较：改造后的小区房价与未改造的相似小区房价基本一致 |
| | | 未改小区1 | 1995年 | 783 | — | 5590 | 8890 | 8896 | |
| | | 未改小区2 | 2000年 | — | — | 7171 | 10284 | 10443 | |
| 6 | 广州市越秀区 | 改造小区 | 1994年 | 1270 | 2017年 | 49813 | 46299 | 45676 | 未找到详细改造内容，但房价走势略低于未改造的小区 |
| | | 未改小区 | 1994年 | 2217 | — | 48794 | 49369 | 50674 | |
| 7 | 宁波市明楼街道 | 改造小区 | 1999年 | 892 | 2018年 | 17597 | 22448 | 28565 | 改造内容：雨污分流，化粪池、隔油池改造，路面、停车位、雨水收集利用系统，强弱电线路改造、建筑外立面、屋面防水改造，健身区、休闲区、老年活动中心等节点改造<br>房价比较：改造后的小区房价涨幅与未改造的相似小区基本一致 |
| | | 未改小区1 | 1998年 | 1528 | — | 17705 | 21464 | 27750 | |
| | | 未改小区2 | 2000年 | 84 | — | 16949 | 22689 | 28823 | |
| 8 | 宁波市百丈街道 | 改造小区 | 1996年 | 1178 | 2019年 | 17243 | 22563 | 29018 | 改造内容：建筑立面粉刷、建筑屋顶防渗处理、楼道内弱电线规整、楼道内粉刷、门头涂料、绿化和停车位改造等 |

续表

| 对照组编号 | 城市及区县 | 小区 | 建造年份 | 总户数 | 改造时间 | 2017年价格（元/平方米） | 2019年价格（元/平方米） | 2020年6月价格（元/平方米） | 改造内容及房价比较情况 |
|---|---|---|---|---|---|---|---|---|---|
| 8 | 宁波市百丈街道 | 未改小区1 | 2000年 | 336 | — | — | 24411 | 29645 | 房价比较：改造后的小区房价涨幅与未改造的相似小区基本一致 |
| | | 未改小区2 | 2000年 | 596 | — | — | 33349 | 32837 | |
| 9 | 宜昌市华祥区 | 改造小区 | 1999年 | 650 | 2020年 | 4269 | 6636 | 6112 | 改造内容：供水改造、燃气维修改造、物业维修改造，新建围墙、外墙立面维修、屋面防水维修、管线改迁、排水、绿化、消防、安防、监控、环卫、停车等<br>房价比较：改造后的小区房价涨幅与未改造的相似小区基本一致 |
| | | 未改小区1 | 2000年 | — | — | — | — | 7029 | |
| | | 未改小区2 | 2001年 | — | — | — | — | 5892 | |
| 10 | 宜昌市伍家岗街道 | 改造小区 | 1992年 | — | 2018年 | 6062 | 8190 | 7212 | 改造内容：硬化路面、划归车位、铲除菜地、改建花坛、清除楼道杂物、增添停车场<br>房价比较：改造后的小区房价涨幅与未改造的相似小区基本一致 |
| | | 未改小区1 | 1989年 | — | — | 6133 | 7680 | 7172 | |
| | | 未改小区2 | 1992年 | — | — | — | — | 7948 | |
| 11 | 长沙市望城新区 | 改造小区 | 2000年 | 1344 | 2019年 | 3714 | 4425 | 4463 | 改造内容：道路改造、外立面附属、排水、照明、绿化景观设施等<br>房价比较：改造后的小区房价涨幅与未改造的相似小区基本一致 |
| | | 未改小区 | 1999年 | — | — | — | — | 4077 | |

续表

| 对照组编号 | 城市及区县 | 小区 | 建造年份 | 总户数 | 改造时间 | 2017年价格（元/平方米） | 2019年价格（元/平方米） | 2020年6月价格（元/平方米） | 改造内容及房价比较情况 |
|---|---|---|---|---|---|---|---|---|---|
| 12 | 厦门市思明区 | 改造小区 | 1995年 | 231 | 2019年 | 61528 | 56521 | 56565 | 改造内容：雨污管网、小区环境及配套设施、楼道修缮、楼道照明、防盗门、对讲系统、公共服务设施等<br>房价比较：改造后的小区房价涨幅与未改造的相似小区基本一致 |
| | | 未改小区1 | 1990年 | — | — | 55042 | 52306 | 51083 | |
| | | 未改小区2 | 2000年 | 136 | — | 51397 | 50244 | 57194 | |
| 部分老旧小区进行绿色改造后，房价较相似小区提高了5000～12000元/平方米 | | | | | | | | | |
| 1 | 北京市海淀区 | 改造小区 | 1990年 | — | 2018年 | 100550 | 120910 | 115678 | 升级改造<br>房价比较：改造后小区与未改小区房价差距拉大6000元/平方米 |
| | | 未改小区 | 1988年 | — | — | 97743 | 110495 | 107955 | |
| 2 | 上海市闵行区 | 改造小区 | 1994年 | 4193 | 2019年 | 49999 | 48780 | 52202 | 改造内容：隔声改造、屋面工程、外墙修缮、外立面附属设施整修、楼道公共部位整修、小区室外总体改造、小区二次供水改造、雨污水改造等<br>房价比较：改造后小区与未改小区房价差距拉大6000元/平方米 |
| | | 未改小区 | 1995年 | 780 | — | 45795 | 41525 | 42924 | |
| 3 | 广州市天河区 | 改造小区 | 1997年 | 458 | 2018年 | 50971 | 51950 | 52408 | 改造内容：装电梯，配建停车场，涉及污雨水设施、供水设施、消防设施等九个大项<br>房价比较：改造后小区与未改小区房价差距拉大8000元/平方米 |
| | | 未改小区 | 1997年 | 386 | — | 49785 | 44682 | 43702 | |

续表

| 对照组编号 | 城市及区县 | 小区 | 建造年份 | 总户数 | 改造时间 | 2017年价格（元/平方米） | 2019年价格（元/平方米） | 2020年6月价格（元/平方米） | 改造内容及房价比较情况 |
|---|---|---|---|---|---|---|---|---|---|
| 4 | 广州市天河区 | 改造小区 | 1998年 | 720 | 2018年 | 43974 | 47955 | 49771 | 改造内容：污雨水设施、供水设施、消防设施、道路设施、安防设施、建筑主体、公共部位、公共空间、渗漏等<br>房价比较：改造后小区与未改小区房价差距拉大7000～10000元/平方米 |
| | | 未改小区1 | 1995年 | 704 | — | 48201 | 45465 | 44580 | |
| | | 未改小区2 | 1998年 | 672 | — | 34952 | 38748 | 33897 | |
| 5 | 宁波市钟公庙街道 | 改造小区1 | 2005年 | 472 | 2019年 | 18169 | 29874 | 34707 | 改造内容：三改一拆，雨污分流，电梯加装，雪亮工程；对接协调电力、燃气、监控等单位同步实施管线迁移、设施升级；预留各类过路管等<br>房价比较：改造后小区与未改小区房价差距拉大5000～10000元/平方米 |
| | | 未改小区1 | 2004年 | 440 | — | 17802 | 23972 | 24541 | |
| | | 改造小区2 | 2003年 | 1520 | 2018年 | 16379 | 23274 | 28514 | 改造内容：建筑本体修缮、配套基础设施改造；加装电梯、空调机位整治、口袋公园<br>房价比较：改造后小区与未改小区房价差距拉大8000～12000元/平方米 |
| | | 未改小区2 | 2001年 | 2475 | — | 20633 | 20874 | 24012 | |
| 6 | 厦门市湖里区 | 改造小区 | 1998年 | 238 | 2018年 | 42811 | 43332 | 41437 | 改造内容：市政配套设施供水供电通信、有线电视道路等；小区环境；建筑本体修缮；公共服务设施升级改造<br>房价比较：改造后小区与未改小区房价差距拉大5000元/平方米 |
| | | 未改小区 | 2000年 | 290 | — | 39513 | 30179 | 33338 | |

# 第三篇

# 空间优化

# 提升我国国土空间治理体系与治理能力现代化建设水平 *

建立健全中国特色的国土空间治理体系①、全面提升国土空间治理的能力与水平，是我国国家治理体系和治理能力现代化建设的重要组成部分。党的十八大以来，我国国土空间治理取得积极进展，国土空间治理体系加速形成，但与此同时，尚存在一些亟待解决的深层次问题和矛盾。"十四五"时期，须从国家安全特别是国土安全、资源安全、生态安全、经济安全和社会安全的高度，从加速国家治理体系与能力现代化的目标和要求出发，切实加快建立健全中国特色的国土空间治理体系，显著提升国土空间治理能力。

## 一、我国国土空间治理取得积极进展但仍存在一些深层次问题

党的十八大以来，国土空间治理进入重构性创新发展新时代。"多规

---

* 本文成稿于2020年8月。

① 国土空间治理，是中央政府及其分级代理主体，依据宪法和法律法规，综合运用行政、经济、社会、文化、科技、信息等多种工具，对国土空间安全和格局、目标和行动、效果和调控等方面，进行监测评估、统筹协调、控制优化的行为和过程。国土空间治理体系，是以建设"安全、和谐、平等、正义、繁荣、高效、开放、协调、美丽、永续"国土为目标的国土空间治理的法制体系、规划体系、标准体系、监测体系、政策体系、制度体系和工程体系等。国土空间治理能力，则是以完成国土空间治理任务、实现既定治理目标的综合能力，主要包括国土空间治理的目标引导能力、问题诊断能力、动态监测能力、规划组织能力、法律约束能力、科技支撑能力、开发利用能力、保护修复能力、安全保障能力和冲突调节能力等。

合一”、主体功能区战略和制度、各级国土空间规划编制等先后取得重要进展，加速了我国国土空间治理体系的形成。国土空间开发保护取得显著成效，以主体功能区为基础的国土空间开发保护战略架构初步搭建，多中心、网络化、开放式的区域开发格局逐渐清晰，以生态文明和可持续发展为导向的农业发展布局不断优化，以分级分类国土全域保护为导向的生态安全格局加速形成。

但与此同时，我国国土空间治理尚存在一些深层次问题和结构性矛盾亟待解决。一是国土空间治理的法律工具尚不完备。我国尚无专门的国土空间及其治理的法律法规，已有的土地管理法等相关法律法规远不足以支撑国土空间治理的目标和要求。二是国土空间治理的规划体系尚未形成。全国国土空间规划纲要尚未出台，重点区域（流域）及省级国土空间规划也处于编制之中，相关专项规划的编制还没有正式启动。规划工具的暂时缺失，以及预期中规划工具可能存在的缺陷，都是必须解决的关键问题、迫切问题。三是国土空间治理的标准体系尚未形成。空间分类体系及其标准化、空间数据采集加工及其标准化等方面普遍存在标准不统一的问题，严重影响了国土空间治理的问题诊断、目标设定、动态跟踪、成效判断等能力。四是国土空间治理的用途管制尚在启动之中。基于国土空间建设目标和用途分类体系的国土空间用途管制办法尚在研究之中，距离行政性法规的要求还有相当距离，不利于国土空间的分用途差异化管控和国土空间治理总体目标的均衡实现。五是国土空间治理的基础能力还很薄弱。对国土空间安全、开发、利用、保护、修复等情况还缺乏全面、系统、客观、准确、及时、可靠的调查、监测、评价和分析，这些方面的基础能力建设还很滞后、薄弱。上述问题直接关系到国土空间治理的成败与效能，亟待解决。

## 二、“十四五”时期提升国土空间治理体系和治理能力现代化建设水平的重点任务

我国国土空间治理，要以习近平生态文明思想为指引，坚持系统治理、综合治理、源头治理、依法治理、科学治理和民主治理理念，坚持目标导向与问题导向相结合、继承与创新相结合、统一性与差异性相结合的原则，深入扎实、持续有序地推进。“十四五”时期，应重点做好两方面的工作。

### （一）加强国土空间规划、法规、政策和标准的系统建设

（1）建立健全分级分类的国土空间规划体系。进一步理顺国土空间规划与国家发展规划、国家级专项规划、区域规划的关系，明确国土空间规划体系在国家统一规划体系建设中的定位和作用。重新审视五级三类国土空间规划编制体系设置的合理性并作适当调整，优化各级各类国土空间规划的定位与主要内容。充分继承并发挥主体功能区战略与制度在国土空间治理中的基础性作用，将适度微调完善后的主体功能区思想、战略贯穿于国土空间规划编制实施全过程。加快推进全域国土空间规划编制，通过国土空间结构和空间战略布局的优化，进一步强化国土空间规划对其他规划在空间安排上的统领作用。

（2）建立健全国土空间法律法规体系。加快开展国土空间治理相关立法工作，如国土空间开发保护法、国土空间规划法、区域协调发展法等。按照立、改、废、释相关要求，修改完善《中华人民共和国土地管理法》《中华人民共和国城乡规划法》《中华人民共和国环境保护法》等相关法律法规，尽快将所有关于空间管治的政策和规划纳入法律框架。

（3）建立健全国土空间政策体系。加快制定实施适应国土空间治理

体系要求的资源、财税、产业、生态、环境、人口等关键政策，基于系统性、协同性与精准性、操作性要求，推动形成系统、科学、高效国土空间政策体系。加快研究制定京津冀、长三角、长江经济带、粤港澳大湾区、黄河经济带等重点区域的空间发展政策，强化特殊类型区的政策扶持。需要特别注意国土空间政策与区域发展政策、特殊类型区振兴扶持政策的分工与协同关系，关注以上区域在国土空间开发保护战略实施中的政策支撑问题。

（4）加强国土空间治理标准体系建设。加强国土空间治理的标准体系建设，建立健全统一、科学、实用的国土空间分类、数据标准、技术标准及其他标准体系，推动国家发展改革委、自然资源部、生态环境部等相关部门在技术标准上的统一。强化国土空间规划及相关标准对社会经济活动的规制作用（作为社会经济活动空间布局的基本依据和强力约束，强调对于违反该规划标准体系的行为要予以必要的处置），尤其在国土空间开发强度、方式与资源环境承载能力明显不平衡以及生态环境问题较突出的区域更要突出国土空间治理的规制地位和作用。

（5）加强国土空间用途统筹协调管控。加快构建横向联动、纵向衔接的用途管制体制，实现管理事权的央地权责明晰、纵横有机协调。以全国国土空间规划为基础统筹国土空间的开发、保护、治理及修复，进一步厘清并明确生态、农业、城镇三类主体功能空间以及文化、乡村、工矿和战略性通道、综合体系（廊道）等重要点线空间之间的关系及边界、功能及定位、管控政策取向等。综合用好行政、法律、经济、信息等多种管控手段，完成并优化主要控制线的划定，结合主体功能定位实施差异化的区域引导，逐级细化资源、财税、产业、生态等政策，探索建立包括转移支付、横向生态补偿、开发许可交易在内的空间开发保护利益协调机制。

## （二）加强重点领域的国土空间治理

（1）加强生态空间有效管控与系统修复。重点任务包括生态红线划定、优化与守护，构建以国家公园为主体的自然保护地体系和生态安全保障体系，提升生态空间的服务功能，实施"山水林田湖草"生态系统修复工程等。重点推进青藏高原、新疆中北部、黄土高原、燕山—太行山、大小兴安岭及长白山、川滇高原、秦巴—武陵山、长江中下游、南方丘陵、东部沿海等生态屏、生态带的保护和建设。

（2）加强农业空间有效保护和基本建设。重点任务包括构建现代农业空间格局（体现农业空间的多功能性），优化水土资源空间配置，保护永久基本农田，建设高标准基本农田等。重点加强东北平原、黄淮海平原、长江中下游、四川盆地、汾渭平原、河套灌区、华南地区、甘新地区等粮食（主要农产品）主产区的农业生产空间保护与综合生产能力建设。

（3）加强城镇空间有效管控与品质提升。重点任务包括构建中国特色现代城镇空间格局，严格管控城镇开发边界，提高城镇产业空间效率，以安全性、可达性和宜居性、宜业性为主要目标提升城镇空间生活品质等。重点加强集聚高效的城市群与都市圈建设，尤其是加快北京、上海、广州、成都、杭州、南京、郑州等都市圈建设，以带动整体城镇空间品质的提升。

（4）加强边境国土空间有效管控和建设。重点任务包括加快构建边境国土空间安全格局，加强边境战略性运输、信息通道等基础设施建设，加大对边境县市区旗的一般性财政转移支付力度，加快边境重镇建设与发展进程，加强与"一带一路"沿线国家及地区的联系、合作（经济、生态、安全合作）等。

（5）加强海洋国土空间有效管控和开发建设。重点任务包括对接全国国土空间规划纲要、构建海洋国土空间格局，严守海洋生态红线、加快国家海洋公园建设，严格保护海洋资源、加强海洋生态环境治理与修复，以海岸带为主要载体加强陆海统筹，推进海岛及其集群化建设以巩固和发展海洋开放合作，以重点项目为抓手推进海上通道建设和安全保障等。优化海洋经济空间格局，着力发展海洋湾区和海洋飞地经济，着力推进海洋经济示范区建设。

## 三、“十四五”时期提升国土空间治理体系和治理能力现代化建设水平的保障措施

国土空间治理是一个复杂过程、系统工程，需要统筹多种因素、运用多种工具。“十四五”期间，国土空间治理需要在以下几个方面加强支撑保障。

### （一）大力加强国土空间治理的法制保障

做好过渡时期《中华人民共和国土地管理法》《中华人民共和国城乡规划法》等相关国土空间法律的立、改、废、释工作。加快推进国土空间开发保护法、国土空间规划法、区域协调发展法立法及国土空间治理相关法律法规建设工作，从纵向、横向上明确国土空间规划与各级各类规划之间的关系，界定各部门、各级政府的责任。加强统一执法及执法监督，重点加强国土空间治理相关法律法规的统一执法能力建设，提高各地区统一执法水平。

### （二）切实理顺国土空间治理的体制关系

重点加强国家和区域层面的国土空间治理统筹，分阶段逐步推进国

土空间治理中的管理体制改革。重点明确中央和地方在国土空间治理中的事权划分，各级政府在国土空间治理中的重点不一样：中央层面应侧重战略性，区域或省级层面应侧重协调性，市县和乡镇层面应侧重实施性。重点明确国家发展改革委、自然资源部、生态环境部等政府主体部门在国土空间治理体系中的责任和事权划分，如国土空间规划与区域规划之间的责任划分、生态保护修复和生态环境保护之间的责任划分等。亟须建立强有力的国土空间治理决策或协调机制，进一步抛弃部门之见、地方利益，充分发挥国土空间治理体系在国土空间治理中的组织、统筹、协调、协同作用。

### （三）持续推进国土空间治理的机制创新

一是建立健全规划传导机制。紧密围绕各级各类国土空间规划编制体系展开，建立健全基于纵向、横向、过程等维度的各类国土空间规划传导机制，并基于各维度的规划传导机制，建立综合传导体系，以国土空间用途管制为纽带，共同促进规划体系的顺利运行和空间战略格局的精准落地。

二是建立健全规划修订机制。基于国土空间规划实施评估结论，适时开展规划动态修编，增强规划的预见性、引领性和实时性。建立防“频调”机制，保证规划的权威性、连续性。

三是建立健全考核机制。建立差别化的绩效考核指标测评体系，针对城镇、农业、生态等各类国土空间的不同主体功能，分类设计指标体系。建立全流程绩效考核指标测评机制，考核指标体系不宜过多、突出重点、管用即可。形成指标考核对应责任主体体系，将指标实施考核“对门”化，明确主要责任、连带责任、相关责任和无责任范畴。

四是建立健全奖惩机制。根据评价考核结果，及时进行相应的奖励或问责。一方面，强化正向激励制度，主要体现为政治激励（如政绩考核）、行政激励（如税收减免优惠）、市场激励（如提升市场信用评级）、精神或文化激励（如宣传、经验推介）等手段。另一方面，针对国土空间开发保护中尚存在的一系列刚性约束机制不健全的问题，进一步建立健全反向激励制度，主要体现为法律约束（如立法执法）、政治约束（如政治考评与惩处）、行政约束（如行政问责）、市场约束（如投资压力）、道德约束等手段。

五是建立健全社会参与机制。建立健全专业机构、非政府组织等多元治理主体和公众参与机制。重点做好三个方面工作：明确保障公众对国土空间治理相关数据和信息的“知情权”；赋予公众通过听证会或意见征询等方式参与国土空间决策的权利；建立更具体的机制（渠道），征求公众个人的选择、建议和投诉，并由相关空间治理部门充分考虑。

### （四）进一步加强国土空间治理基础性工作

一是加强国土空间监测评估。加快国土空间开发保护现状监测评估工作，为推进国土空间科学、高效治理以及“一张图”平台的建设提供重要数据支撑。探索实施并联审批、并联执法，统一各部门监测手段、整合各方时点数据，搭建“全面覆盖、全程监管、实时预警”的监测预警机制。

二是加强国土空间技术支撑及基础信息平台建设。国家发展改革委、自然资源部、生态环境部、水利部等有关部门需要进一步切实合作推进数据共享机制建设，建立全国、区域层级或全国、省、市县层级的国土空间开发保护数据信息系统。充分利用大数据、云计算等现代信息技术和手段，建立统一、高效的国土空间数据信息系统和信息平台，实现国土空间治理基础数据、信息动态更新和各部门互联互通、开放共享。

三是加强基础理论支撑和人才保障。充分调动政府、研究机构、高校、行业协会、企业等各方力量，加强对国土空间规划编制、资源用途管制、空间管制等相关主题的理论、方法研究，提升国土空间治理的科学支撑。通过直接定向人才培养（培训）、干部挂职、工作借调、人才交流等途径，加快提升国土空间治理领域管理、技术类从业人员的业务素质和工作能力，并充分发挥科研机构、智库等对国土空间治理的辅助支持作用。

杨　艳　谷树忠　李维明　刘云中

焦晓东　贾克敬　强　真

## 参考文献

[1] 中共中央，国务院. 关于统一规划体系更好发挥国家发展规划战略导向作用的意见，中发〔2018〕44号.

[2] 中共中央，国务院. 关于建立国土空间规划体系并监督实施的若干意见，中发〔2019〕18号.

[3] 杨艳，谷树忠，李维明等. “十四五”时期优化我国国土空间开发保护格局的思路与建议. 国务院发展研究中心《调查研究报告》，2020年第132号（总第5876号）.

[4] 杨艳，谷树忠. 关于编制全国国土空间规划纲要的若干建议. 国务院发展研究中心《调查研究报告》，2020年第184号（总第5928号）.

# “十四五”时期优化我国国土空间开发保护格局的思路与建议 *

党的十八大以来，我国国土空间开发保护取得了显著成效，但同时也存在一些结构性矛盾和问题。“十四五”时期，须加快完善空间治理体系、提升空间治理能力，妥善解决国土空间开发保护面临的突出问题和挑战，在深入落实国家生态文明建设、美丽中国建设战略部署的同时，加快推进国土空间实现高质量发展。

## 一、党的十八大以来我国国土空间开发保护取得的主要成效

### （一）以主体功能区为基础的国土空间开发保护战略架构初步搭建

主体功能区建设是在全国国土空间规划缺位的特定历史背景下提出的国土空间开发保护战略部署，目前作为国土空间开发保护的基础制度初步确立，已基本形成以“两横三纵”为主体的城镇化格局、以“七区二十三带”为主体的农业生产格局、以“两屏三带”为主体的生态安全格局三大空间战略格局，初步搭建起国土空间开发保护格局的总体战略架构，对我

* 本文成稿于2020年6月。

国国土空间开发保护发挥了重要引领作用。目前，不同类型空间的主体功能已开始显现，对优化人口、经济和资源配置，推动形成要素有序自由流动、基本公共服务均等化发挥了积极的引导作用。

### （二）多中心、网络化、开放式的区域开发格局逐渐明晰

党的十八大以来，随着外向型经济和非公有制经济的不断拉动，我国人口、产业向东部沿海和大城市集聚的态势不断增强。京津、苏浙沪、闽粤等主要东部沿海地区经济增长长期处于高值区域。2018 年，东部地区人口、GDP 分别占全国比重为 29.59% 和 44.20%，而东部地区内部也分异明显，人口及主要的经济份额向东南大城市地区加速集聚。京津冀、长三角、粤港澳大湾区三大世界级城市群作为核心引擎继续发力；与此同时，成渝、武汉、中原、长株潭、山东半岛、海峡西岸等城市群的集聚发展和辐射带动能力持续增强。以京津冀、长三角、珠三角、成渝四大核心城市群为战略增长极，以“一带一路”带动下的沿海、沿江、沿边、沿主要交通干线为主要开发轴带，多中心、网络化、开放式的区域开发格局逐渐明晰。

### （三）以生态文明和可持续发展为导向的农业发展布局不断优化

党的十八大以来，中央和地方对农业生态环境保护与绿色发展的支持力度不断加大，2015 年《全国农业可持续发展规划（2015—2030 年）》提出优化发展区、适度发展区和保护发展区三大农业发展区的划分方案，并“确保国家粮食安全、农产品质量安全、生态安全和农民持续增收”，一定程度上标志着我国以生态文明和可持续发展为导向的新一轮农业发展布局调整优化正式启动。目前，农业可持续发展取得初步成效，对长期以来我

国农业资源过度开发、地下水超采、农业投入品过量使用以及农业内外源污染相互叠加等带来的一系列突出生态环境问题的治理取得阶段性成效。农业产品结构、产业结构和布局结构进一步调整优化，农业资源保护水平与利用效率有效提高。

### （四）以分级分类国土全域保护为导向的生态安全战略格局加速形成

党的十八大以来，国土生态安全重要性得以进一步凸显，随着国家层面分类分级国土全域保护的稳步推进，有针对性的国土空间生态建设和保护、维护和修复力度得到不断加强，仅 2019 年全国共完成造林 706.7 万公顷、森林抚育 773.3 万公顷、种草改良草原 314.7 万公顷、保护修复湿地 9.3 万公顷、防沙治沙 226 万公顷。以分级分类国土全域保护为导向的陆海统筹国土生态安全战略格局加速形成，山水林田湖草系统治理及以国家公园为主体的自然保护地体系建设工作有序推进，国土空间生态资源破碎化管理、保护缺位的状况得到有效改善，整体自然生态系统功能逐步提高。2019 年，全国湿地保护率达 52.19%，森林覆盖率超过 22.96%，337 个地级及以上城市空气质量优良天数比例达 82.0%；1940 个国家地表水考核断面中，水质优良断面比例达 74.9%，劣Ⅴ类断面比例降至 3.4%。

## 二、目前我国国土空间开发保护存在的主要问题

### （一）国土开发强度、方式与资源环境承载能力不平衡

一方面，国土开发过度和开发不足现象并存，京津冀、长三角、珠三角、成渝等城市群地区以及国土空间开发的轴带区域的资源环境容量

超载、临界超载成为不可持续的主要特征，而中西部一些自然禀赋较好的地区尚有较大潜力。尽管目前我国整体国土开发强度仅约4%，低于美国（8.6%）、日本（28%）等发达国家，远未达到开发强度的警戒线（30%）和国际宜居标准（20%），但考虑到适宜工业化、城镇化开发的面积仅180余万平方千米，实际整体开发强度已远高于4%。另一方面，国土空间分散开发、大规模无序开发及粗放利用，造成资源利用效率偏低。全国开发区土地集约利用监测统计结果表明，我国土地整体集约利用水平、土地管理绩效仍有较大提升空间。此外，陆海国土开发整体统筹水平较低，如陆海资源配置、空间功能布局、基础设施建设、环境整治、灾害防治等协调不够，等等。综合以上开发强度、方式现状，结合我国人口基数大、底子薄的基本国情及人口、经济集聚规律，“十四五”期间我国国土空间开发的政策着力点依旧应为整体集约高效和高质量开发。

### （二）国土空间结构与布局有待优化

一方面，生态、农业、城镇等三类主体功能空间之间的关系及边界有待进一步厘清。随着城乡建设用地不断扩张，生态空间和农业空间受到持续挤压而不断萎缩，城镇、农业、生态空间矛盾加剧；优质耕地分布与城镇化地区高度重叠，如长三角、长江中游、中原、成渝、哈长等城市群地区也是农产品主产区，城镇化与农业发展功能难以区分，耕地保护压力持续增大，空间开发政策面临艰难抉择。另一方面，国土空间布局的系统顶层设计和统筹有待进一步优化。国土空间战略和规划往往与国家区域协调发展战略及其目标相脱节，国土空间布局安排中未充分尊重和支持生态空间、农业空间占主导的地区的发展权利，使得以人均GDP、基本公共服务均等化为主要表征的区域差距绝对值在不断拉大，没有充分体现、从而也没有充分支撑国家区域协调发展战略目标的实现。

## （三）国土空间品质有待提升

一是我国可耕地比例、森林覆盖率、森林蓄积量、单位国土面积基础设施比例等均处于较低水平，特别是人均耕地面积、人均水资源量分别仅为世界平均水平的 1/3 和 1/4，人均占有森林面积、人均森林蓄积量分别仅相当于世界平均水平的 1/5 和 1/8，与人民群众美好生活需求和美丽中国建设目标尚有较大差距。这虽受制于部分客观因素，但不可否认与过去重速度轻质量的工业化、城镇化进程也有很大关系。二是城市拥挤拥堵、农村人居环境脏乱差。粗放扩张的城镇化带来产业支撑不足、城市承载能力减弱、环境污染加剧等问题；与此同时，农业面源污染、农村垃圾污水等环境问题也日益凸显。三是城乡差距问题依旧突出。城乡居民收入差距、基础设施和公共服务水平差距大，此外，越是偏远落后地区的城乡差距问题越突出。四是基础设施建设重复与不足并存，短板明显。部分地区基础设施建设超前，闲置和浪费严重；中西部偏远地区基础设施建设相对滞后，医疗卫生、教育培训、环保等公共服务和应急保障基础设施缺失。

## （四）国土空间保护亟待加强

长期以来，由于对自然资源开发过度、保护不力，建设用地过多挤占优质耕地和生态空间，导致草地退化、耕地减少、湿地萎缩、岸线侵占、围填海过度等现象依旧严重，部分地区生态系统功能退化、资源环境承载能力下降，进而影响到社会经济发展的可持续性。突出表现为自然保护地体系落地难以及落地后难以守住的困境。长期历史遗留的顶层设计不完善、分类不科学、空间布局不合理、产权不清晰、管理体制不顺畅、法律法规不健全等问题，造成我国各级各类自然保护地体系尚停留于数量集合，难以形成系统性有机整体，生态系统的破碎化、管理的交叉重叠等问题突出，大大降低了国土空间保护的有效性。

## 三、"十四五"时期优化我国国土空间开发保护格局的思路与建议

总体原则和要求是深入贯彻习近平生态文明思想，坚持新发展理念，以国土空间治理体系与治理能力现代化建设水平提升为目标，以国土空间高效开发、有力保护和区域差异化协同发展为重点，以国土空间用途管制为抓手，构建结构合理、布局科学，保护有力、开发高效，层次分明、联系密切，点线面相结合的新时代国土空间开发保护总体格局，努力迈向安全、和谐、繁荣、高效、开放、协调、美丽、永续的国土空间开发之路。

### （一）依托国土空间规划编制，建立健全统一的国土空间规划体系

一是充分继承主体功能区战略与制度，发挥其在空间治理和生态文明建设中的重要基础性作用，将适度微调完善后的主体功能区思想、战略贯穿于国土空间规划编制实施全过程，纳入国土空间规划体系统筹实施，在国家和省级两个层面集中表达，通过各级国土空间规划传导落地，进一步强化国土空间规划的战略性和政策性。二是结合国家、省级及重点城市国土空间规划的编制，重新审视五级三类国土空间规划编制体系设置的合理性并作适当调整，明确各级各类规划的定位、主要内容，在定位上进一步突出国土空间规划在生态文明建设和体制改革中的基础性、战略性、约束性作用，强化国土空间规划对其他规划在空间安排上的统领作用。

### （二）衔接国家重大发展战略，优化国土空间总体战略格局

一是优化国土空间结构。优化国土空间类型划分，进一步厘清生态、农业、城镇三类主体功能空间之间的关系及边界；进一步明确以上三类主体功能空间以及文化、乡村、工矿和战略性通道、综合体系（廊道）等重要点线空间的功能与定位、发展趋势、空间分类及布局、管控政策取向、阶段目标等。二是优化国土空间布局。与“两个一百年”奋斗目标以及“一带一路”建设及京津冀协同发展、长江经济带发展、粤港澳大湾区建设、长三角一体化发展、黄河流域生态保护和高质量发展等国家重大区域发展战略相衔接，结合国土空间规划编制，优化国土空间战略布局。

### （三）建立健全规划传导机制，推进国土空间战略布局精准落地

紧密围绕各级各类国土空间规划编制体系展开，建立健全三种维度的国土空间规划传导机制。一是构建并完善基于“层级”视角的纵向传导，按照全国（侧重战略性）—省级（侧重协调性）—市县级（侧重实施性）国土空间规划次序，纵向依次层层传导。二是构建并完善基于“类型”视角的横向传导，如国土空间规划—产业规划—交通规划—住建规划—环保规划—水利规划—农业农村规划—各类民生规划等，强调国土空间规划的总体指导作用。三是构建并完善基于“自身闭合环”视角的过程传导，重点强调各级国土空间规划本身就可以形成包含规划编制—传导实施—用途管控—实施监测—实施评估—考核—奖惩—规划修编等节点的闭合环链条。基于以上三种维度的规划传导机制，建立综合传导体系，以国土空间用途管制为纽带，共同促进规划体系的顺利运行和空间战略格局的精准落地。

### （四）建立健全政策制度保障体系，加强国土空间用途管制

一是从中央和地方两方面着力，加快制定实施适应统一的国土空间规划体系要求的水、土、能、矿、海洋等资源政策、财税政策、产业政策、生态政策、环境政策、人口政策等关键政策。一方面，强化国土空间政策的系统性、协同性，加强部门间协作，完善政策工具箱，推动形成系统、科学、高效的国土空间政策体系；另一方面，增强国土空间政策的精准性和操作性，以促进公共服务均等化为目标，针对不同类型空间的主体功能，明晰差异化政策实施着力点，同时，结合地方实际需求和问题，推动地方制定出台具体实施细则。二是推进国土空间制度创新，在国土空间规划的编制、实施、监测、评估、考核、奖惩、修订等各个环节，分别建立相应的配套制度。尤其强调针对各类国土空间的不同主体功能，制定差别化的绩效考核指标测评机制，根据评价考核结果，进行相应的奖励或问责。三是建立健全京津冀、长江经济带、粤港澳大湾区、长三角、黄河生态经济带等重点区域的空间发展政策，强化七大特殊类型地区（革命老区、少数民族自治地区、边疆地区、贫困地区、产业衰退地区、资源枯竭型地区、生态退化地区）的政策扶持，明确特殊类型地区的范围、问题、目标、任务，推动建立扶持特殊类型地区振兴和绿色可持续发展的振兴政策体系。需要特别注意国土空间政策与区域发展政策、特殊类型地区振兴扶持政策的分工与协同关系，关注以上区域在国土空间开发保护战略实施中的政策支撑问题。

杨　艳　谷树忠　李维明　焦晓东

## 参考文献

[1] 中共中央，国务院. 关于统一规划体系更好发挥国家发展规划战略导向作用的意见，中发〔2018〕44号.

[2] 中共中央，国务院. 关于建立国土空间规划体系并监督实施的若干意见，中发〔2019〕18号.

[3] 国务院. 全国国土规划纲要（2016—2030年），国发〔2017〕3号.

[4] 樊杰. 中国区域发展格局演变过程与调控. 地理学报，2019年第74卷第12期，2437-2454.

# 关于编制全国国土空间规划纲要的若干建议 *

国土空间规划是国土空间治理的基础手段，国土空间治理是生态文明建设的核心内容之一，是推进国家治理体系和治理能力现代化的关键环节和重要工具。全国国土空间规划纲要，是我国国土空间规划体系的基础、核心部分，是自上而下建立健全国土空间规划体系的起点、基点，对于各级各类国土空间规划的编制和实施具有方向性、指引性作用。

编制和实施全国国土空间规划纲要、建立健全国土空间规划体系，是新时代完善国家治理体系、加快生态文明建设的重要内容。

## 一、系统把握编制全国国土空间规划纲要的背景与目的

### （一）背景

为解决长期以来我国国土空间开发保护中存在的规划冲突等矛盾和问题，加强空间治理，2019 年 5 月 9 日，中共中央、国务院印发《关于建立国土空间规划体系并监督实施的若干意见》（以下简称《若干意见》），要求将主体功能区规划、土地利用总体规划、城乡规划等空间规划融合为统一的国土空间规划，实现“多规合一”。《若干意见》的正式印发，标志着

* 本文成稿于2021年1月。

国土空间规划体系顶层设计基本完成，成为指导我国国土空间规划编制、实施和管理的纲领性文件。

《若干意见》提出建立国土空间规划体系的三大阶段目标，其中首个阶段目标定在2020年。至2020年底，要基本建立国土空间规划体系，基本完成市县以上各级国土空间总体规划编制。为贯彻落实中央这一决策部署，自然资源部于2019年5月28日发布《自然资源部关于全面开展国土空间规划工作的通知》，全面启动国土空间规划编制审批和实施管理工作。由于种种原因，截至目前，第一阶段目标尚未完成，时间紧迫、任务繁重，而作为整个国土空间规划体系的核心部分的全国国土空间规划纲要，其科学编制工作更是难点所在，在理论、体制、机制、法制、规制及其他支撑保障等方面所面临的挑战也前所未有。

### （二）目的

编制和实施全国国土空间规划纲要、建立健全国土空间规划体系，其本质目的在于加强国土空间治理，构建结构合理、布局科学，保护有力、开发高效，层次分明、联系密切，点线面相结合的新时代国土空间开发保护总体格局。保障国土空间安全，构建安全、和谐、平等、正义、繁荣、高效、开放、协调、美丽、永续的国土。落实国家整体战略意图，支撑“一带一路”建设及京津冀协同发展、长江经济带发展、粤港澳大湾区建设、长三角一体化发展、黄河流域生态保护和高质量发展等国家重大区域发展战略的实施。该项工作的科学、有序开展，对于推进国土空间治理体系和治理能力现代化建设具有十分重要的现实意义。

### （三）作用

国土空间规划是国土空间治理的基础手段，全国国土空间规划，是有关国土空间的最高层次的规划，是有关国土空间的基础性规划，是事实上的“空间宪法”，是所有空间属性规划的起始点、基准点。

全国国土空间规划是综合性、基础性、战略性、约束性规划。综合性，表现为该规划涉及社会经济和国家治理的几乎所有方面，而不仅仅是涉及自然资源领域；基础性，表现为该规划是所有社会经济活动赖以进行的空间规制手段，是所有社会经济活动空间布局的基本依据；战略性，表现为该规划要体现国家长期发展战略意图，着眼于国家建设和发展的长远大局；约束性，表现为该规划的目标、任务、安排等要严格遵守，对于违反该规划的行为要予以必要的处置。

## 二、进一步明晰编制全国国土空间规划纲要的总体思路与基本框架

### （一）总体思路

以习近平新时代中国特色社会主义思想为指导，坚持包括系统治理、综合治理、源头治理、依法治理、科学治理和民主治理在内的治理理念，坚持目标导向、问题导向和操作导向相结合、自上而下和自下而上相结合的工作思路，通过理论研究、专家座谈、部门沟通、实地调研等方式，科学编制《全国国土空间规划纲要（2020—2035年）》。

在阐述国土空间规划的背景与重大意义、界定国土空间规划的含义与指向及其与其他相关空间属性规划的迭代关系的基础上，明确国土空间规划的适用范围、时间期限和编制依据。系统梳理国土空间的基础、问题与挑战，立足于国土空间高效开发、有力保护和区域差异化协同发展的方向重点，确立国土空间规划的原则、目标与战略。提出优化国土空间类型划

分，进一步厘清生态、农业、城镇三类主体功能空间之间的关系及边界，进一步明确以上三类主体功能空间以及文化、乡村、工矿和战略性通道、综合体系（廊道）等重要点线空间的功能与定位、发展趋势、空间分类及布局、管控政策取向、阶段目标等；同时，衔接国家重大发展战略，优化国土空间总体战略格局。基于新时代海洋强国战略，提出海洋国土空间格局、国土空间保护与开发的基本思路。提出促进国土空间规划顺利实施、精准落地的基础设施支撑与基本保障、相关配套政策体系与制度创新以及规划实施保障措施。

## （二）基本框架

综合各方面的因素，我们认为全国国土空间规划纲要应主要包含以下12个方面的内容。

（1）背景、目的与依据。主要包括界定国土空间、国土空间规划的基本内涵；分析国土空间规划的目的与意义、地位与作用；说明国土空间规划的适用范围、时间期限（2020—2035年，并展望到2050年）和编制依据。

（2）基础、问题与挑战。一是从空间总量、空间结构、空间分布、空间有效性、空间匹配度、空间要素等方面分析国土空间概况。二是分析国土空间治理的成效，包括在法制、体制、规制建立健全，主体功能区建设，“多规合一”推进，空间秩序改善等方面取得的积极成效。三是总结国土空间治理存在的主要问题，如国土空间结构安排中过度挤压了生态空间，国土空间布局安排中未充分尊重和支持生态空间、农业空间占主导的地区的发展权利；国土空间战略和规划与国家发展战略及其目标脱节，没有充分体现、从而也没有充分支撑国家发展战略目标的实现；等等。四是进一步分析当前国土空间治理面临的挑战，如全球气候变化、经济全球化和高质量发展、工业革命和国家新型工业化、人类活动空间聚集和新型城镇化、国家安全保障和系统挑战、交通运输方式革命、生产方式和生活方式革命，等等。

（3）原则、目标与战略。一是以习近平生态文明思想为指导，坚持系统治理、综合治理、依法治理、源头治理以及科学治理、分层治理的基本原则。二是以构建安全、和谐、平等、正义、繁荣、高效、开放、协调、美丽、永续的国土为总体目标，实施国土安全战略、国土和谐战略、国土平等战略、国土正义战略、国土繁荣战略、国土高效战略、国土开放战略、国土协调战略、国土美丽战略和国土永续战略。

（4）国土空间类型与格局。一是国土空间类型的划分及主要类型国土空间功能与定位的界定。国土空间可以划分为生态空间、农业空间、城镇空间，以及文化空间、乡村空间、工矿空间等主要类型。其中，生态、农业、城镇三大国土空间功能与定位的核心分别为保障国家生态安全，保障国家食物安全，保障国家新型城镇化、工业化战略实施以引领国土空间格局形成与优化；文化空间、乡村空间、工矿空间功能与定位的核心分别为保护重要文化空间、繁荣文化发展，促进乡村振兴、建设美丽乡村，促进新型工业化发展、保障国家矿产资源安全。二是国土空间总体战略格局的刻画。衔接"两个一百年"奋斗目标以及"一带一路"建设及京津冀协同发展、长江经济带发展、粤港澳大湾区建设、长三角一体化发展、黄河流域生态保护和高质量发展等国家重大区域发展战略，构建形成结构合理、布局科学，保护有力、开发高效，层次分明、联系密切的国土空间总体战略格局。

（5）生态空间格局保护与修复。主要包括构建生态安全格局、建设以国家公园为主体的自然保护地体系、提升生态空间服务功能、系统实施生态修复等内容。需要注意两个问题，一是亟待进一步厘清生态空间、生态保护红线、自然保护地体系之间的关系，尤其是生态空间与自然保护地体系之间的关系；二是亟待对生态空间类型作出明确的说明，建议按林、草、水、湿及复合生态系统进行分类，或按生态功能的强弱进行分类（如纯属生态空间、准生态空间等）。

（6）农业空间格局优化与保护。主要包括构建现代农业空间格局（体现农业空间的多功能性）、优化水土资源空间配置、保护永久基本农田、建设高标准农田等内容。

（7）城镇空间格局管控与提升。主要包括构建中国特色现代城镇空间格局（多中心、网络化、组团式、集约型的城镇空间格局，中心城市，城镇体系）、严格管控城镇开发边界、提升城镇空间生活品质、提高城镇产业空间效率等内容。

（8）重要点线空间保护与管控。主要包括文化空间的保护与合理开发、乡村空间的保护与动态改良、工业空间的管控与高效利用、矿业空间的管控与系统修复，以及战略性能源运输线路、廊道等重要线状空间的有效保护、管控与充分利用等内容。

（9）海洋国土空间保护与开发。主要包括海洋国土空间格局的构建与优化、海洋国土空间的有力保护以及海洋国土空间的高效开发等内容。

（10）基础设施与基本保障。主要体现在以下几个方面的支撑与保障：一是交通、运输、通信等重点基础设施的支撑。二是电力、油气等能源资源的保障。三是涵盖水资源配置、水资源约束、适度调水等内容的水资源保障。四是针对地质、气象、干旱、洪涝等灾害的防灾减灾能力建设支撑。五是涵盖医疗、卫生、教育、文化、科普等内容的基本公共服务支撑。

（11）政策体系与制度创新。需要进一步区分政策与制度，一方面，要推动形成系统、科学、高效国土空间政策体系，加快制定实施适应统一的国土空间规划体系要求的土地政策、能源政策、矿产政策、水资源政策、人口政策、产业政策、生态政策、环境政策、财税政策、海洋政策等关键政策。同时，明晰差异化政策实施着力点，并推动地方制定出台具体实施细则。另一方面，要推进国土空间制度创新，在国土空间规划的编制、实施、监测、评估、考核、奖惩、修订等各个环节，分别建立相应的配套制度。

（12）规划实施与保障。需要从组织协调、法制保障、机制保障、标准体系、信息平台、人才保障等方面有序地展开。关于组织协调，要突出国土空间规划的基础性、综合性规划地位，相关部门都要严格遵守，进一步强化部门间协调、陆海统筹和事权划分。关于法制保障，要明确提出尽快制定国土空间开发保护法、国土空间规划法，各级政府国土空间规划要经过同级人民代表大会通过，加大国土空间执法力度。关于机制保障，重点建立健全规划参与机制、激励约束机制、规划传导机制以及规划动态调整、修订机制等，尤其强调在对生态空间、农业空间强化约束机制的同时，应进一步明确专门的正向激励机制，建立分层的责任、权利与义务体系。关于标准体系，重点建立健全国土空间分类标准体系、数据标准体系及其他标准体系，提升标准化水平。关于信息平台，重点强调国土空间信息共享和统一信息平台的建设。关于人才保障，强调相关规划人才尤其是基层规划人才的培养。

## 三、编制全国国土空间规划纲要需要进一步突出重点

一是进一步突出国家治理的目标和要求。要突出国家治理，特别是空间治理的理念、目标和要求，充分体现系统治理、综合治理、依法治理、源头治理以及科学治理、分层治理的理念、目标和要求。

二是进一步突出国土空间规划编制的目标导向。将国家各类战略目标分解为各类功能（经济功能、社会功能、生态功能、食物功能等），将功

能落实到空间（城镇空间、农业空间、生态空间等）。要明确说明各类国土空间对于实现国家发展战略目标的支撑和保障程度。

三是进一步突出国土空间规划编制的问题导向。进一步找准我国国土空间格局演进中的问题、失误，围绕这些问题和失误，在国土空间格局（比例、布局等）安排时进行有针对性的回应和设计。

四是进一步突出对国土空间总体格局的刻画。对未来分阶段（2025年、2030年、2035年及2050年）的国土空间总体格局进行系统性的说明，尤其是对生态空间、农业空间、城镇空间的结构、布局、关系的说明。

## 四、进一步优化全国国土空间规划纲要的编制过程

全国国土空间规划纲要的编制工作时间紧、任务重、难度大，如何将“压茬推进”的原则真正落到实处，建议重点从以下几个方面进一步优化规划编制过程。

一是进一步强化部门间协调合作。基于全国国土空间规划的基础性、综合性、战略性规划地位，进一步建立健全相关部门间协调工作机制，兼顾原则性与灵活性，共同参与到规划编制工作中，以确保规划编制更高效、更合理地体现国家战略意图。

二是提高规划编制的透明度和社会参与度。强化生态文明新时代以“人”为核心的规划理念，建立健全专业机构、非政府组织等多元主体和公众参与机制。适时向社会公布国土空间规划征求意见稿或规划草案，广泛征求社会各方面的意见和建议。

三是进一步加强相关基础工作。拓展国土空间规划相关的研究广度和深度，在系统把握国土空间开发保护突出问题和方向的前提下，提出基本思路、解决方案并加强规划内容的多角度论证和多方案比选。基于大数

据、云计算等现代信息技术，加快国土空间开发保护现状监测评估工作，为规划的科学、高效编制以及“一张图”平台建设提供重要数据支撑。加快规划类专业技术人才的培养（培训），并充分发挥科研机构、智库等对规划编制的辅助支持作用。

四是进一步做好过渡期内现有空间性规划的协同和衔接。进一步做好过渡期内土地利用总体规划、城乡规划、包括主体功能区规划在内的主体功能区战略和制度及其他相关规划的协同和衔接。尤其需要将适度微调完善后的主体功能区思想、战略贯穿于国土空间规划编制实施全过程，进一步强化国土空间规划的战略性和政策性。

杨　艳　谷树忠

## 参考文献

[1] 中共中央，国务院. 关于统一规划体系更好发挥国家发展规划战略导向作用的意见，中发〔2018〕44号.

[2] 中共中央，国务院. 关于建立国土空间规划体系并监督实施的若干意见，中发〔2019〕18号.

[3] 杨艳，谷树忠，李维明等. “十四五”时期优化我国国土空间开发保护格局的思路与建议. 国务院发展研究中心《调查研究报告》，2020年第132号（总第5876号）.

# 在坚守耕地红线中完善退耕还林用地政策 *

保护耕地是我国的基本国策。退耕还林工程是改善区域生态功能的重要举措。“十四五”时期需要在坚守耕地红线前提下，进一步完善退耕还林用地政策。

## 一、“退耕还林”成效显著，仍是“十四五”我国生态保护修复的重要内容

自 1999 年以来，退耕还林工程取得了显著的生态效益和经济社会效益。全国累计退耕 5.08 亿亩，工程区森林覆盖率平均提高 4 个多百分点，每年在保水固土、防风固沙、固碳释氧等方面产生了 1.38 万亿元生态效益；工程参与农户约 4100 万，直接受益农民 1.58 亿人；2010—2018 年，参与农户人均可支配收入年均增长 14.7%。虽取得了上述成效，但我国依然是一个缺林少绿的国家。中共中央、国务院《关于实施乡村振兴战略的意见》（2018 年）、《关于新时代推进西部大开发形成新格局的指导意见》（2020 年），中共中央办公厅、国务院办公厅《关于全面推行林长制的意见》（2021 年）均提出进一步加大退耕还林还草等重点生态工程的实施力度，退耕还林仍是“十四五”期间我国生态保护修复的重要内容。

---

* 本文成稿于2021年4月。

## 二、退耕还林用地与耕地保有面积矛盾长期存在，面临多个待解难题

退耕还林规划落地较难，全国层面需调整耕地面积以推动退耕还林工程实施。如《退耕还林工程“十一五”建设规划》提出退耕还林 725.9 万亩，在实施中为确保耕地保有量，在 2006 年下达了 400 万亩的退耕任务，其余年份未按计划实施。2013 年，中央一号文件开启第二轮退耕还林工程，《退耕还林工程“十二五”建设规划》提出 2020 年完成 8000 万亩 25 度以上的坡耕地和严重沙化耕地的退耕目标。在落实符合退耕条件的 4240 万亩耕地过程中，因地块分布零散、永久基本农田和基本农田交错等原因导致工程落地困难。2017 年，国务院批准核减云南等 18 个省份 3700 万亩陡坡耕地，推动新一轮退耕还林还草工程的实施。见图 1。

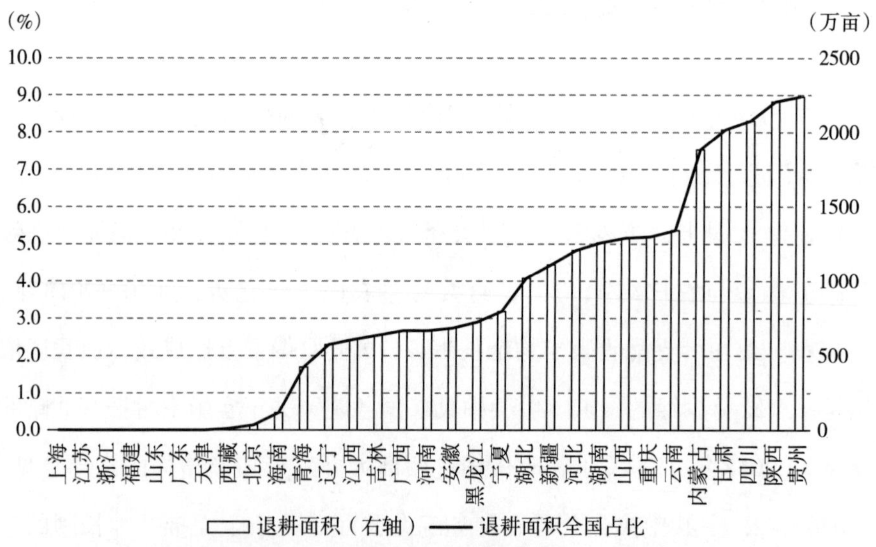


**图1 全国各省份累计退耕面积及全国占比情况（2000—2018年）**

资料来源：《中国林业和草原统计年鉴》，作者整理。

在坚守耕地红线原则下，局部地区落实退耕还林任务面临“无地可用”困境。一方面，退耕还林推进过程中已占用永久基本农田的，落实补

划要求困难。《中华人民共和国基本农田保护条例》《关于全面实行永久基本农田特殊保护的通知》等要求守住永久基本农田控制线，占用或减少永久基本农田的要量质并重做好补划工作。部分地区在退耕工程实施中占用永久基本农田面积较大，重庆市第三次全国国土调查结果显示，400余万亩永久基本农田因退耕还林成为林地，需从一般耕地储备中补划，但全市耕地储备量远不能满足补划需求。另一方面，陡坡耕地、重要水源地退耕还林与永久基本农田管控面临冲突。《关于积极推进大规模国土绿化行动的意见》（2018年）将陡坡耕地、重要水源地15～25度坡耕地等纳入退耕还林范围。符合要求的陡坡耕地主要集中在我国西部地区和湖南、湖北等省份，在耕地红线管控下，目前符合可退政策的坡耕地较少。如重庆市已于2015年核减耕地保有量400余万亩，永久基本农田300余万亩，目前不能进一步落实国土绿化行动方案要求；四川等省份也面临同样困难。

## 三、退耕还林相关用地政策不完善，导致“无地可退”“有地难退”等问题

符合重要水源地退耕还林政策的耕地，存在部门政策不明确不一致的情况。一方面，全国绿化委员会、国家林业和草原局《关于积极推进大规模国土绿化行动的意见》将陡坡耕地、重要水源地15～25度坡耕地等纳入退耕还林范围，但对于可退耕地中的永久基本农田和基本农田没有明确区分规定；另一方面，中共中央、国务院《关于加强耕地保护和改进占补平衡的意见》等文件明令禁止永久基本农田占用退出。政策规定的不明确、不协调，导致地方对重要水源地退耕还林政策的认识不一致，部分地区面临水源地退耕还林侵占永久基本农田的整改问题。

理论应退面积与实际可退面积不完全相符，退耕还林指标设定存在

“无地可用”情况。退耕还林在指标设定中主要采取“自下而上”上报模式，即由乡镇、区（县）、地区、省（自治区、直辖市）、退耕还林主管部门层层汇总，形成全国性退耕面积指标和各地区年度退耕任务。地方退耕面积的划定主要依据辖区国土空间规划（第二次全国土地调查数据、国土变更年度调查年度数据）或地区造林成果图，由于图例精准度欠缺，以及未严格执行现场勘查确认流程，导致计划用地与实际地块范围不完全重合、属性不完全相符、实际状况不完全一致的情况时有发生，如部分计划地块是成林地甚至建设用地。退耕还林在计划执行中面临“无地可用”困境。

符合退耕政策的部分坡耕地工程实施难度大，存在“有地难退”问题。第八次全国森林资源清查结果显示，符合退耕还林要求的耕地中质量较好的宜林地占 10%，质量差的占 54%，且 2/3 分布在西北、西南地区，普遍存在立地条件差、造林成本高、见效时间长等问题。特别是 6500 万亩陡坡耕地，因图斑破碎、交通不便、造林补助标准不高、农户退耕还林积极性有限等原因，工程推动过程难度较大，退耕地“有地难退”情况较为突出。

## 四、坚守耕地红线，多措并举完善退耕还林用地政策

提高退耕还林指标设定的精准性，确保计划用地和实际用地面积相符。利用 GIS（地理信息系统）、遥感卫星等现代科技手段，提高退耕还林工程区域划定、边界确定和目标设定的准确度和精细度。优化退耕还林指标设定工作流程，加强“自下而上”面积上报和“自上而下”任务核实的工作衔接，在坚守耕地红线原则下，确保退耕计划用地与实际可用地的区域范围一致、面积大小相同，顺利推动退耕还林工程落地实施。

确保耕地红线前提下完善退耕还林用地政策，加强政策间的衔接性和

一致性。在坚守耕地红线原则下，明确生态功能重要区和生态敏感脆弱区陡坡耕地、重要水源地 15 ～ 25 度坡耕地的退耕还林用地政策。加强部门用地政策的衔接性，对符合用地政策的退耕还林范围，在区域土地规划和耕地管理中予以确认。适度运用耕地占补平衡政策，对核减的耕地保有量和基本农田指标在辖区及更大范围内占补平衡统筹调剂，确保耕地“量质不减”前提下推进重点区域退耕还林政策实施。

完善适用于小面积退耕地的退耕还林用地政策，量质并重提升森林生态系统功能。对受地形地貌、退耕地块面积小、分布零散等客观条件限制、无法实施较大面积和连片退耕还林的特定区域，优化现有退耕还林用地政策，鼓励小规模退耕地调整为集中连片退耕。强化量质并重原则，加强对已有退耕林的后续管护，提升林地生态系统功能，减轻国土绿化用地的需求压力。

加大对符合退耕政策耕地的补贴补助力度，确保退耕还林“有地愿退”。适度提高全国退耕还林补助标准，鼓励地方政府因地制宜进行适当调整，提高农户退耕意愿。将重要生态功能区、生态脆弱敏感区的退耕地优先纳入宅基地复垦和土地收储范围。将退耕农户优先纳入生态移民，并按退耕面积配套失地养老保险等社会保障，解决退耕农户的后顾之忧。推进林业碳汇，增加退耕农户预期收益。

积极探索跨地区森林面积购买和交易机制，缓解部分地区退耕还林用地指标不足问题。根据地区资源环境承载能力及比较优势，因地制宜、精准定位地区功能，对城市生活区、农业主产区和生态保护区分别确定合理的森林覆盖率指标。加快培育全国生态用地市场，推进地区间退耕还林指标、生态用地指标交易。支持探索建立跨地区的森林面积政府横向购买机制。

吕　红　李佐军

# 依法推进“以水而定、量水而行”*

我国是水资源极其匮乏的国家，水对生活、生产、生态的约束作用极为突出。为了更好地落实习近平生态文明思想，必须加快建立“以水而定、量水而行”的法制保障体系。

## 一、现有法律法规不完全适应“以水而定、量水而行”的要求

“以水而定、量水而行”中所指的“水”，包括水资源、水环境、水生态和水灾害四个方面。这四个方面都对生产生活、城市农村、工业农业有着重要影响。当然，其中最主要的无疑是水资源，“水资源是最大的限制性约束”，而且水环境、水生态、水灾害的重要性和约束性也与日俱增。“构建综合治理新体系，统筹考虑水环境、水生态、水资源、水安全、水文化和岸线等多方面的有机联系”，为系统、综合地理解和解决水问题指明了方向。

目前与“以水而定、量水而行”有关的法律法规主要包括:《中华人民共和国水法》《中华人民共和国水污染防治法》《中华人民共和国防洪法》《中华人民共和国水土保持法》四部法律,《取水许可和水资源费征收管理

* 本文成稿于2020年12月。

条例》《城市节约用水条例》和《农田水利条例》三个行政性法规，以及《建设项目水资源论证管理办法》一个部门规章。分析发现，上述法律法规尚不足以支撑"以水而定、量水而行"这样先进理念的落实，主要表现为四个方面。

一是这些法律法规普遍有一个立法主旨的时代特征问题。这些法律法规普遍早于党的十八大，更早于习近平生态文明思想的正式确立。当时的立法，主要是就资源论资源、就环保论环保，未将资源与经济社会发展有机地联系起来。例如，《中华人民共和国水法》1988年制定，2002年、2009年、2016年三次修订，其中2002年主要基于1998年特大洪水反思做了较大修改，突出了从工程水利向资源水利的转变，主旨是保障经济社会的发展，水资源地位和作用就是保障发展，而未充分体现水资源作为最大限制性约束。之后的修订均属于技术层面的微调。

二是这些法律法规中的有关规定比较空泛、缺乏抓手。例如，《中华人民共和国水法》第二十三条第二款提出，"国民经济和社会发展规划以及城市总体规划的编制、重大建设项目的布局，应当与当地水资源条件和防洪要求相适应，并进行科学论证；在水资源不足的地区，应当对城市规模和建设耗水量大的工业、农业和服务业项目加以限制"。然而，关于规划的水资源论证、防洪论证没有更加详细的规定，导致水资源论证、防洪论证事实上沦为其他规划编制的从属、配套、支撑地位，从而流于形式；而"在水资源不足的地区，应当对城市规模和建设耗水量大的工业、农业和服务业项目加以限制"，更由于城市规划及产业发展规划的强势地位，而难以实现。

三是相关法律法规之间存在规定不衔接、不一致的地方。例如，关于水与耕地，特别是基本农田的关系问题，有相当部分耕地从水土保持、水土平衡角度看需要退出来，甚至有些基本农田从防洪减灾或节约用水角度看也需要调减，但如果这样做则明显与《中华人民共和国土地管理法》《中华人民共和国基本农田保护条例》严格保护耕地，特别是确保基本农田不减少的规定不符，而保护耕地，尤其是保护基本农田与防洪减灾、节约用水相比往往更占优先位置。

四是已有的部门规章难以发挥跨部门的规制作用。目前，水利部发布了《建设项目水资源论证管理办法》，旨在加强建设项目的水资源论证，但由于该办法属部门规章，其法律效力较低，而建设项目的水资源论证往往涉及多个部门、需要跨部门协调，故而难以真正起到“以水而定、量水而行”的作用。

## 二、建议重点从四个方面加强“以水而定、量水而行”的法制保障

总体上看，要以习近平生态文明思想为指引，适应生态文明新时代，对涉水法律法规进行必要的修订和完善，以系统、均衡地体现水的资源、环境、生态、灾害等属性，尤其在《中华人民共和国水法》中充分体现“把水资源作为最大的限制性约束”“以水而定、量水而行”要求。

一是修订现有法律法规。对《中华人民共和国水法》进行修订，突出节约用水和“以水而定、量水而行”，突出水资源论证，尤其要对规划和项目的水资源论证作出更加明确的规定。例如，可考虑在《中华人民共和国水法》中增加一章，即“以水而定、量水而行”，并具体作出如下规定：“把水资源作为经济社会发展的最大限制性条件，坚持以水而定、量水而行；加强水资源承载能力监测、评价与预警，划定水资源承载能力分区，禁止在水资源超载区新建高耗水项目；加强国民经济和社会发展规划、区域经济发展规划等规划的水资源论证，禁止在水资源超载地区新上项目；

加强重大建设项目的水资源论证，禁止在水资源超载地区新上重大开发建设项目；加强城市发展的水资源论证，禁止城市地下水超采。”另外，还要对《中华人民共和国水污染防治法》和《中华人民共和国防洪法》进行必要的修订，分别增加“加强对水污染严重、水环境容量有限地区或流域的规划和项目论证”“加强规划和项目的洪涝风险评估论证”等内容，以突出水环境、水灾害对规划和项目的约束作用。

二是制定新的法律法规。水利部早在2016年即开始会同有关部门起草《水资源节约利用条例》，历时4年多时间，几经协商，几易其稿，但能否出台、何时出台仍存在较大变数。据悉，最新的《水资源节约利用条例》突出强调了“以水而定、量水而行”的要求，例如在第四条中明确提出“县级以上人民政府应当根据水资源条件，按照以水定城、以水定地、以水定人、以水定产的原则，科学规定城镇、农业、生态空间，合理确定经济社会发展布局和规模，调整优化产业结构，实现节水优先、量水而行”，第十条提出“县级以上人民政府制定国民经济和社会发展规划，应当充分考虑水资源条件，保障经济社会发展和水资源承载能力相适应”。这些条款无疑对落实“以水而定、量水而行”是极其重要的。建议加强部门间协调协商，尽快消除分歧、形成共识，早日颁布实施。

三是协调执行法律法规。在“以水定地”、因水退地时，要加强《中华人民共和国水法》及其实施细则与《中华人民共和国土地管理法》及《中华人民共和国基本农田保护条例》的协调，特别是要允许将不适宜继续耕种的耕地退出来、不合乎标准的基本农田退下来。还要加大“以水四定”的《中华人民共和国水法》《中华人民共和国水土保持法》《中华人民共和国防洪法》《中华人民共和国水污染防治法》的联合执法力度，依据这些法律强化“以水四定”的落实。

四是联合制定实施规章。水资源、水环境、水生态和水灾害的规划、项目论证，往往涉及多个部门的职责，仅靠一个部门的规章，难以有效推动。建议相关部门共同制定、联合发文、共同实施发展规划和建设项目的水资源论证规章。水利部印发了《关于进一步加强水资源论证工作的意见》，虽然强调了水资源论证的目的、意义和重点等，但其仍不具法律法规效力。

谷树忠　杨　艳　焦晓东

# 第四篇

# 能源气候

# 加快制定“应对气候变化法”*

我国已提出力争于2030年前实现碳达峰的目标和努力争取于2060年前实现碳中和的愿景。鉴于国家正制定碳排放和碳中和实施方案，为将应对气候变化各项工作全面纳入法治轨道，亟须制定“应对气候变化法”予以保障。

## 一、制定“应对气候变化法”必要而紧迫

应对气候变化是我国生态环境保护工作的重要内容。从以下几方面看，尽快制定“应对气候变化法”的必要性尤其突出。

一是需将应对气候变化工作全面纳入法制体系。在气候变化领域，我国仅针对特定领域制定了《清洁发展机制管理暂行办法》《中国清洁发展机制基金管理办法》《温室气体自愿减排交易管理暂行办法》《节能低碳产品认证管理办法》《碳排放权交易管理暂行办法》等零散的部门规章，而缺乏国家专门法律的统帅规定。2009年8月全国人大常委会《关于积极应对气候变化的决议》提出要把加强应对气候变化的相关立法纳入立法工作议程，2015年《中共中央 国务院关于加快推进生态文明建设的意见》要求研究制定应对气候变化等方面的法律法规，因此有必要按照部署尽快制

* 本文成稿于2021年3月。

定“应对气候变化法”，为气候变化减缓、适应和相关监管、国际合作等工作提供全面、系统的法律规范支持。

二是亟须明确应对气候变化行动的法律地位、工作目标和法律要求。国务院和一些省份正制定碳达峰碳中和行动方案，而应对气候变化的法律地位缺失，保障规范严重不足，制定“应对气候变化法”提供全面的法律支撑，紧迫性前所未有。应对气候变化需同步推进低碳发展目标下的气候变化减缓和适应工作。在减缓方面，需将碳减排和碳汇建设纳入各级政府的规划和财政支持，设立碳排放总量与强度控制目标，强化工业、建筑、交通等重点行业的节能减排，优化能源结构和利用方式，加强基础设施建设、技术研发和示范推广，吸引市场多元化投资，引导全社会形成低碳生活方式。在适应方面，需依法开展工业与农业、城镇与农村适应气候变化的工作，明确灾害应急法律职责。目前开展上述工作的法律依据不足，亟须制定“应对气候变化法”提供支撑。

三是亟须规定各部门的法定职责及温室气体排放权的法律性质与交易机制。目前，国家和地方设定碳排放配额总量和配额分配规则，组织履约和核查，开展碳交易监管，鼓励低碳投融资，均缺乏法律授权。全国碳排放权交易市场于 2017 年启动建设，拟于 2021 年 6 月底前启动上线交易，但碳排放权的法律性质不明确，其交易缺乏法律依据，亟须制定“应对气候变化法”，为行政监管的依法实施、权益交易的依法运行以及改革创新提供法制保障。

四是需为政府分解落实气候变化应对目标、开展目标责任评价考核提供法制依据。国务院“十二五”和“十三五”控制温室气体排放工作方案建立了排放目标分解落实考核机制，并从“十二五”中后期开始开展省级碳强度下降目标年度考核。这项被实践证明为行之有效的措施，需制定“应对气候变化法”予以固化，提升其规范力和实施力。

五是彰显国家应对气候变化法治决心，巩固我全球气候治理国际地位。英国、德国、法国、加拿大、墨西哥等约20国已制定国内专门法律，结合国情转化《联合国气候变化框架公约》《巴黎协定》的要求，促进了应对气候变化工作的规范化。我国碳排放全球占比高的现状短期内难以改变，国际压力将持续居高不下，亟须制定“应对气候变化法”规定国际合作的法律方法，科学应对国外碳关税等举措，维护国际投资与贸易利益，彰显我国实现碳达峰目标和碳中和愿景的法治决心，巩固我国在全球应对气候变化国际合作中的重要参与者、贡献者和引领者地位。

## 二、制定“应对气候变化法”的主要建议

建议将“应对气候变化法”定位为应对气候变化领域的综合性基础法律，尽快纳入全国人大常委会立法计划，由全国人大环资委牵头起草。在立法设计方面，建议如下。

一是科学设计立法目的、立法框架和规范重点。建议将“促进低碳发展，实现2030年碳达峰目标和2060年碳中和愿景，减缓和适应气候变化，共同推进人类命运共同体建设”设定为立法目的，设立总则、规划与标准、气候变化减缓、气候变化适应、管理和监督、国际合作、法律责任、附则八章。在规范重点方面，将应对气候变化界定为生态环保领域的重要工作，全面提出气候变化减缓和适应的法律要求和能力建设目标。在气候变化减缓方面，重点明确与全球温控目标一致的排放控制和碳汇建设目标，确立碳排放总量分解方式，授权开展碳排放权交易和国际合作，实施目标责任考核。在气候变化适应方面，重点建立气候风险预测预警机制、气候适应技术激励保障机制，提升气候韧性能力的重点措施和任务。

二是健全监督管理体制和法律机制。建议建立统一监督管理和分领域

分工负责相结合的监管体制，逐步健全碳排放控制、碳汇建设和气候适应监管体系，强化气候变化减缓和适应与生态环保、节约能源、循环发展的协同体制和机制建设。建议由生态环境部门对应对气候变化工作实施统一指导、协调和监督，发改、工信、民政、自然资源、交通运输、水利、农业农村、文旅、应急、气象等部门在各自职责范围内分工负责相关工作。明确温室气体排放权的财产权属性与交易条件、程序，建立信贷、保险、金融、专项资金、基金等气候资金保障机制，健全低碳产品生产与优先采购机制，建立行政审批、信用管理、价格调整、联合执法、表彰奖励等气候联动惩戒机制，形成责任分担、社会共治、成果共享的气候激励约束体系。

三是构建国内管理制度体系。在气候变化减缓方面，建议规定产业结构调整与优化、碳排放管控评价考核、统计核算与报告、排放总量控制、强制与自愿减排、碳汇建设与质量提升、排放权交易、协同减排、税费征缴、标准化、信息公开等核心制度，推进目标管理由碳强度下降控制向碳总量下降控制转型；在气候变化适应方面，规定工业与农业适应、城镇与农村适应、预测预警与灾害防治、气候保险等核心制度，充分发挥制度体系的规制与导向作用。

四是部署国际协商与合作措施。建议在国际合作部分阐述我国积极应对气候变化的决心，规定我国承担与发展阶段、自身能力相称的国际义务，在可持续发展框架和《联合国气候变化框架公约》原则下推动国际协商与合作，构建人类命运共同体。在具体方式上，设立信息通报、灾害救助、科技培训、物质援助、应急联动、碳关税、制裁与反报等内容。

五是设置工作目标责任和法律责任。建议围绕碳达峰、碳中和、气候变化适应等目标，规定地方政府对本行政区域内碳减排和适应气候变化工作负责，将目标完成和任务落实情况纳入地方党委和政府生态文明建设考核目标体系和干部政绩考核体系，规定行政机关及其工作人员的监管失职责任；针对重点碳排放单位设立信息报告、采取有效措施减排、清缴排放配额等义务，针对核查机构规定核查工作要求，针对超配额排放温室气体、排放报告数据不实等行为规定处罚措施。

此外，为了促进“应对气候变化法”的有效实施，建议修改《中华人民共和国环境保护法》，规定应对气候变化的基本要求，使气候变化应对与生态保护、污染防治工作协同发展；修改《中华人民共和国大气污染防治法》《中华人民共和国节约能源法》《中华人民共和国煤炭法》等专门法律，设立应对气候变化的内容，使应对气候变化与相关工作相互衔接与支持。

常纪文　田丹宇

# 开展大气污染物与二氧化碳协同减排立法*

二氧化碳排放和大气污染物排放同根同源，大气污染物减排与碳减排在转型期具有一定的正相关性。基于此，生态环境部发布《关于统筹和加强应对气候变化与生态环境保护相关工作的指导意见》，提出二氧化碳和大气污染物协同减排（以下简称“协同减排”）的措施和要求。在法治时代，实现碳达峰碳中和需要大气污染防治法制措施来协同助力。而我国缺乏专门的应对气候变化法律，碳减排法制体系整体处于初级阶段，如不借助大气污染防治法律有关能源消耗、能源清洁化、运输结构调整等规则的协同力量，则难以提升国家、区域和企业协同减排的综合绩效。即使今后健全了碳减排立法体系，也需要大气污染防治体制、制度和机制的协同支持与配合。

## 一、协同减排立法建设的可行性

从以下两个方面看，开展协同减排的立法建设从现实上看是可行的。

一是一些大气污染防治法律措施可供碳减排参考，发挥协调成效。从管理模式来看，大气污染防治正向以大气质量管理为核心和系统治理模式转变。碳减排法制建设除了坚持实施控制化石能源消耗、发展清洁能源、

* 本文成稿于2021年3月。

节约能源、增加碳汇等管理制度之外，可借鉴大气污染防治管理模式，建立以碳减排管理为核心的法制体系。从治理对象来看，大气污染防治正从以 PM2.5 为重点治理对象的治理阶段，向 PM2.5、臭氧、挥发性有机物等多种污染物协同控制的阶段转变。碳减排法制建设也需从单纯控制能源消耗产生的二氧化碳排放，向减少能源消耗和降低碳排放强度转变。从治理方式来看，我国依靠党政同责、环保督察和专项督查等措施，极大地缓解了大气污染。碳减排可借用这一底线保障措施，保障相关法律制度的充分实施。从制度机制来看，大气污染防治的排放监测、预警应急、总量减排等制度，与碳减排制度的方法不一，难以起协同减排作用，但从制度建设方面看可以协同推进；市场交易等制度，两个领域方法差不多，可以协同开展制度建设；大气污染防治的强制与自愿结合机制，可供碳减排参考，既实施强制性的排放信息报告、落后工艺和设备淘汰、碳排放核查等制度，也通过实施碳普惠、自愿减排交易、低碳投融资等激励机制，鼓励地方、行业和企业自愿开展碳减排。

二是生态环境部的统一管理为协同减排的立法建设奠定了体制基础。目前，生态环境部统一管理大气污染防治和应对气候变化工作，这为大气污染防治和碳减排的统筹融合和协同增效提供了体制机制保障。为统筹推进碳排放达峰、碳中和与大气污染防治工作，生态环境部发布的《关于统筹和加强应对气候变化与生态环境保护相关工作的指导意见》明确了法规政策统筹融合的工作任务，要求协调推动有关法律法规制修订，加快推动应对气候变化相关立法，在相关法律制修订过程中推动增加应对气候变化相关内容，鼓励地方制定相关地方性法规。一个部门统一监管的体制会加速协同减排的法制建设。

## 二、协同减排立法需规范的协同工作领域和环节

以协同减排为目的识别和规范协同工作领域和环节，有利于整合协同减排的实施条件、协调协同减排的实施方法、规范协同减排的程序、精简协同减排的成本。

### （一）需规范的协同工作领域

一是开展能源优化制度的协同，发挥能源管控的节能和综合减排作用。基于节能减排、大气污染物减排与碳减排的正相关性，建议整合《中华人民共和国节约能源法》《中华人民共和国清洁生产促进法》《中华人民共和国循环经济促进法》中的强制回收、低热值燃料并网发电强制收购、固定资产投资项目节能评估与审查、高耗能项目产品设备与工艺淘汰、公共机构节能、清洁生产目录、黑名单等能源转型措施。基于节能与减污、降碳的协同作用，建议一体化落实《中华人民共和国可再生能源法》《中华人民共和国煤炭法》《中华人民共和国电力法》中可再生能源发电全额保障收购、可再生能源发展基金、煤炭安全生产责任和群防群治、煤炭经营和价格监管、煤矿矿区重点保护、国家电网统一调度等能源管理措施。建议立法优化能源开发利用方式，逐渐加大核能、氢能、太阳能、潮汐能、风能等清洁能源比例，在合适的时机将现有火电厂定位下降为能源安全和电力调峰的保障性地位。

二是开展绿色和低碳生产和运输方式的协同，挖掘系统性和结构性减排空间。在区域和流域层面，以节能减排、碳达峰的阶段性目标为导向，立足于城市群、京津冀、长三角、珠三角、汾渭平原、沿海省份等重点区域和长江、黄河等重点流域，实施国土开发利用空间管控制度和生态环境空间用途管控制度，优化区域和流域的产业布局和产业准入清单，探索建

立企业、园区、城市、城市群的清洁生产、循环经济和减碳综合审计制度，整合大气污染防治、能源节约、碳减排制度，系统性减少工业能源的消耗和二氧化碳、大气污染物的排放。在区域间和流域层面，制定交通运输结构优化制度，推动“公转铁”“公转水”和多式联运，结构性减少大宗货物长途运输的二氧化碳和大气污染物排放。

三是开展绿色和低碳生活倡导机制的协同，全面减少生活排放的综合影响。在消费层面，建议整合《节能低碳产品认证管理办法》和《关于调整优化节能产品、环境标志产品政府采购执行机制的通知》的规定，要求政府只能采购低碳且绿色的产品，引导绿色低碳生产和消费。在家庭层面，建立健全碳积分制、碳币、碳信用卡、碳普惠制等措施，建设社区低碳驿站，表彰绿色低碳先进家庭和个人，激发公众的参与积极性。在区域层面，将绿色低碳生活方式纳入生态文明示范市县区的建设指标体系；统筹宣教体制和内容，一体化开展低碳生活与绿色生活的宣教和行为指导。

### （二）需规范的协同工作环节

要识别减排的协同工作环节，需首先排除碳减排领域相对独特的体制、制度和机制。一是相对独特的碳减排管理和监督体制及制度，包括碳排放指标分配、碳排放份额豁免、统计核算、碳汇抵扣、观测预警等措施。二是相对独特的资金和激励机制，包括碳资产、气候适应保险等措施。三是相对独特的国际合作制度，包括需要许可的涉外碳交易、自主核查的国际报告、碳关税等制度。除此之外的体制、制度和机制，如环境影响评估、“三同时”、规划、推荐技术目录、落后设备与工艺淘汰、排放报告、总量控制、排放指标交易、标准化、专项资金与基金、金融、税收、产品价格、产品政府采购、信用管理、目标评价与考核、国际交流和援助等，可通过立法促进协同减排工作，如将碳减排和大气污染物减排的效益指标一并纳入投融资和金融体系，一并纳入税收优惠政策。

## 三、协同减排需采取的法律制定与立法衔接措施

在法律制定方面，一是修改生态环保综合性法律《中华人民共和国环境保护法》，针对碳减排和大气污染防治的协同工作领域和工作环节，规定协同和衔接的措施和要求；对于难以协同解决的问题则分别规定相对独特的措施和要求。二是制定“能源法”，一并规定煤电、油气发电、生物质能发电的大气污染防治和碳减排措施和标准。三是制定专门的“应对气候变化法”，既在政策方面提出碳减排与大气污染防治协同的要求，也针对碳减排安排专门的篇章。“应对气候变化法”的制定在碳减排方面已具有一定的立法基础，如减排目标评价考核、统计核算、排放标准化、排放配额交易、排放报告、核查等制度已比较成熟，碳减排规划、碳减排信息公开、低碳技术目录和低碳产品认证等制度得到初步建立，碳排放信用管理、总量控制、气候保险、气候影响评估等制度已具有一定的研究基础。在法律体系构建方面，可结合需要制定碳减排目标以及分配、碳排放指标交易与核查等方面的条例、部门规章和标准指南。

在立法衔接方面，碳减排法制建设既要设立本领域相对独特的制度和机制，也需建立与《中华人民共和国大气污染防治法》《排污许可管理条例》等衔接的监督管理体制和制度、机制，加强与《中华人民共和国节约能源法》《中华人民共和国可再生能源法》《中华人民共和国煤炭法》等法律的衔接或者协同。对于目前未能协同实施的体制、制度和机制，如煤炭开发规划如何进行低碳论证，需开展适用主体、适用范围、适用条件、适用程序、适用方法的衔接，打通关键堵点。

## 四、协同减排立法需建立健全的法律制度

针对协同减排的工作领域和环节，需大气污染防治和碳减排立法分别建立健全协同减排的制度。与大气污染防治制度相比，碳减排制度建设总体处于初级阶段。从制度建设的均衡性来看，需以协同为导向重点加强碳减排制度的建设。

一是排放评价制度的协同。建议修订《中华人民共和国环境影响评价法》，将重点行业二氧化碳排放的总量和强度管控纳入环境影响评价范围。通过规划环境影响评价、项目环境影响评价推动区域、行业和企业落实煤炭消费削减替代、碳排放控制等政策要求，为重点地区、工业园区、市场准入建立"碳门槛"。

二是标准化管理制度的协同。协同大气环境质量标准和排放标准，丰富和完善生态环境标准体系。以工业源和移动源大气污染物和二氧化碳协同减排相关标准为突破口，提高单位产品碳排放标准。制定碳减排量评估与绩效评价标准，发布排放核算报告与核查等管理技术规范。

三是信息化管理制度的协同。扩大政府信息公开范围，制度化满足公众和企业关于协同减排的信息需求。升级改造全国排污许可证管理信息平台功能，将碳减排和大气污染物减排纳入统一的排放信息台账，实现统计调查的统筹融合。对于重点二氧化碳排放单位，协同开展二氧化碳和大气污染物排放协同监测，规定强制性信息披露制度；对于其他企业，鼓励自愿公开二氧化碳排放信息。建议将二氧化碳和大气污染物排放守法信息纳入环境信用管理、环境执法监察的"双随机一公开"制度。

四是市场化管理制度的协同。建立"以排放交易抓大头，以税收抓小头"的分类管理方式，将碳排放权交易、大气污染物排放指标交易纳入环境交易制度，开展碳排放源与碳汇的中和交易试点。协同开展用能权交

易、煤炭压减指标交易和能耗指标交易，视情况安排区域间的补偿与补助。将《中华人民共和国环境保护税法》的应税范围延展至散源和移动源的碳排放。推进商品供应链的绿色低碳转型，推行绿色低碳生产、绿色低碳产品标识、绿色低碳政府采购等制度。

五是量化管理制度的协同。通过碳排放管控与污染防治、生态保护等专项规划的衔接，将碳排放和大气污染物排放的总量控制一并纳入生态环境保护目标责任和评价考核制度。基于排放总量管理，建立企业大气污染和二氧化碳排放清单、实施区域限批、开展国际进出口管制等。

## 五、协同减排立法需创新完善的体制和监督机制

协同减排需针对协同点创新完善管理和监督机制，实行专业化监管。基于立法需要较长的时间，目前可从政策层面尽快建立急需的目标实现、过程管理和后端监督机制。

一是明确协同减排政治责任，健全减排监管机制。建议明确国家和地方“应对气候变化及节能减排工作领导小组”的法律地位和职能，界定生态环境部、国家发展改革委、国家能源局等部门的独立职责与协同职责，建立对国务院各部门和地方政府的协同减排考核机制。通过党内法规明确地方党委和政府的协同减排责任，将综合减排绩效纳入地方党政主要领导生态环境审计制度。

二是明确协同减排措施方法，实施综合评价考核。我国已将碳强度下降目标纳入“十二五”和“十三五”规划，并连续8年组织了省级碳强度下降目标责任考核。2018年后，碳强度下降目标责任考核已纳入国家生态文明建设目标评价考核体系，实现综合评价和考核。建议逐步将二氧化碳排放强度控制转为强度和总量双控，将国家层面的排放总量目标科学分解

至各地区及重点行业，在国家宏观层面实现对二氧化碳排放和大气污染排放控制的总体规划和有效管理。

三是明确协同减排管理责任，扩大督察执法范围。将碳排放管控与生态保护、污染防治一起纳入中央生态环境保护督察和党内法规检查机制。在生态环境部和地方生态环境厅（局）单位内部，建议推动大气污染物与二氧化碳监管执法体制和机制的统筹融合，在法律法规、标准指南、能耗指标、行政许可、设施监管、监测方法和数据合规性方面，开展综合执法监察。

四是明确协同减排法律责任，发展气候环境诉讼。目前，我国大气污染防治的企业主体责任较为明确，但企业和区域超额排放二氧化碳的责任仍存在立法空白。建议通过立法明确重点排放单位的碳减排责任和政府管理责任。依托环境司法制度建设，试点推进碳减排民事和行政公益诉讼制度。

常纪文　田丹宇

# 加快构建我国碳达峰碳中和标准体系 *

目前国家和地方正按中央经济工作会议要求积极谋划碳达峰碳中和实施方案。为了相关工作的规范健康发展，需以目标和问题为导向加快构建标准体系。

## 一、我国碳达峰碳中和相关标准的建设取得积极进展

碳达峰碳中和标准体系包括碳排放相关基础通用标准、碳减排、碳清除、碳吸收、碳固定、碳循环利用、碳中和抵消七个领域的标准子体系。我国在碳减排及节能、可再生能源、新能源等碳减排支持标准建设方面，已取得积极进展。

在节能方面，已制定国家标准 353 项、行业标准近 1000 项、地方标准 1500 余项。其中，高耗能单位产品能耗限额标准有 111 项，终端用能产品能效标准有 73 项，覆盖了主要用能行业和产品。据测算，“十三五”期间能耗限额标准和强制性能效标准的全面实施分别减碳 1.48 亿吨和 290 万吨。在可再生能源和新能源方面，已针对风能、太阳能、生物质能、氢能等技术制定国家标准 350 余项、行业标准 1100 余项。其中，光伏、电动汽车充电、智能电网、微电网等技术标准体系较健全，享有一些国际话

---

* 本文成稿于2021年4月。

语权。在碳减排方面，已发布 13 项碳排放核算国家标准、3 项碳减排量评估国家标准、19 项行业标准和近百项地方标准，并完成其他 28 项标准起草工作，主要涵盖碳排放限额、排放监测、核算与报告、减排量评估、核查要求、信息披露等领域，初步解决了碳排放算什么、怎么算以及碳交易如何开展等基础性技术问题。

## 二、我国碳达峰碳中和标准体系建设仍存在诸多问题

国际标准化组织（ISO）已制定支持应对气候变化的相关标准 732 项。其有关技术委员会已发布和正在制定能源管理体系、节能量评估、能源绩效评估、能源审计标准 20 项，温室气体量化、报告、审定、核查及碳足迹、气候金融相关标准 71 项，碳捕集、运输、地质封存、量化验证标准 12 项。国际电工委员会和电气与电子工程师协会也制定了支持碳减排的能源技术和管理标准。与国际标准体系的建设现状及国内需求相比，我国碳达峰碳中和标准体系的建设存在如下问题。

一是标准体系的全面性和系统性建设严重不足。在全面性方面，碳清除、吸收、固定、循环利用、中和抵消五个标准子体系既无国家标准，也无其立项计划；碳达峰碳中和术语、概念、原则、评价方法等基础通用标准都是空白；碳减排标准制定的基础较好，但存在大量空白，如环保设施用能系统能效标准缺失，影响节能减污降碳协同效应的发挥。在系统性方面，可再生能源相关行业标准仅占全部能源行业标准的 14%，难以满足推进可再生能源替代的需求；地方标准体系的建设不均衡，如北京、上海等发达省份相对完善，而落后省份则相对滞后。

二是标准缺乏统筹导致交叉重复和实施“碎片化”。碳排放核算是碳达峰碳中和的基础工作，统计制度、温室气体清单编制文件及国家、行

业、地方标准规定了不同的核算方法，能耗计算标准和碳排放核算标准的边界范围与数据要求也不统一，企业无所适从。2011 年国家启动七省市碳交易试点，由于未能建立统一的技术标准，各地簿记和交易系统无法互联互通，至全国统一建设碳交易市场时只能重新建设交易系统，造成公共资金浪费。强制性能耗限额标准由发展改革、工业和信息化、市场监管、能源等部门分别实施，加上地方监管职责不清晰，产业链上下游标准的实施难以贯通。

三是部分国内标准与国际不接轨，影响国际认可。碳排放核算、减排量计算、节能、可再生能源、新能源等领域已有通行的国际标准，但国内碳排放核算方法与国际标准不完全接轨，既导致出口企业开展多种核算和报告，增加标准遵守成本，也影响国际社会对我国减排成效的认可，还误导低碳投资。

四是部分标准落后，难以引导产业国际化低碳转型升级。国际产业竞争往往体现为标准的竞争，国内部分产业标准覆盖面窄、指标落后，出口企业为遵守国际先进标准不仅需付费，还易被卡住向研发、设计、标准、品牌、供应链管理全面升级的“脖子”。如我国碳捕集示范项目的规模和数量位居世界前列，但国内标准仍是空白，而日本从未开展示范项目建设，却完全主导 ISO 碳捕集国际标准，有效支持其碳捕集前沿技术和装备输出。再如，我国 2019 年依据气候债券倡议组织的标准发行债券 3862 亿元，位居世界第一，但该组织由发达国家控制，将煤炭清洁高效利用排除在低碳产业之外，不利于我国把住低碳金融流向的主导权。

五是激励支持政策和标准的制定、实施同步性与衔接性不强。标准是相关财税激励和金融支持政策的关键技术依据，标准落后或缺失导致政策支持不精准或政策空转。现行节能节水专用设备企业所得税优惠目录中，中小型三相异步电动机的支持依据仍是 2012 年版能效标准，未能采用2020年版能效标准的先进指标。另外，在国家发展改革委等部门发布的《绿色产业指导目录（2019年版）》全部211个子类中，包括氢能利用设施、生物质能利用装备在内的47%子类没有明确技术标准依据，支持政策落地困难。

## 三、加快构建我国碳达峰碳中和标准体系

为加快构建我国碳达峰碳中和标准体系，确保其全面、系统、协调、先进和有效性，建议采取以下措施。

尽快编制碳达峰碳中和标准体系建设规划。建议国家标准委组织编制该规划时明确国家、行业、省级标准体系的建设目标、阶段任务和实施机制，补齐碳清除、碳吸收、碳固定、碳循环利用、碳中和抵消标准子体系，丰富和更新其他标准子体系，体现全面性和系统性。创新标准制修订管理机制，建立碳达峰碳中和基础通用、能效能耗及配套标准、可再生能源标准等国家标准立项绿色通道，抓紧在节能减污降碳协同、系统能效提升、能源绩效评估、碳捕集、碳交易等关键环节制定一批高水平支撑性技术标准。

完善碳达峰碳中和标准体系建设统筹协调机制。建议在国务院标准化协调推进部际联席会议制度下建立碳达峰碳中和标准化总体协调工作组，统筹节能减污降碳领域国家标准和行业标准的制定，解决标准不统一与重复制定问题，确保标准制定的一致性、适用性与及时性。完善标准实施监测机制，强化谁制定谁监管的标准监管模式，加大能效能耗、碳排放核算等标准的监管监察力度，促进标准有效实施。

积极采用符合国情的低碳国际标准。建议在碳排放核算、节能、可再生能源、新能源等领域尽量等同采用ISO国际标准等普遍认可的标准规

范，减少企业转型成本。积极参与ISO相关领域国际标准制定，及时转化为国家标准，引导企业对标国际开展碳达峰碳中和工作。加快引入碳足迹国际标准，建设全国统一的碳足迹基础数据库和信息平台，主动应对欧盟基于产品碳足迹征收碳税的重大动议，维护我国企业参与国际贸易的合理权益。

加大关键领域标准的研发与国际合作。建议参考污染防治标准专项经费支持模式，设立碳达峰碳中和重点标准国家科技重大专项，支持制定一批国际领跑的强制性能效能耗、碳排放核算、低碳前沿技术等关键标准，引领传统产业加速转型；将氢能、储能、微电网、多能互补、碳捕集利用与封存等前沿技术创新与标准制定紧密结合，以标准化加速产业化。支持培养国际标准化人才，鼓励国内机构和团体制定或参与制定区域国际标准、团体国际标准等新型国际标准。

完善政策和标准制定、实施的衔接配套机制。建议根据强制性标准和推荐性标准的不同属性，优化碳达峰碳中和激励支持政策的标准化机制，实现标准与政策同步推出、同步更新，保障政策的精准性、先进性和有效性。探索激励支持政策采信团体标准等非政府标准的新模式，加大碳达峰碳中和相关团体标准的监测评估，增加标准供给的同时确保程序规范、技术协调、公开透明。

常纪文

# “双碳”目标下碳排放监管协同亟待加强 *

建立和完善碳排放监管体系是实现“双碳”目标的基础性制度安排。“十一五”至“十三五”时期能耗、碳排放约束性指标相继实施以来，我国已初步建立起跨部门的以能耗监管为核心的碳排放监管体系。当前，“双碳”目标纳入生态文明建设整体布局，对构建碳排放监管体系提出了更高要求，亟待进一步加强监管协同。

## 一、我国已初步建立起跨部门的以能耗监管为核心的碳排放监管体系，“双碳”目标下监管体系进一步优化面临新问题

“十一五”以来，我国已初步建立以节能管理、碳市场试点为主要内容的事实上的碳排放监管体系。目前，政府监管机构履行事实上的碳排放监管职能，核心是对工业、建筑、交通、农业等领域微观主体的用能活动进行事前、事中、事后干预。碳排放监管主要涉及对化石能源生产和消费的直接限制，采取措施既包括设立能效标准等行政手段，也包括碳排放权交易、合同能源管理等市场化工具。从时间上看，随着“十一五”期间能耗强度作为约束性指标、“十二五”期间增加碳排放强度作为约束性指标，

* 本文成稿于2021年12月。

我国对微观主体事实上的碳排放监管制度逐步建立。从监管主体看，包括节能行政主管部门、各级节能监察机构、行业主管部门以及生态环境部门。从监管对象看，工业、能源、建筑、交通等领域的重点用能单位（重点排放单位）均已纳入节能管理范围。此外，还包括碳市场中相关主体。从监管内容看，核心是微观主体（重点排放单位）的能源利用行为，包括能源利用总量和效率、碳排放情况等。从监管程序看，在监管事前（准入）环节，有固定资产投资项目节能审查制度（“能评”），工业、能源、交通、住建等各领域能效标准等；在监管事中事后环节，各级节能管理部门（节能监察机构）对重点用能单位进行监管，监管内容主要包括能源利用、节能措施落实、能源消耗限额标准、能源利用效率等情况（见附表）。

随着我国“双碳”目标的提出，进一步完善碳排放监管体系非常迫切，监管协同问题尤其值得关注。

一是监管职能分散，存在重复监管现象。既有的节能管理部门和生态环境部门分别依据“能耗”“碳排放”约束性要求履行监管职能，监管对象高度一致，事实上形成双头监管。首先，碳排放主体准入环节，国家发展改革委履行能耗指标分解、节能审查等职能，生态环境部在“双碳”目标提出后开始试点将碳排放纳入环境影响评价体系，这样一来，在准入环节，同时有两个体系行使事实上的碳排放监管职能。其次，在碳排放监管的事中事后环节，各级节能管理部门、节能监察机构对重点用能单位履行日常节能监管，生态环境部门开始对高排放单位（重点用能单位）碳排放进行事中事后监管执法，二者也存在交叉，产生重复监管。此外，用能权交易与碳排放权交易之间存在较大重叠，容易产生监管混乱，对微观主体产生不当干预。

二是能耗“双控”固化了行政主导的降碳方式，难以与市场化降碳机制有效协同。“十一五”以来，能耗“双控”目标责任制事实上成为推动碳排放监管有效运行的重要实施机制，保障国家碳减排目标实现的重要制度安排。在政府相关机构对微观主体实施监管过程中，自上而下的能耗指标是重点用能单位（高排放单位）准入环节的节能审查的监管依据。经过“十一五”至“十三五”三个五年规划，能耗“双控”制度不断强化，推动能耗强度大幅下降，但已难以适应中长期市场化降碳机制建设的需要。一方面，能源（碳排放）与经济增长的耦合度高，以层层分解为特征的“双控”制度缺乏调节机制，在实施过程中容易对经济增长产生负面影响；另一方面，全国性碳市场正逐步推进，而目前按行政区域层层分解落实能耗指标的方式会阻碍碳排放权跨区域流动，从而制约碳市场有效运行。

三是相关部门碳排放监管能力薄弱，不同机构之间尚未形成监管合力。一方面，既有的节能监察体系监管能力不足。节能审查涉及的行业广、专业技术能力要求高，难以制度化、常态化地开展节能审查等监管工作。特别是“放管服”改革后，70% 以上需要开展节能审查的项目由地市及区县负责，基层的监管能力难以承接相应的监管职能。另一方面，生态环境部门承接应对气候变化职能后，正从事前事中事后环节探索建立碳排放监管制度。但是，各级生态环境部门、环境执法机构对碳排放监管尚需要一个学习和能力建设的过程。从近中期加强碳排放监管能力看，对既有的节能管理体系稍加调整即可强化其碳排放监管能力，而生态环境部门“另起炉灶”强化碳排放监管能力建设，不仅难度大，且会造成节能管理体系监管能力的浪费，不利于形成监管合力。此外，高质量碳排放监测（核算）的第三方核查机构不足，难以支撑碳市场所需的碳排放监测、报告、核查工作。

## 二、政策建议

一是择机调整相关部门职能，适度集中碳排放监管职能，建立基于部门分工的统一的碳排放监管体系。按照同一件事由一个部门主要负责的原则，适度整合碳排放监管职能。考虑到节能主管部门、节能监察体系、行业主管部门在节能管理领域的监管能力，且能耗“双控”与碳排放“双控”高度相关，建议考虑由国家节能主管部门统筹碳排放监管职能，通过修订相关法律法规，赋予既有的节能主管部门、节能监察体系、各行业节能管理部门碳排放监管职能。“十四五”时期，择机将应对气候变化统筹职能由生态环境部转移到国家发展改革委，制定碳排放监管责任清单，明晰各级节能主管部门、节能监察体系、行业主管部门、生态环境部门在工业、能源、建筑、交通、农业等各领域事前事中事后监管的职能配置和分工，明确权责范围与边界，确保监管内容和监管过程衔接。

二是优化碳排放监管工具箱，加强监管工具和程序的协同。在准入环节，理顺能耗指标、节能审查（能评）、碳排放环境影响评价制度的关系，建立碳排放监管准入环节会商机制，保持政策的一致性。在准入环节，强化能效标准，以效率标准为核心，弱化能耗总量控制。完善事前准入环节（审批）和事中事后监管的衔接机制。弱化能耗“双控”制度，逐步转换到全国碳市场与行政区域碳排放弹性控制的方式，即逐步扩大碳市场覆盖范围，弱化按行政区域分解考核能耗“双控”和碳排放“双控”指标。在推进碳减排市场机制中，以碳市场为核心政策工具，逐步弱化用能权、节能量交易等政策工具，避免监管过度。加强研究碳税方案，作为进一步完善碳减排市场化机制的政策储备。

三是统筹能耗、碳排放目标责任体系，优化问责机制，完善监管实施机制。考虑到我国大概率会在2030年前实现碳达峰，参考发达国家在碳达峰前均未设置国家尺度碳排放总量控制的经验，建议在 2030 年前不宜设置国家尺度碳排放绝对量约束性指标。以碳排放强度控制为主，统筹整合能耗“双控”和碳排放“双控”目标责任体系，保持目标责任体系的一致性。在碳排放监管领域，探索建立监管影响分析制度，在相关部门内部进一步完善监管影响分析制度，逐步建立跨部门协调机制，由政府综合部门、立法机构联合开展监管影响分析，加强对碳排放监管政策事前事中事后评估。

四是全面加强碳排放监管能力建设，加强对第三方机构的市场监管。加强各级节能监察体系、环境监管体系碳排放监管能力建设，配置相应的编制、经费、设备。完善碳排放第三方核查体系，相关部门要及时加强对第三方机构的指导和监管。

陈健鹏　高世楫

附表　建构中的碳排放监管体系

| | 既有的节能管理为主的监管体系 | 正在扩展中的部分 |
| --- | --- | --- |
| 监管主体 | 节能主管部门（发展改革、工业和信息化）<br>节能监察体系<br>行业主管部门（能源、建筑、交通、农业等） | 生态环境部门（2018年机构改革后，承接应对气候变化职能） |
| 监管对象 | 工业（重点用能单位）<br>能源<br>建筑<br>交通<br>农业 | 全国碳市场覆盖的用能单位（从目前的电力部门逐步扩展到高耗能行业） |
| 监管内容 | 微观主体能源生产与用能情况（能源利用状况、节能措施落实情况、使用国家明令淘汰用能设备情况、能源消耗限额标准落实情况、煤炭利用情况、能源利用效率等） | 微观主体碳排放情况 |
| 监管工具 | 能效标准<br>节能审查（能评）<br>碳排放权交易试点<br>能效领跑者<br>合同能源管理<br>碳交易试点<br>对煤炭等高碳化石能源的限制<br>可再生能源电力配额制<br>经济类政策 | 全国性碳市场；<br>试点将碳排放纳入环境影响评价中；<br>将碳排放纳入生态环境部门监管执法过程 |
| 监管依据 | 《中华人民共和国节约能源法》<br>《固定资产投资项目节能审查办法》<br>《节能监察办法》<br>节能相关法律法规<br>国家能耗目标（能耗“双控”） | 与低碳相关的法律法规正在完善中；<br>碳市场管理办法；<br>国家碳排放目标（碳排放“双控”） |

注：本研究不考虑碳汇问题。

资料来源：作者整理。

# 将发展氢能产业作为实现碳达峰碳中和目标的重要途径 *

要实现"力争到2030年前实现碳达峰、2060年前努力争取实现碳中和"这一宏伟目标，以传统化石能源为主的能源结构必须尽快向以可再生能源为主的能源结构转型。氢能是一种清洁环保、安全高效、来源和应用广泛的绿色能源，有人称之为"终极能源"，在能源清洁低碳转型中将发挥重要作用。近年来，我国部分地区积极发展氢能产业并取得了明显进展，但目前仍面临技术难度大、市场规模小、使用成本高等难题，故尚处于起步发展阶段。为了如期实现碳达峰碳中和目标，我国有必要将加快发展氢能产业作为重要途径。

## 一、加快发展氢能产业事关我国应对气候变化、绿色发展、创新驱动等战略

### （一）发展氢能产业有利于我国应对全球气候变化

目前，推进低碳发展、积极应对全球气候变化已成国际共识，新冠肺炎疫情暴发以来更是如此：欧盟2019年年底推出的《欧洲绿色政纲》和

---

* 本文成稿于2020年12月。

2020年推出的“绿色复苏”计划，都强调要同时推进欧洲绿色转型和数字转型双转型，并提出了2050年实现“气候中性”的宏大目标；美国新当选总统也正积极准备调整能源和应对气候变化战略，并声称将尽快重返《巴黎协定》。中国二氧化碳排放力争于2030年前达到峰值，努力争取2060年前实现碳中和，再次向国际社会发出了中国积极应对全球气候变化的强烈信号。

应对全球气候变化必须推进低碳发展，推进低碳发展的重点是实现能源结构转型，能源结构转型的主要方向是提高清洁能源的比重，而氢能正好是零污染的清洁能源。因此，发展氢能产业，将有力地推动氢能制取和应用，推动能源低碳转型，减少二氧化碳排放，为实现我国碳达峰碳中和目标做出突出贡献。

### （二）发展氢能产业有利于促进经济社会全面绿色转型发展

中共十九届五中全会关于“十四五”规划的建议指出，构建生态文明体系，促进经济社会发展全面绿色转型，建设人与自然和谐共生的现代化。氢能具有能量密度大、转化效率高、资源丰富、适用范围广和环保无污染等特点，在促进经济社会发展全面绿色转型方面具有独特优势。氢能能够部分替代化石能源和电能，可以促进能源结构转型。氢能产业链较长，从上游制氢，到中游输氢储氢，再到下游用氢，涉及装备制造、氢气制取、交通运输等产业，是绿色发展新的增长点。同时，氢能还广泛应用到工农业生产和个人生活的各个方面，因此，发展氢能产业可促进经济社会全面绿色转型发展。

### （三）发展氢能产业有利于促进关键核心技术开发

保障国内氢能供给，关键在于全面掌握氢能关键核心技术。氢能技术包含制、储、运、注、用氢等环节的技术，其中制氢环节包括煤制氢、天然气制氢、工业副产氢、可再生能源电解水制氢等技术，储氢环节又有物理储氢、化学储氢等技术，使用环节主要是氢燃料电池技术。美、德、日等国在氢能技术研发上处于领先地位，目前，我国催化剂、燃料电池用隔膜、碳纸、空压机、氢气循环泵等核心部件主要依靠进口[①]。发展氢能产业，将促进氢能技术的推广应用，带动氢能技术的开发。

## 二、加快发展氢能产业已具备一定的基础和条件

### （一）氢能技术研发已取得长足进展

近年来，我国氢能相关的高性能产品研发及批量生产、催化剂等核心技术研发取得了重要进展，氢能制储运技术已具备了较好的发展基础，已开发出具有自主知识产权的氢燃料电池关键部件。其中，车用耐高温低湿质子膜及成膜聚合物批量制备技术、车用燃料电池催化剂批量制备技术等关键共性技术得到长足发展。从技术层面而言，我国乘用车燃料电池寿命已超 5000 小时，商用车燃料电池寿命已超 10000 小时，基本满足车辆运行条件；氢燃料电池汽车发动机功率密度达到传统内燃机水平，电堆比功率达到 3.0 千瓦 / 升，多项性能指标接近国际先进水平；氢燃料电池汽车续驶里程达到 750 千米。

### （二）氢能资源十分丰富

目前，中国是第一产氢大国，拥有中国石化、中国石油、中国神华等

① 邵志刚、衣宝廉：“氢能与燃料电池发展现状及展望”，《中国科学院院刊》，2019（4）：95-103。

一批副产氢和煤制氢企业，年氢产量约2200万吨，占全球1/3。中国在氢气制取上有巨大优势，化工工业副产氢相关企业多达百家，仅煤化工板块年产氢就超过400万吨。特别是我国可再生能源制氢具有较大的潜力，目前每年弃水、弃风、弃光电量约1000亿度（2019年分别为515亿、419亿和73亿度），可以用于以电解水方式制取“绿氢”。同时，可发挥氢气的储能作用，以解决间歇式能源消纳问题。

## （三）促进氢能产业发展的制度和政策环境正在形成

原国家质检总局和国家标准化管理委员会于2009年联合发布了《燃料电池电动汽车安全要求》，明确了燃料电池电动汽车和燃料电池堆的安全要求，并于2017年发布了《加氢站安全技术规范》，规定了氢能车辆加氢站的氢气输送、站内制氢、氢气存储等安全技术标准。国务院于2016年印发了《国家创新驱动发展战略纲要》，国家能源局于2016年发布了《能源技术革命创新行动计划（2016—2030年）》，都将氢能发展与燃料电池技术创新列为重点发展任务。国家发展改革委于2019年颁布了《产业结构调整指导目录》，将高效制氢、运氢、高密度储氢技术开发应用及设备制造、加氢等内容列入第一类（鼓励类）第五项（新能源）中。国务院办公厅于2020年11月发布了《新能源汽车产业发展规划（2021—2035）》，明确了氢燃料电池汽车的发展方向和要求。

## （四）部分地区发展氢能产业积累了一定经验

截至2019年11月，全国4个直辖市、10个省份、30个地级和县级市发布了氢能产业规划；国内氢能产业链上出现了49个投资或并购案例，涉及总金额超1000亿元。这些地方和企业在发展氢能产业上积累了一些经验，如在加氢站建设方面，佛山市推行了“工程审批＋技术专家评审”

的审批模式，建立了互为牵制的联合审批制度，由住房和城乡建设局牵头制定了《佛山市加氢站建设审批指引》《佛山市加氢站验收指导》等。为节约用地，佛山市将加氢站与加油站、加气站进行一体化建设。这些地区的经验为其他地区提供了启示和借鉴。

## 三、加快发展氢能产业需要解决的主要问题

### （一）氢能产业发展缺乏国家层面的顶层规划

近年来，上海、佛山、云浮等地发展氢能产业已有了相当规模，全国共有 30 个左右城市制定了氢能产业发展规划，但国家层面的氢能产业发展顶层规划缺乏。虽然 2020 年 6 月国务院发布的《关于 2019 年国民经济和社会发展计划执行情况与 2020 年国民经济和社会发展计划草案的报告》已明确“制定国家氢能产业发展战略规划”，但至今尚未发布专门的氢能产业发展规划。由于缺乏国家顶层规划指导，各地氢能产业发展规划显得零散，导致部分企业投资氢能产业项目存在顾虑。

### （二）氢能产业发展标准体系不完善

目前，我国在氢气制备、提纯、运输、加注、应用等方面已有了 80 多项国家标准，但还有许多标准有待制定，且一些标准与科技发展水平不匹配。如欧洲加氢枪安全距离标准为 2 米，我国为 4.5 米，这导致加氢站建设中的土地浪费。另外，我国一直将氢能归为危险化学品，按此规定，制氢企业必须进入化工园区，而现实中很多地方没有化工园区安置这类企业，导致用氢须从外地购买，用氢成本大幅上升。

### （三）氢能产业发展监管体制需要理顺

氢能产业发展涉及发展改革、能源、工业和信息化、交通、环境、应急、科技、住房和城乡建设、城市管理行政执法等部门，监管内容较多，部门之间协调任务较重。目前，各地氢能产业发展尚处于起步阶段，监管处于探索之中，监管体制尚未理顺，监管能力和效率较低，服务职能有待加强。如加氢站运营的安监审批就较难，氢气储运的监管有待加强，化石能源制氢、工业副产氢的监管需要强化。

### （四）氢能产业发展支持政策体系有待建立

氢能产业是战略性新兴产业，属于政策支持类产业。氢能产业供应链各环节技术门槛高，投资大，短期内难以盈利，高度依靠扩大规模降低成本，若没有政策支持，氢能产业很难完全靠市场力量发展起来。我国虽已开始出台氢能产业发展支持政策，如 2020 年 9 月财政部等五部委发布了《关于开展燃料电池汽车示范推广的通知》，明确将采取“以奖代补”方式，对入围示范的城市群按其目标完成情况给予奖励。但政策支持体系还很不完善，影响了氢能产业发展。

### （五）关键核心技术还存在不少短板

如前所述，虽然我国近年来在氢能技术研发上取得了长足进展，但与发达国家相比，我国氢能技术研发还比较落后，关键核心技术还存在不少短板，关键零部件主要依靠进口，如燃料电池的关键材料包括催化剂、质子交换膜、碳纸等大都依赖进口；膜电极、双极板、空压机、氢循环泵等与国外先进水平存在较大差距；氢气品质检测和氢气泄漏等重要测试装备欠缺。

### （六）氢能基础设施尚处于起步阶段

加氢站是氢燃料电池汽车运营的前提条件，但目前加氢站很少，布局范围窄，制约着氢燃料电池汽车的发展。同时因氢燃料电池汽车运营车辆少，加氢需求小，使得加氢站缺乏规模经济效应，收支难以平衡。截至2020年1月，我国已建成加氢站61座，规划和在建的有84座，主要分布于广东、上海、江苏等地，且多为示范加氢站，无法满足商业化运营需求[①]。

## 四、加快发展氢能产业的政策建议

### （一）将加快发展氢能产业作为实现碳达峰碳中和目标的重要途径

进一步提高加快发展氢能产业在应对气候变化和促进经济社会全面绿色转型发展方面重要地位的认识。借鉴欧盟和德国等出台《欧盟氢能战略》《德国国家氢能战略》的经验，结合我国实际情况，将其作为实现碳达峰碳中和目标的重要途径，尽快制定和发布我国的氢能战略和氢能产业发展规划，明确氢能产业发展的总体方向、思路、目标和路线图，加快布局氢能产业，以促进我国氢能产业加速发展。

### （二）加快制定和调整氢能产业发展标准

高度重视标准在推进氢能产业发展中的引领作用。根据我国实际情况，参考国际标准，加快制定促进氢能产业发展必需的基本标准。鼓励先

---

① 叶伟：“加氢站发展缓慢成本高企困局待解”，《中国高新技术产业导报》，2020-11-09，（13）。

发地区、行业组织和龙头企业制定相应的标准。在安全可控的条件下，适当调整加氢站建设中加氢枪的安全距离标准，减少土地浪费。制定加氢站、加油站、加气站、充电站等场地的一体化建设标准。适应技术进步的新形势，建议根据制氢过程的危险等级进行区分，不将氢能统归为传统的危化品范围，部分达到安全标准的制氢企业不必进入化工园区内，以解决就近制氢用氢的问题，降低用氢成本。

### （三）构建推进氢能产业发展的政策支持体系

将已有的支持新能源技术和产业发展的政策落实到氢能产业发展中。根据氢能产业技术门槛高、投资大、依赖规模降成本、短期难以盈利的特点，加大对试点地区、创新型企业的财税、金融、投资、土地、科技、人才、政府采购等政策的支持力度。支持相关领域的国有企业特别是央企投资氢能产业，鼓励和吸引民间资本发展氢能产业，培育多元化的经营主体。

### （四）大力开展氢能产业关键核心技术攻关

设立国家专项科研基金，支持高等院校、科研院所和大型企业对氢能产业关键核心技术进行攻关。组建和完善氢能技术创新平台，支持对氢能产业关键核心技术进行重点攻关。鼓励产学研用相结合，培育氢能产业高技术龙头企业，攻关应用性关键核心技术。加大氢能高端研发人才培养力度，增加高校氢能相关专业的研究生招生。积极引进或利用国外研发人才，支持各类研发机构引进科研人才来国内发展，或者鼓励企业在国外组建研发部门，有效利用国外优秀人才。

### （五）协调推进氢能基础设施建设

引导各地做好氢能基础设施建设规划。根据氢能特点和安全控制技术要求，修订加氢站等基础设施建设安全标准，科学设立加氢站建设门槛，节约利用土地资源。规范加氢站等基础设施的审批制度和流程，改进现行的按天然气审批的方式，探索更适合氢能产业发展的审批制度，提高加氢站等基础设施建设的效率。鼓励各方合建共建加氢站、加油站、加气站等基础设施，加快建设进度，降低用氢成本。

### （六）不断完善氢能产业发展监管体制

明确氢能产业发展主管部门及其权责，理顺发展改革、能源、工业和信息化、交通、环境、应急、科技、住房和城乡建设、城市管理行政执法等涉氢部门的权责关系，尤其是在加氢、加油、加气和充电等设施建设和运营方面加强监管协调，以减少内耗，形成监管合力。特别是在加氢站审批和运营安监审批上加强协调。在氢能技术创新方面坚持包容审慎监管原则，鼓励企业大胆进行技术创新和产品创新。运用 5G、云计算、大数据、人工智能等技术建立实时监控平台，提高监管效率。

李佐军　王　俊

# 发展分布式风电、光伏，协同推进乡村振兴和碳减排 *

党的十八大以来，分布式风电、光伏项目为改善农村供电和生活条件发挥了积极作用；随着技术经济性的不断增强，风光资源约束大幅降低，农村地区可开发潜力进一步增大。在新发展阶段，需提升农民在项目开发中的参与度，破除土地和并网等约束，进一步发展分布式风电、光伏，协同实现农民增收和农村用能低碳化。

## 一、分布式风电、光伏持续支持农村经济发展和生活改善

分布式风电、光伏具备在农村地区发展的良好基础。一方面，风电、光伏是目前技术成熟度最高的新能源发电品种和零碳能源应用方式；另一方面，风电和光伏发电能量密度低、单位装机规模小，与农村能源利用特点匹配度高。过去 10 年，分布式风电、光伏解决了偏远地区 118.5 万无电人口的通电问题，为超过 80 万贫困户和全国 60% 以上的贫困村提供了稳定的经济收入。除以上专项支持项目外，随着光伏成本大幅下降，以农村屋顶应用为主的户用光伏等商业化项目快速发展，累计装机容量已超过 2000 万千瓦。

---

* 本文成稿于2021年6月。

我国农村地区分布式风光资源开发潜力超过 15 亿千瓦。除已发展较为成熟的住宅屋顶光伏外，农村地区仍有大量可开发的其他建筑[①]屋顶、鱼塘大棚、田间地埂等公共资源可利用。若给予较好的政策环境，预计到 2025 年，农村地区分布式光伏和风电累计装机分别可达 1.3 亿千瓦和 2000 万千瓦，合计年发电量达 2000 亿千瓦时；其中，涉及公共资源的 3980 万千瓦光伏和 2000 万千瓦风电，占新增装机的 51%，年发电量占总发电量的比重达 47%（见表 1）。

表1　全国农村地区分布式风电、光伏资源潜力和发电量测算

| 资源类型 | 单户资源 | 公共资源 | | | |
|---|---|---|---|---|---|
| | 光伏 | 光伏 | | | 风电 |
| | 户用屋顶光伏 | 其他建筑屋顶光伏 | 渔光互补 | 农光互补（包括大棚） | 田间分布式风电 |
| 规模潜力（万千瓦） | 118562 | 25653 | 10025 | 3320 | 33457 |
| “十四五”时期末总规模预测（万千瓦） | 9220 | 2300 | 1000 | 680 | 2000 |
| 其中新增装机规模（万千瓦） | 7000 | 2300 | 1000 | 600 | 1700 |
| “十四五”时期末年发电量（亿千瓦时） | 1100 | 275 | 230 | | 466 |

资料来源：根据农业农村部和国家统计局数据测算。

分布式风电、光伏可有效促进农民增收。技术创新和效率提升大幅降低了风光资源条件对项目开发的限制，我国大部分地区的风电、光伏发电成本已低于当地煤电基准价（见图 1）。一方面，作为较为成熟的发展模式，户用屋顶光伏系统的电量收入已可达年均 2000 ~ 6000 元 / 户。另一方面，以集体为单位的开发模式也可实现集体经济增收。以两台 3MW 风机的分布式风电项目为例，村集体或个人以提供田间地埂的 500 平方米土地资源的方式入股，在每年分红 20 万 ~ 30 万元的情况下，项目仍可

① 包括村委会、诊所、学校等公共建筑和村办工厂等工业厂房。

实现 6% ~ 8% 的内部收益率，此项目对村集体收入的贡献率可达 50% 左右，可有效增强基层治理能力。此外，分布式风电、光伏项目运维可为农村带来本地就业机会，还可结合项目的特色景观设计发展生态旅游、工业旅游。

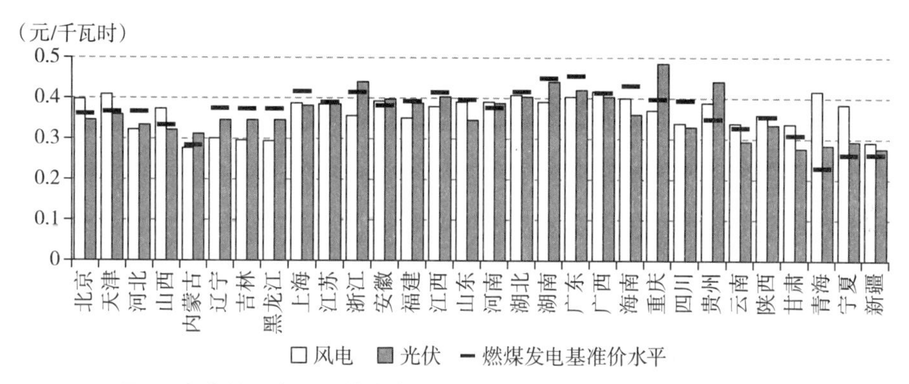


**图1　各省份风电、光伏发电成本（IRR=8%）和煤电基准价比较**

资料来源：作者根据调研数据保守测算，其中山西、河南、安徽使用低风速风机。

分布式风电、光伏可有效提升农村用能清洁和低碳水平。我国农村能源消费结构仍以煤炭为主，且生产生活用能需求还有很大的增长空间。加大新能源开发利用，可促进农村能源利用效率提升和结构优化，减少农林剩余物和散煤直接燃烧造成的环境污染和碳排放。德国、西班牙等国的村庄以“能源合作社”“能源社区”等开发模式，通过对本地分布式可再生能源的综合利用，实现了能源自给自足，电费收入还改善了当地公共设施。我国农村地区的风光资源若得到充分开发，可满足农村所有生产生活用电需求，尤其是在电力负荷集中且土地资源相对紧张的中东南部地区，还可大幅提高本地电力供应能力和清洁能源占比。预计到 2025 年，农村地区分布式光伏和风电发电量可满足当年农村生活和经营用电[①]需求的 40% ~ 50%，相当于减少约 1.4 亿吨 / 年的二氧化碳排放。

---

① 经营用电是指基于农村住宅的个体生产和经营活动用电。

## 二、农村分布式风电、光伏开发仍面临诸多瓶颈

农村分布式项目开发中农民参与度低。一方面，户用屋顶光伏在中央和地方补贴政策和成本下降的驱动下，在农村地区得到了广泛的应用，农户通过自己安装的光伏向电网售电或向光伏开发商出租屋顶获取收益。但近期部分地方政府出台政策叫停屋顶租赁的模式，要求电网对已有项目解网，限制了户用光伏开发模式的多样性，或将影响其开发积极性和发展空间。另一方面，对于利用公共资源的分布式风电、光伏项目，传统的规模化开发模式下，农民只能通过征地补偿的方式获取一次性项目收益，参与感、获得感较差，且项目收入分配缺乏有效监管，导致开发时协调难度大、运营时投诉举报多。近期，一些地方政府以合作社的名义低价征收农村土地，再通过“招拍挂”的方式高价向开发企业出让使用权，但并未将额外收益转移给村集体或个人，更降低了企业和农民参与的积极性。

农村分布式能源电网接入瓶颈问题突出。改革开放以来，我国实施了多轮能源扶贫和农网改造工程，农村电力基础设施大幅改善，但仍与城镇电网服务能力差距较大，尤其是供电可靠性（年均停电 17 小时，高于城市 13 小时）和电压合格率（99.7%，低于城市 0.2 个百分点）等指标差距突出，严重限制了分布式电源的接入规模和发电量，也严重影响了农村地区电动汽车等用电设备的使用。

分布式风电的用地面临政策障碍。分布式风电项目对土地耕种功能影响有限，约 900 亩地范围内只能安装一台机组，占地仅 100 ~ 400 平方米。由于国土空间规划并未考虑农村地区分布式风电开发用途，且风电、光伏设施用地不属于农村基础设施和公共服务用地范围，需占用当地建设用地指标，加之分布式项目规模小、用地指标协调难度大，严重制约了其发展规模。

## 三、以破除机制障碍和创新发展模式为着力点，切实破解农村分布式风电、光伏发展难题

开展多元化经营主体试点示范，强化集体经济在开发农村可再生能源中的重要作用。增强村集体和农民在项目开发中的参与程度，以政府引导、企业和社会资本参与、集体入股的方式，形成多元化的投资和经营主体。政府协助统筹分布式资源开发和规划，可再生能源企业以其专业技术能力提升项目开发和运行效率，村集体和农民通过“资源入股”切实受益，形成促进产业与当地经济共同发展的局面。以政府性基金和专项资金带动集体经济和社会资本投资可再生能源微电网和综合能源应用等创新领域。加强对集体开发性质项目的资金分配和用途监管，切实保障农民和集体的经济利益。

实施乡村电气化提升工程，实现分布式风电、光伏开发和巩固农村电力基础设施协调推进。一方面，加大分布式风电光伏开发，有效衔接农村生产生活电气化等各类新增本地用电需求；另一方面，继续提升农村电网供电保障能力，进一步加强农村电网基础设施对分布式风电光伏、机井、污水处理、充电桩、热泵采暖等设施的支撑与配合，带动乡村供热供气、供水、供电能力全面提升。

破解用地制约，提升土地资源利用效率。首先，应强化各级国土和能源部门的统筹协调，将分布式风电、光伏开发用地纳入农村基础设施和公共服务用地范围，并以“规划留白”的形式在国土空间规划中为新能源开发预留空间。其次，鼓励以省为单位，“打捆”配置分布式项目用地指标。最后，允许对项目建设不改变原有土地性质的部分，支持有条件的地区在一般农用地广泛开展与农林渔牧相结合的分布式风电、光伏的土地复合利用试点，提升土地利用效率。

韩　雪　钟财富　李继峰　郭焦锋

# 全球碳定价最新动态与对我国的启示 *

减少温室气体排放，缓解全球气候变暖，是当今世界必须共同面对的重大而紧迫的挑战之一。自 1992 年多国签署《联合国气候变化框架公约》以来，经过多轮谈判，不同国家承担了不同的减排责任和义务。为实现减排目标，必须采用法治、行政、经济等多种手段、多种工具，其中以碳定价方式控制二氧化碳排放的做法越来越受到青睐。

## 一、碳定价作为碳减排政策工具的优缺点

### （一）碳定价是市场化的碳减排政策工具

实现碳减排主要有监管、补贴和定价三种方式。监管是政府制定和执行规则，直接对碳排放主体、排放行为和排放量等进行规定、监测、处罚，以实现限制或禁止碳排放。补贴是政府或公共机构向低碳产业提供财政补助、支持低碳产业发展，增加低碳产品供给和消费，或对高碳排放产业的减排行为进行补贴，鼓励企业减少碳排放，达到减排目的。与监管、补贴等非市场化工具相比，碳定价（carbon pricing）这一市场化工具更具有经济理性。碳定价制度将碳的外部成本内部化，促进减碳技术革新、减少高碳排放产品的生产销售，以较低的成本达到减排目的。碳定价主要有

---

* 本文成稿于2020年11月。

碳交易和碳税两种方式。碳交易通过控制排放总量、发放排放配额、开展排放权交易，以市场化方式实现减排目的。碳税则通过直接对产生碳排放的产品征税，以引起相对价格变化，改变经济主体行为，实现碳减排目的。

### （二）碳定价的相对优势

一是碳定价让市场主体可对投资和消费的费用效益进行分析，有利于市场主体在成本信息明确的情况下自主作出投资和消费决策，是成本较低的减排工具。相比之下，监管直接限制生产者和消费者的选择权，对高碳排放量产业的直接冲击较大，经济成本较高。补贴则会增加财政压力，补贴的额度、经费来源、稳定性、持续时间等问题也将影响减排效果。二是合理的碳定价更有利于减少碳排放，而补贴直接促进减排的作用相对较弱，培育低碳排放产业并替代高碳排放产业需要一定的时间积累，碳减排效果具有较大不确定性。三是碳定价可通过拍卖配额或征税的方式增加财政收入，并可将这部分收入用于转移支付，更有利于提升社会福利水平。四是碳定价能促进低碳行业发展，逐步实现产业向低碳转型，并产生新的就业机会，弥补高碳排放部门下行发展导致的失业，实现就业机会净增加。

### （三）碳定价面临的问题

一是碳定价的减排效果仍存在不确定性。碳定价的减排效果很大程度上取决于价格和覆盖范围。碳税率过低、碳交易总配额过高、碳定价覆盖范围不足等因素将导致碳减排效果不佳。二是不合理的碳定价可能造成负面经济影响，导致消费者购买力下降。通过补贴的方式促进低碳排放产业发展的负面经济影响较小，而碳定价可能造成较多负面经济影响。碳价格的成本向下游传递将会提高物价水平，向上游传递则生产者会降低工资或资本回报，消费者因为产品价格上涨或者因为收入减少，购买力会下降。

三是碳排放过程复杂，碳定价过程中需精准核算和监测碳排放量，进行行政管理的难度较大、成本较高。

## 二、全球碳定价的总体情况

### （一）开展碳定价的国家和地区数量持续增加

截至2020年，全球共有29个国家和地区开展碳交易，30个国家和地区征收碳税。1990年，芬兰对交通燃料和其他化石燃料征收碳税，成为世界上第一个实行碳税制度的国家；1991—2004年，又陆续有7个欧洲国家征收碳税；在《欧盟2003年87号指令》基础上建立的欧洲碳排放权交易体系2005年开始运行，欧盟28个国家参与，是全球首个也是第一大的碳排放交易市场；2007年，加拿大阿尔伯塔省开始落实技术创新和减排规定，成为第一个欧洲以外进行碳定价的地区；2010年，日本东京试点碳交易，2012年，日本全国开始征收碳税，成为第一个碳定价的亚洲国家；2013—2014年，中国的深圳、上海、北京、广东、天津和湖北开始试点碳交易；在之后的几年，南美洲的数个国家和非洲的南非也陆续采取碳定价政策（见图1）。

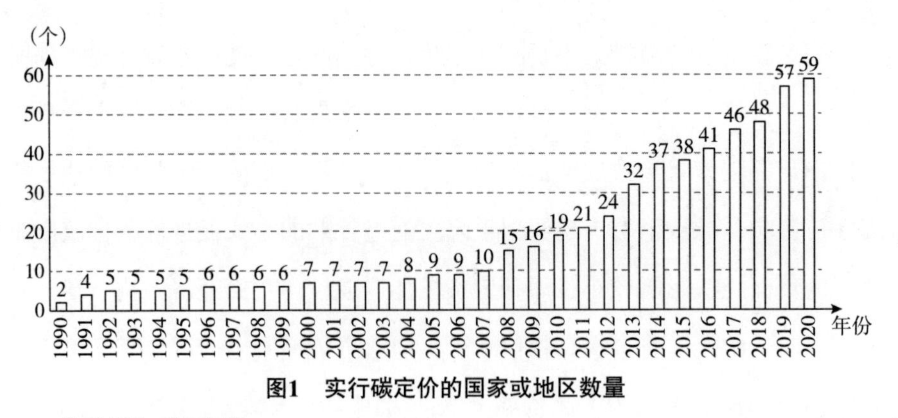


**图1 实行碳定价的国家或地区数量**

资料来源：世界银行。

### （二）各国碳定价差异较大

欧洲国家整体碳价更高，价格最高的瑞典为 119 美元 / 吨[①]，除部分欧洲国家外，各地碳价均在 40 美元 / 吨以下，大多数集中在 30 美元 / 吨以内；价格最低的波兰、乌克兰、墨西哥等地区在 1 美元 / 吨以下。碳交易产生的碳价根据市场供需呈现一定幅度的波动，目前欧洲碳排放交易市场碳价为 19 美元 / 吨；碳税定价则相对稳定，大部分国家实行固定税率，少数国家根据国内排放部门和排放类型不同而实行差异化税率。例如，阿根廷对液体燃料征收 6 美元 / 吨的碳税，对原煤和焦炭征收 1 美元 / 吨的碳税；芬兰的交通燃料碳价为 70 美元 / 吨，其他化石燃料为 60 美元 / 吨；挪威的碳价因化石燃料的种类而异，浮动范围在 3 ～ 59 美元 / 吨。

### （三）碳定价覆盖的碳排放量继续增加

纳入碳定价体系的碳排放量从 1990 至 2004 年比重均在 1% 以下，之后主要经历了两个阶段的增长：一是 2005 年随着欧洲碳排放权交易体系的启动，覆盖率提高到 5% 以上；二是自 2012 年开始日本、英国、加拿大、南非等地陆续实施碳定价至今，覆盖率提高到 16%，纳入碳定价的碳量合计 87 亿吨。德国计划在 2021 年开始碳交易，如果中国也在全国推行碳交易，将推高碳价覆盖比重至 22%，合计 120 亿吨。

## 三、美国和欧洲碳定价的最新动向

### （一）美国州政府开展碳定价较为积极

2009 年 1 月 1 日，美国东北部和大西洋中部的 10 个州（康涅狄格

① 此为每吨二氧化碳当量的碳价格，2020年4月1日美元名义价格，下同。

州、特拉华州、缅因州、马里兰州、马萨诸塞州、新罕布什尔州、新泽西州、纽约州、罗得岛州和佛蒙特州）共同签署实施区域温室气体减排行动（RGGI），主要在电力部门引入碳排放量控制和排放配额交易。美国其他部分州也在州内实行以碳交易为主的碳定价制度。加利福尼亚州、华盛顿州、马萨诸塞州和弗吉尼亚州分别于2012年、2017年、2018年和2020年实行碳交易，纽约州、新墨西哥州、北卡罗来纳州、俄勒冈州和宾夕法尼亚州也在考虑实行碳定价。

### （二）美国经济学界和政策界正积极倡导以碳税为基础的“碳红利计划”

2019年1月，美国45位顶尖经济学家牵头发表关于引入碳税应对气候变化的公开联合声明，表示支持建立在碳税基础上的“碳红利（Carbon Dividends）计划”，并提出相关政策建议。目前，签署该联合声明的经济学家达到3589人，包括27位诺贝尔奖获得者、4位美联储前主席、15位总统经济顾问委员会前主席。该计划的主要内容为：一是碳税是成本效益最佳的政策工具，能够通过价格信号引导经济转向低碳发展；二是逐年增加碳税直到实现减排目标，保持碳税中性，从而刺激低碳商品、服务、技术的发展；三是用碳税取代其他低效的碳监管或补贴，更有利于企业获得长期投资清洁能源技术所需的政策确定性，提升企业投资决策信心，促进经济增长；四是建立碳边境调节税机制，从而能够防止碳泄漏，保护本国产业竞争力，并激励其他国家采取碳定价，防止在应对气候变化上“搭便车”；五是建立“碳红利”制度，将碳税返还给本国公民，提升社会福利水平，减少社会不公平。

2017年，美国前国务卿贝克（James A. Baker）和舒尔茨（George P. Shultz）联合提出了被称为“贝克—舒尔茨碳红利计划”（the Baker-Shultz

Carbon Dividends Plan）的碳税方案并在2020年再次重申此计划。该计划的几项关键内容包括，一是以碳税的方式定价，保持税收中性，碳减排的经济成本将比采用监管或补贴方式低。他们认为通过监管和补贴来减少碳排放的成本为100～600美元/吨，而且该成本具有隐秘性，将导致资本错配。相比之下，如果自2021年以40美元/吨起步征收碳税，每年提高5%～7.5%，至2035年美国的碳排放量将降至2005年的一半，经济成本低且减排效果显著；二是将碳税收入直接返还给美国人民作为“碳红利”。征税第一年预计一个四口之家将获得约2000美元的“碳红利”，此金额将随着碳价提高而增加，且足以弥补因引入碳税而导致的生活成本上涨；三是大幅简化或取消监管，透明稳定的政府监管和可预测的碳价格将刺激投资，促进清洁低碳技术的创新；四是征收碳关税，按国内碳价水平对能源密集型进口产品征收一定关税，以确保公平竞争，并将所征关税收入用于发放“碳红利”。美国民调显示，两党对“碳红利计划”的支持度都很高，这些呼吁此前未得到特朗普政府的回应，而拜登政府则更重视气候变化问题，将更可能支持“碳红利计划”，美国新一届联邦政府或州政府或许会有所改观。

### （三）欧洲多国开展碳交易并与碳税体系衔接

欧洲碳定价体系发展较为成熟，有区域性的欧洲碳排放权交易体系，也有国家内部的碳交易和碳税体系，部分国家正在探索不同碳定价体系之间的衔接机制。

一部分国家在本国内建立了碳交易体系，并将其配额与欧洲碳排放权交易体系的配额互认。例如，瑞士于2008年开始实施碳交易和碳税，并于2020年1月1日开始与欧洲碳排放权交易体系实行配额互认，在瑞士碳交易系统内的企业可以在欧洲碳排放权交易体系内购买配额，反之，在欧洲碳排放权交易体系内的企业也可以使用瑞士国内的碳交易配额。基于此，瑞士的碳价在2019年从8美元/吨涨到与欧洲碳排放交易体系相近的19美元/吨。英国也计划落实本国的碳交易体系，并参照瑞士的做法，与欧洲碳排放权交易体系互认。

一部分国家通过碳税的方式进行碳定价，并与欧洲碳排放权交易体系相关联。例如，葡萄牙规定碳税需由欧洲碳排放权交易体系上一年度的平均碳价关联计算得出，如果本国系统需征税的产业未涵盖在欧洲碳排放权交易体系内，碳价也会相应较低。荷兰2019年6月提出规定最低碳价格的议案，要求在欧洲碳排放权交易体系内的碳价低于所规定的最低价格时，企业则需要以碳税的形式支付差额部分。该议案提出2020年最低碳价格为13美元/吨，并将逐年递增，至2030年达到35美元/吨。目前该议案正在履行立法程序。

### （四）美国和欧洲可能建立“气候俱乐部”

著名经济学家、诺贝尔奖获得者诺德豪斯（William Nordhaus）近年来积极倡导建立“气候俱乐部（climate club）”的应对气候变化约束机制。气候变化是具有全球负外部性、长期性的问题，始终会存在某些国家为了追求本国短期利益而拒绝合作的情况，难以以自愿协议的形式解决。以往的全球气候变化协定，包括1997年的《京都议定书》和2016年的《巴黎协定》，都是各国自愿减排的协议，缺乏强有力的约束机制，诺德豪斯认为因为这些协定无法解决应对气候变化中的“搭便车”问题，注定失败。诺德豪斯提出以“气候俱乐部”方式解决这一问题，该方式有两条关键性的机制，一是俱乐部参与国需目标一致并采取统一的应对气候变化措施，以碳税或碳交易的方式在相应的减排目标下规定一个最低碳价格。二是对不加入俱乐部或不履行应对气候变化职责的国家采取制裁措施，最简单的制裁措施是以碳关税的形式对非俱乐部国家出口到俱乐部国家的商品征税。不过，他同时提出该方法存在的一些问题，例如：包括发电在内的众多高碳排放商品并不出口，俱乐部机制难以对该部分碳排放进行约束；准确计算出口商品的碳含量也非常复杂；边境税的税率难以确定等。尽管如此，他认为“气候俱乐部”的核心目的是让更多国家采取减排措施成为俱乐部国家，该方法仍然是让全球共同参与应对气候变化的最有希望的方案。

2019 年 12 月，欧盟委员会主席冯德莱恩发布了《欧洲绿色政纲》(以下简称《绿政》)，确立了 2050 年欧盟实现碳中和的目标。2020 年以来，多项低碳立法、低碳政策稳步推进。在 2020 年 7 月召开的欧盟各国领导人特别峰会上，欧盟提出计划在 2021 年就征收“碳边境调节税”提出详细提案，对不符合欧盟标准、未采取碳税或碳交易等碳定价措施国家的商品征收碳关税，防止“搭便车”，保护本国企业，并刺激其他国家参与应对气候变化，该“碳边境调节税”实际上就是“气候俱乐部”倡导的做法，而诺德豪斯为该做法提供了较强的支持。

## 四、对我国的启示和相关政策建议

密切跟踪国际局势，及时研判其他国家碳定价制度实施对我国产生的影响。密切跟踪欧盟碳边境调节税动向，关注美国大选后气候政策可能的巨大调整，根据最新形势制定我国碳排放政策，以有效应对发达国家形成基于碳定价的“气候俱乐部”后，对我国的出口商品征收高额关税，造成我国可由自身碳定价带来的财政收入流失和产业竞争力下降。为此，我们需未雨绸缪，尽快启动核算目前中国真实的碳成本，提前做好碳税与碳交易等市场化工具的研究和设计工作，作为参与国际谈判的基础。一是立足当前，按计划推出全国碳交易市场。二是提前谋划碳税制度，在征税范围、税率设置、纳税环节等方面根据减排目标和国内经济社会发展情况，分阶段、分部门稳步推进、适时调整、系统决策。三是做好碳定价的执行和监管机制设计，合理使用碳定价收入，促进低碳发展和经济绿色转型。四是密切关注西方“气候俱乐部”相关理论和实践动态，研究将来与其合作和博弈的立场和方式。

高世楫　黄俊勇

## 参考文献


[1] George P. Shultz，Lawrence H. Summers，2017，“This is the one climate solution that's best for the environment-and for business”，*Wall Street Journal*.

[2] Donald Marron，Eric Toder，Lydia Austin，2015，“Taxing Carbon: What，Why，and How”，*Tax Policy Center*.

[3] John Horowitz，Julie-Anne Cronin，Hannah Hawkins，Laura Kkonda，Alex Yuskavage，2017，*Methodology for Analyzing a Carbon Tax*，Office of Tax Analysis Working，Paper 115.

[4] David Roberts，2019，“The 5 most important questions about carbon taxes，answered”.

[5] Jeffery Ball，2018，“Why Carbon Pricing Isn't Working”.

[6] World Bank，2020，“State and Trends of Carbon Pricing”.

[7] Government of Canada，2016，“Government of Canada Announces Pan-Canadian Pricing on Carbon Pollution”，https://www.canada.ca/en/ environment-climate-change/news/2016/10/government-canada-announces-canadian-pricing-carbon-pollution.html.

[8] Government of Germany，2019，“Law on a National Certificate Trading for Fuel Emissions”，http://www.gesetze-im-internet.de/behg/BJNR272800019.html.

[9] Carbon Dividends，2020，“The Breakthrough Climate Solution”，https://www.thebreakthroughsolution.org/.

[10] James A. Baker Ⅲ，George P.Shultz，Ted Halstead，2020，*The Strategic Case for U.S. Climate Leadership How Americans Can Win With a Pro-Market Solution*.

[11] European Commission, 2019, "Agreement on Linking the Emissions Trading Systems of the EU and Switzerland", https://ec.europa.eu/ commission/presscorner/detail/en/ip_19_6708.

[12] Government of the United Kingdom, 2020, "Legislation for a UK Emissions Trading System", https://www.gov.uk/government/publications/ legislation-for-a-uk-emissions-trading-system/legislation-for-a-uk-emissions-trading-system.

[13] Government of Portugal, 2020, "Republic Diary – 1st Series – Finance", https://dre.pt/application/conteudo/129208006.

[14] Government of the Netherlands, 2020, "Wet Minimum $CO_2$-Prijs Elektriciteitsopwekking", https://www.eerstekamer.nl/wetsvoorstel/35216_wet_ minimum_co2_prijs.

[15] William Nordhaus, 2020, *The Climate Club How to Fix a Failing Global Effort.*

# 绿证制度要从补贴替代转向促进绿电消费 *

可再生能源电力绿色证书（以下简称“绿证”）制度是国际惯用的政策工具，用于体现绿色电力[①]（以下简称“绿电”）的环境友好价值并促进绿电消费。我国绿证制度由于承担了额外的补贴替代作用导致平均价格过高，加之交易机制和认证制度的缺失，影响了绿证制度的发展。亟须完善制度设计，强化我国绿证的环境属性，以促进绿电消费和可再生能源发展。

## 一、我国绿证制度功能亟待从替代补贴转向促进绿电消费

绿证制度是促进绿电发展的重要政策工具。绿证是由政府或授权机构认证的可再生能源发电量的凭证，用于计量和追溯绿电的消费，可与电量统一或分开交易及核算。美国和欧盟各国的绿证制度已实施多年，通过强制消费配额和自愿认购激励等两种方式促进绿证交易，建立了多样的市场交易、跟踪和追溯认证机制（见表 1）。其经验表明，绿证制度的有效性需要具备四个必要条件，一是严谨高效的核发和追踪体系，保证可追溯并避免二次计算；二是核发范围与有效需求的匹配，保证价格平稳处于合理区

* 本文成稿于2021年7月。

① 绿色电力是指水电、风电、太阳能发电等可再生能源生产的电力，具有可持续、低污染的特征。

间；三是与其他相关政策的有效衔接，避免多渠道补贴而产生“漂绿”[①]；四是权威的第三方认证，保障绿证的唯一性和公正性。

**表1 世界典型国家或区域绿证制度比较**

| 国家（区域） | 核发/跟踪机构 | 核发范围 | 适用主体 | 强制或自愿 | 认证机构和体系 |
| --- | --- | --- | --- | --- | --- |
| 欧盟 | 发放主体联合会（AIB）/发放主体联合会 | 水电、风电、太阳能发电、生物质发电等 | 根据各国设计不同，但均覆盖了主要的电力消费主体 | 自愿市场 | 挪威船级社（DNV）等具有影响力的综合认证机构 |
| 德国 | 德国联邦环境局（UBA）/德国联邦环境局 | 水电、风电、太阳能发电、生物质发电等平、低价项目 | 售电商、自产自用电力用户、参与电力市场的消费主体 | 自愿市场，且与电价补贴机制相互独立 | 德国技术监督协会（TÜV）等具有影响力的综合认证机构 |
| 挪威 | 挪威水资源能源管理局（NVE）/北欧电力交易所（Nord Pool） | 水电、风电、生物燃料（含热电联产）、太阳能、地热等 | 售电商、自产自用电力用户、参与电力市场的消费主体 | 强制市场，且与欧盟自愿市场相互独立 | 挪威水资源能源管理局根据交易结果认定 |
| 美国（加州） | 加州能源委员会（CEC）/西部电网绿证信息系统（WREGIS） | 生物质燃料和发电、水电、地热、风电、太阳能、海洋能、地热能 | 公共事业公司、售电商和供电集成商 | 自愿市场，且与自愿购电协议、社区集中采购等方式独立并存 | 美国绿色电力（Green-e）对美国境内核发的各类绿证及其使用进行认证 |
| 中国 | 水利水电规划设计总院 | 纳入国家补贴项目目录的风电和集中式光伏项目、平价示范项目 | 各类电力用户 | 自愿市场 | 无 |

资料来源：笔者根据各国政策整理。

① 以欧洲部分国家的绿证制度为例，一些获得经济补贴的可再生能源项目发电量仍可获得绿证。“漂绿”是指这些绿证被电力消费企业以远低于实际环境效益的价格采购并宣称持有其全部环境属性的行为。

我国绿证仍以替代补贴为主，在制度设计上难以助力绿电消费的增长。一方面，我国于2017年7月开始在全国范围内试行绿证机制，主要用于替代可再生能源电价附加补助资金为可再生能源项目提供补贴，以缓解补贴拖欠矛盾。这使得绿证交易普遍存在价格高、核发范围窄（见表2）以及交易方式单一等问题，绿证认购量十分有限。截至2021年6月，4年间仅有7600万千瓦时的绿证获得认购，约为2020年全国风电光伏发电量的0.01%。另一方面，随着可再生能源发展进入“平价”时代，新增补贴缺口逐渐收窄，绿证用于替代补贴的需求大幅降低；而随着低碳发展目标的明确，绿电需求有望快速扩大，现有绿证制度的支撑有限。

**表2 世界主要绿证体系绿证价格**

| 绿证体系 | 适用地区 | 核发范围 | 绿证价格 |
|---|---|---|---|
| 绿电来源保证证书（Guarantees of Origin，GO） | 欧盟及挪威、瑞士 | 水电、风电、太阳能发电、生物质发电等 | 水电：约0.08元/千瓦时<br>风电：约0.10元/千瓦时 |
| 可再生能源证书（Renewable Electricity Certificate，REC） | 美国 | 生物质燃料和发电、水电、地热、风电、太阳能、海洋能、地热能 | 新英格兰：约0.20元/千瓦时<br>PJM区域：约0.06元/千瓦时<br>光伏发电：0.05～0.35元/千瓦时 |
| 国际绿证（i-REC） | 除美国和欧盟外 | 水电、风电、太阳能发电、生物质发电等，包括已获得补贴的项目 | 0.002～0.02元/千瓦时 |
| 中国绿证 | 中国 | 纳入国家补贴项目目录的风电和集中式光伏项目、平价示范项目 | 风电：0.128～0.374元/千瓦时<br>光伏发电：0.519～0.745元/千瓦时<br>平价项目：0.05元/千瓦时 |

数据来源：笔者根据公开数据整理。

全球绿电消费进入市场主导阶段，绿证需求正在大幅提升。在低碳发展趋势引领下，世界上加入国际科学碳目标倡议（SBTi）、100%可再生能源电力倡议（RE100）、可再生能源采购者联盟（REBA）等非营利减碳组织的企业数量大幅增加，超过50%的财富500强企业为实现自身碳减排目标，开始积极采购绿电。根据彭博新能源财经（BNEF）统计，2020年全球企业绿电交易规模同比增长了18%。受此影响，国际上成立了一系列从事绿证核发和交易的民间机构，如国际绿证（i-REC）基金会和APX公司（环境及可持续能源交易基础设施及服务供应商）等。2020年i-REC的全球绿证认购量为155亿千瓦时，同比增长80%，其中61%来自中国。民间机构加速对国内绿电进行认证，并在国际市场上销售的情况表明，绿证具有较大的市场潜力，是促进绿电消费的有力工具。

## 二、我国绿证制度促进绿电消费面临的三大挑战

政策上赋予绿证制度的职能定位过多，影响了市场化进程。一方面，现有的绿证的职能定位除了反映绿电环境属性之外，更多的是弥补风电、光伏发电补贴的缺口。这使得大量的分布式项目、新增平价项目、补贴项目的补贴外电量，以及水电、生物质、光热等技术类型没有纳入核发范围。另一方面，绿电消纳和参与电力市场等问题易干扰制度设计目的的单纯性，使其内涵价值复杂化，影响购买积极性，同时增加与国际接轨的难度。

绿证认证体系缺失，严重影响了我国绿证的合法性和唯一性。由于缺乏有效的第三方认证，绿证核发的唯一性无法得到证明。国家核发的绿证认购量仅为i-REC同期核发认购的源自中国的绿证电量的0.15%。在民间机构大举进入中国市场并滥发绿证的情况下，电力用户即使购买了国家核发的绿证，也难以证明其完全获取了绿电消费的环境属性和对应的碳减排量，影响了我国绿证的合法性和权威性。甚至我国大量绿电的环境属

性随民间机构核发的绿证流向境外，可能产生国际社会对我国碳减排量的质疑。

绿证制度缺乏与电力市场和碳市场的有效衔接。受“双碳”目标影响，企业希望通过签署绿电交易合同快速提升用电中的绿电比例和降低碳排放，但目前的绿电交易合同并未附加绿证，且绿电交易合同期普遍较短，不能充分体现稳定绿电消费预期的作用，影响了电力用户的绿电消费占比核算和认证的可信度。同时，绿证与碳配额交易均体现了低碳的环境属性的支付和转移，但尚未建立绿证与核证减排量（CCER）之间的转化机制。

## 三、进一步完善绿证制度的建议

以扩大绿电消费空间为目标，明确绿证体现绿电的环境属性的内涵价值。一是应避免将促进消纳或绿电参与电力市场等多重目标叠加在绿证制度上，冲淡绿证的环境属性价值，提高绿证购买的难度和阻力。二是加快绿证的核发速度并实施多样化的交易方式以满足绿电消费需求，将绿电消费强制配额纳入碳减排行动方案中，压实电力消费侧的约束，持续扩大绿电消费空间并提升绿电消费意识。三是加强绿证与碳市场的衔接，明确绿证与国家核证自愿减排量（CCER）之间的转化关系，并禁止售出CCER的可再生能源发电项目的发电量再次获得绿证。四是鼓励尚未纳入碳市场的电解铝、钢铁等高排放产业及下游产业购买绿证并进行认证，增强出口产品的碳含量竞争力。

完善绿证核发和认证制度，扩大绿证应用范围。修改可再生能源电力消纳保障机制中相关条款，避免绿电与绿证在强制配额市场中的重复计算。建立全国统一的核发制度，明确国家认定机构核发的绿证是认定绿电消费的唯一标识，保障绿电的唯一性；建立第三方认证制度，加强认证监管和国际互认机制建设，保障绿证环境效益主张的合法性。尽快扩大绿证覆盖范围，将光热、生物质等技术类型以及分布式绿色发电形式纳入核发范围。

建立灵活的交易机制，提升绿证应用规模。以提升绿电消费积极性为导向，建立灵活的绿证交易机制和配套的追溯机制，允许电量与绿证的分开结算和多样的交易形式，鼓励用电企业与可再生能源发电企业签订包含绿证的绿电采购合同（PPA）或与售电企业签订电证分离的虚拟绿电采购合同（VPPA），提升分布式发电和中小电力用户参与绿证市场的积极性。

韩　雪　李继峰　郭焦锋　钟财富

# 国家碳排放核算工作的现状、问题及挑战 *

## 一、碳排放核算的概念及主要影响因素

联合国政府间气候变化专门委员会（IPCC）发布的一系列《国家温室气体清单指南》[①]（以下简称《指南》）及相关配套文件，对温室气体排放概念及核算方法进行了权威说明。温室气体主要包括二氧化碳、甲烷、氧化亚氮和含氟气体等。世界气象组织 2018 年发布的《温室气体公报》显示，1990 年以来全球“辐射强迫”效应增量中，二氧化碳排放的贡献占比达 82%，无疑是最主要的温室气体。围绕二氧化碳排放量（简称“碳排放”）的核算工作也因此成为温室气体排放核算的重中之重。碳排放主要来自能源利用及部分工业生产过程，这两个来源的碳排放核算方法如下。

核算能源利用碳排放的主流做法包括部门法和参考法两种。部门法主要是以各个经济部门活动为核算对象，以一定时间段（如 1 年）内的分品种燃料消耗，与燃料的低位热值、单位热值的碳含量及氧化率三个参数相乘（这三个参数相乘，即可看作能源碳排放因子），得到各部门碳排放量，

---

* 本文成稿于2020年1月。

① 自1995年IPCC发布第一版《IPCC国家温室气体清单指南》以来，目前主要采用的方法学包括《IPCC 国家温室气体清单编制指南》（1996 年修订版）（以下简称《IPCC清单指南1996》）、《2006年IPCC国家温室气体清单编制指南》（以下简称《IPCC清单指南2006》），以及相应的配套文件。

然后再加总得到经济活动中能源利用产生的碳排放总量。

$$E_{co_2} = \sum_i \sum_e EN_{e,i} \cdot V_{e,i} \cdot C_{e,i} \cdot O_{e,i}$$

其中：$E_{co_2}$ 为经济活动中能源利用产生的碳排放总量，单位为吨；$EN_{e,i}$ 是第 i 种经济活动对第 e 种能源的消耗量；$V_{e,i}$ 是第 i 种经济活动使用的第 e 种能源的低位热值，$C_{e,i}$ 是相应能源的单位热值的含碳量，$O_{e,i}$ 是相应能源在使用过程中的平均燃烧率。因不同经济活动使用的每种能源品质不完全一样，理论上需要针对每种经济活动的每类能源都测度其低位热值、单位热值的碳含量及氧化率等三个参数，故这种方法数据需求较大，核算结果也相应更加准确。

相比部门法，参考法以化石能源（煤、油、气）的表观消费量为基础数据，再分别乘上平均碳排放因子得到总的碳排放量。参考法相对粗略，在当前编制国家碳排放清单过程中主要用于从宏观趋势上校验部门法的计算结果。不过基于参考法的核算工作比较方便快捷，在掌握各品种能源碳排放因子变化规律的前提下，可根据能源统计的宏观结果方便地开展碳排放年度核算工作。

核算工业生产过程产生碳排放，参照国际主流做法，主要包括水泥、玻璃、合成氨、纯碱、铁合金及铝、镁和铅锌冶炼过程中的碳排放①。主要做法是将行业活动水平的代表性指标与实测的单位活动水平的排放因子相乘得到。以水泥生产过程碳排放的计算为例：

$$E_{co_2} = M_{cl} \cdot EF_{cl} \cdot CF_{ckd}$$

其中：$E_{co_2}$ 为水泥生产过程的碳排放总量，单位为吨；

$M_{cl}$ 是熟料的产量，单位为吨；

$EF_{cl}$ 是熟料的排放因子，单位为吨二氧化碳排放 / 吨熟料；

① 在碳排放之外，也核算卤烃和六氟化硫消费的含氟气体排放等非二氧化碳排放。

$CF_{ckd}$ 是水泥窑灰（CKD）的排放修正因子（无量纲）。

基于上述公式，无论是能源利用还是工业过程的二氧化碳排放核算，均离不开对各种经济活动的水平或能耗的统计及对各种能源的碳排放因子参数的测度。由于不同利用场景下不同能源的品质或多或少存在差异，具有代表性的平均排放因子需要进行广泛抽样调查，并通过统计方法归纳而来。因此对样本选取、权重设置、动态特性识别等方面的不同认识，易导致排放因子的测度结果出现差异。在我国碳排放核算的实际工作中，各类煤炭消费统计及碳排放因子测度容易出现较大偏差，成为碳排放核算结果误差的主要来源。

## 二、国际碳排放核算现状及对我国碳排放高估的情况

### （一）发达国家长期主导碳排放核算方法体系及数据库体系建设，占据了国际话语权

IPCC 早期组织的《指南》编撰工作主要由发达国家的研究机构及专家参与完成，尽管近年来发展中国家参与度逐步提升，如《IPCC 清单指南 2019》的编制工作中，来自发展中国家的专家占比已经达到 42%，显著高于《IPCC 清单指南 2006》编制工作时的 24%，但因新版《指南》是对原有指南的补充和完善，总体而言，发展中国家的影响力仍很有限。

基于长期开展的全球各国碳排放核算研究，目前已有 7 个发达国家机构形成了覆盖全球各国的权威碳排放数据库[①]。这些数据库核算结果已覆盖

① 包括国际能源署（International Energy Agency, IEA）、美国橡树岭国家实验室$CO_2$信息分析中心（Carbon Dioxide Information Analysis Centre, CDIAC）、全球大气研究排放数据库（Emissions Database for Global Atmospheric Research, EDGAR）、美国能源信息署（U.S. Energy Information Administration, EIA）、世界银行（World Bank, WB）、世界资源研究所（World Resources Institute, WRI）的Climate Analysis Indicators Tool （CAIT）数据库和英国石油（British Petroleum, BP）。

绝大部分国家的各类碳排放核算数据[①]，并被各类研究机构广泛采纳、应用，至今已逐步形成了较为权威的国际话语权。

## （二）国际碳排放核算机构对中国碳排放的核算结果明显偏高

从国际机构中关于我国碳排放的核算结果与国内权威机构[②]对比看，其一，国际机构核算的我国历史碳排放数据在趋势上具有一定参考价值。CDIAC 和 EDGAR 等国际机构给出的我国 1970 年以来历史核算结果，反映了中国二氧化碳排放的三阶段性特征：第一个阶段是 2002 年以前长期呈现小幅增长态势，世界占比从 5% 到 15%，年均增速 5%；第二个阶段是 2002 年到 2013 年，占世界排放总量的比重从 15% 升至 30%，年均增速 9%；第三个阶段是 2013 年后，占比基本保持稳定，二氧化碳排放量约 100 亿～110 亿吨。基于 EDGAR 相对全面的口径计算结果显示，2017 年我国人均碳排放约 7.7 吨二氧化碳，在全球 209 个国家和地区中，降序排名第 49 位，比全球平均水平高 57%。但从 1990—2017 年的人均碳排放量累计值看，我国仅为 130 吨二氧化碳，与全球平均水平基本持平，明显低于主要发达国家（见图 1、图 2）。

---

① Zhu S L, "Comparison and analysis of $CO_2$ emissions data for China", *Advances in Climate Change Research*, 2014, 5（1）: 17—27. DOI: 10.3724/SP. J. 1248.2014.017.

② 李青青、苏颖、尚丽等："国际典型碳数据库对中国碳排放核算的对比分析"，《气候变化研究进展》，2018，14（3）：275-280。

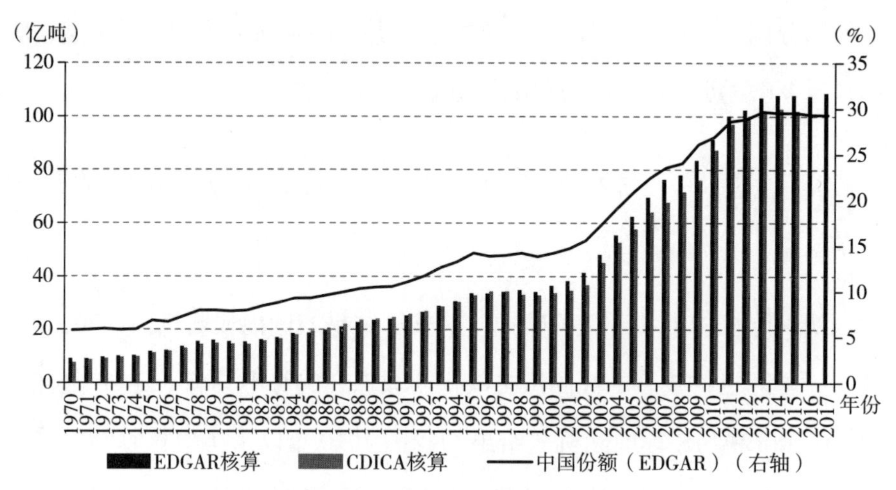


**图1　国际机构对我国历史碳排放核算的结果**

资料来源：EDGAR（v4.2）和CDIAC数据库。

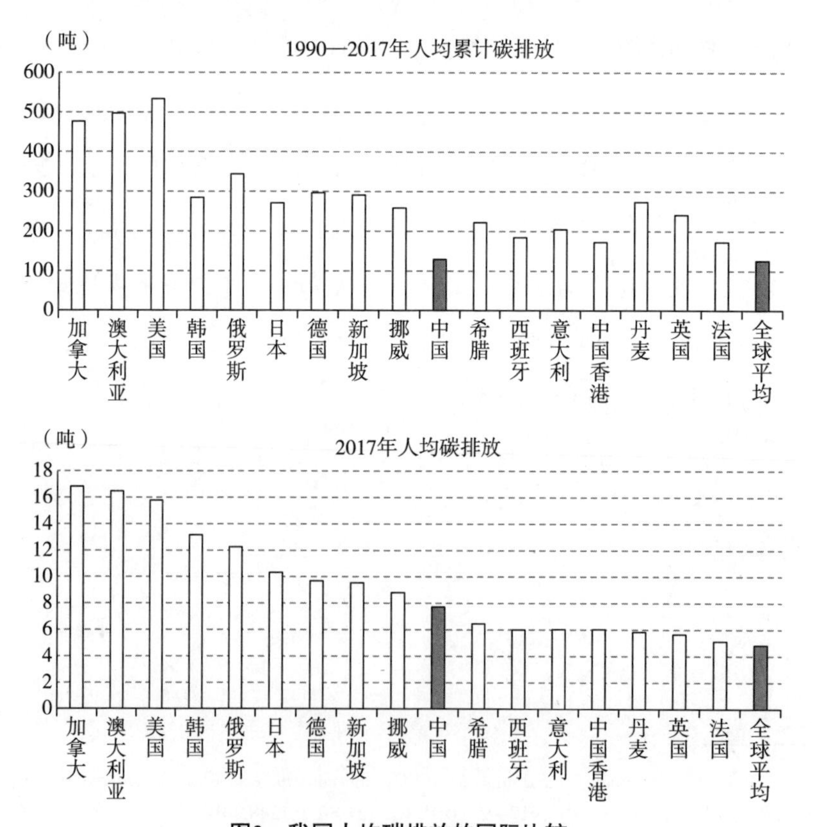


**图2　我国人均碳排放的国际比较**

资料来源：EDGAR（v4.2）数据库。

其二，国际机构数据库对我国碳排放量普遍存在一定程度上的高估。国际机构的能源活动碳排放的结果与我国向国际社会提交的历次《国家信息通报》[①]中的核算结果及中国科学院碳专项的结果进行对比，结果表明，国际机构结果与《国家信息通报》相比，在22年次比较中有19年次高估，最高达7%；若与碳专项对比，普遍高估10% ~ 20%（见表1）。

**表1　我国能源利用碳排放核算结果的国际比较**

单位：亿吨二氧化碳

| 机构 | 1994年 | 2005年/回算 | 2010年 | 2012年 | 2014年 |
|---|---|---|---|---|---|
| 《国家信息通报》 | 28.0 | 54.0/56.7 | 76.2 | 86.9 | 89.3 |
| 中国科学院碳专项 | 27.0 | 49.5 | 71.6 | 82.9 | — |
| BP | 29.4 | 61.0 | 81.4 | 89.9 | 92.2 |
| IEA（部门法） | 27.8 | 54.1 | 72.6 | — | — |
| EIA | 29.0 | 54.0 | 77.9 | 88.1 | 91.3 |
| CDIAC | 28.5 | 53.6 | 78.7 | 89.3 | 90.5 |
| EDGAR（v4.2） | 30.1 | 54.4 | 80.1 | 89.8 | — |

注：①资料来自生态环境部、BP公司、IEA、EIA、CDIAC和EDGAR（v4.2）数据库。

②Zhu Liu et al.,“Reduced carbon emission estimates from fossil fuel combustion and cement production in China”, Nature 524, 335–338.

## 三、我国碳排放核算工作现状及存在的主要问题

### （一）我国碳排放核算方法与国际基本接轨，但历史数据严重缺失

依据《联合国气候变化框架公约》提出的“共同但有区别责任”原则，我国作为非附件 I 国家，可按照自愿原则选择可参考的《指南》进行

---

① 我国于2004 年、2012年、2019年分别提交了《中华人民共和国气候变化初始国家信息通报》《中华人民共和国气候变化第二次国家信息通报》《中华人民共和国气候变化第三次国家信息通报》，还于2017年、2019年完成了《中华人民共和国气候变化第一次两年更新报告》和《中华人民共和国气候变化第二次两年更新报告》。

核算，且不需要每年提交碳排放核算清单，但我国近年仍遵循《指南》要求，不断完善碳排放核算体系，其中2019年向联合国提交的《第三次国家信息通报》中的能源活动碳排放既使用了《IPCC清单指南1996》及配套文件，也适当参考了《IPCC清单指南2006》及配套文件等。基于这些方法，我国已分别完成了1994年、2005年、2010年、2012年和2014年共5年的碳排放核算工作（见表2）。

**表2　我国提交《国家信息通报》的碳排放核算结果**

单位：亿吨二氧化碳当量

| 报告名称 | 报告提交年份 | 温室气体排放总量 | 碳排放总量 | 能源利用碳排放 | 工业过程碳排放 | 碳汇 | 核算年份 |
|---|---|---|---|---|---|---|---|
| 《初始国家信息通报》 | 2004年 | — | 30.73 | 27.95 | 2.78 | –4.07 | 1994年 |
| 《第二次国家信息通报》 | 2012年 | 74.70 | 59.76 | 54.04 | 5.69 | –4.21 | 2005年 |
| 《第三次国家信息通报》 | 2019年 | 105.44 | 87.07 | 76.24 | 10.75 | –10.3 | 2010年 |
| 《第一次两年更新报告》 | 2017年 | 118.96 | 98.93 | 86.88 | 11.93 | –5.76 | 2012年 |
| 《第二次两年更新报告》 | 2019年 | 123.01 | 102.75 | 89.25 | 13.3 | –11.51 | 2014年 |

资料来源：生态环境部网站。

现有国家碳排放核算结果显示，虽然我国碳排放历史阶段性特征与国际数据显示结果基本一致，但因缺乏历史连续性，难以就我国碳排放趋势拐点作出准确判断，也无法准确测算我国历史累计碳排放量、人均累计碳排放量，这对在应对气候变化国际谈判中用好公平原则为我国争取碳排放空间十分不利。

## （二）现有碳排放核算体系不完善，国家碳排放核算结果权威性不强

一是由于当前的国家碳排放核算方法体系没有用于年度核算，这导致国外机构使用简化方法连续核算的我国碳排放年度结果反而成为国内外广泛引用的“权威数据”，削弱了我国的话语权。二是省级层面虽在“十二五”时期陆续建立了符合各自省情的碳排放核算方法体系，但除曾服务于“十三五”规划的碳强度目标设定外，普遍没有规范化的定期运行与完善制度，也没有建立检验是否与国家数据保持一致的机制，无法有效验证和支持国家层面的核算结果。三是国内不同权威机构向国家上报结果存在 12% ~ 19% 的差异[①]，显著超出国际上通常的 ±5% 误差范围，由此引起的争议反映出国家碳排放核算结果的权威性亟待提升。

## （三）企业碳排放核算工作尚未有效运转

企业碳排放核算既是市场化碳减排机制有效运转的基础保障，也能为国家和省级碳排放核算关键参数的测度和动态更新提供参考依据。目前国内已基于国际标准 ISO14064 建立了 24 个行业的企业碳排放核算方法体系，但全国性企业碳排放核算工作至今没有有效开展，各种碳排放实测技术的研发应用工作也进展缓慢。

## （四）现有能源统计数据偏差大，导致我国碳排放核算结果存在较大差异

碳排放核算必须以能源消费水平和主要化石能源的碳排放因子为基础

---

① 《第三次国家信息通报》中，2005年和2010年我国产生的二氧化碳排放量（包括能源燃烧和工业过程产生的二氧化碳）分别为63.81亿吨和87.07亿吨，按相同口径比较，比中国科学院的结果53.5亿吨和77.5亿吨分别高19.3%和12.3%。

数据，目前我国这两个方面的统计基础还不够扎实。一方面，国家和省级的能源消费统计历史数据存在较大差异。2014 年以前的《能源统计年鉴》显示，2005—2012 年间各省份能源消费量之和与国家能源消费总量的差异为 12% ~ 23%，且逐年升高。虽然 2015 年经过系统调整后[①]，这一差异缩至 3% 以内，但 2016 年和 2017 年又扩大至 4% 以上，照此趋势又将成为未来碳排放核算偏差的主要来源。另一方面，不同机构对煤炭碳排放因子的调查统计存在明显差异。《第三次国家信息通报》中 2005 年煤炭平均排放因子约 0.548 吨碳 / 吨煤，而中国科学院的数据为 0.489 吨碳 / 吨煤，二者相差 10% 以上。尽管两者都是在对我国各地煤炭煤质广泛调查基础上的统计结果，但由于在样本选取、权重设置、动态特性分析等方面的差异，使得最终的平均排放因子结果仍存在较大差异。

## 四、新时代我国碳排放核算工作面临的潜在挑战

### （一）2025 年前我国碳减排压力显著加大，对我国升级碳排放核算工作机制提出了新挑战

自 1992 年联合国大会通过《联合国气候变化框架公约》以来，全球应对气候变化治理体系不断演化。与《京都议定书》相比，2015 年《巴黎协定》开创了以“国家自主贡献”为核心的全球气候治理新模式，虽仍坚持“共同但有区别责任原则”，但发展中国家也不得不开始承担量化减排责任。特别是近两年，随着全球极端气候事件频发，国际社会向主要经济体施加的碳减排压力越来越大。2019 年 7 月，联合国秘书长倡议，到 2030

① 根据国家统计局调整，2012年国家能源消费数据从36.2亿吨标煤调增至40.2亿吨标煤，同时分省份能源消费总量数据从44亿吨标煤调减至41亿吨标煤。

年将温室气体排放量较 2010 年水平削减 45%，到 2050 年基本实现碳中和，同年 9 月底，联合国气候行动峰会上，65 个国家（如英国、德国）及次国家经济体（如美国加利福尼亚州）承诺在 2050 年前实现温室气体净零排放。鉴于根据部分国际机构的测算，我国碳排放总量已超过美国与欧盟总和，人均碳排放高于世界平均水平[①]，未来面临的国际谈判压力和国内碳减排压力必将越来越大。尤其是在 2025 年之前，我国需高度关注并积极应对 2020 年向国际社会提交低排放战略、2023 年参与全球温室气体排放盘点和 2025 年更新国家自主贡献（NDC）目标（目标年为 2035 年）等一系列重要时间节点及任务。为此，我国亟须全面升级碳排放核算工作。

### （二）国际碳排放核算方法体系持续更新，对我国完善碳排放核算方法体系提出了新挑战

2019 年 5 月，IPCC 第四十九次全会通过了《2006 年 IPCC 国家温室气体清单编制指南 2019 修订版》，与《IPCC 清单指南 2006》和《2006 年 IPCC 国家温室气体清单指南 2013 年增补：湿地》联合使用，成为世界各国编制温室气体清单的最新方法和规则。与已有方法相比，新方法体系代表了最新科学认知和技术进展，排放因子更加精细化，排放因子与活动水平的分类更加科学合理。同时，新版指南首次完整提出基于大气浓度（遥感测量和地面基站测量相结合）反演温室气体排放量的做法。这将成为全球和区域尺度下检验和校准温室气体排放结果的重要手段。鉴于我国目前的碳排放核算方法仍以《IPCC 清单指南 1996》为主，若不加快学习引进，将比国际最新核算技术落后两代，这对提高我国核算结果的准确性和权

---

① 根据国际能源署《能源利用碳排放统计（2018版）》，中国2016年能源燃烧产生的碳排放为91.01亿吨二氧化碳，而美国和欧盟28国的碳排放分别为48.33亿吨和31.92亿吨二氧化碳，中国比美国与欧盟之和大13.4%。据此测算的2016年中国人均碳排放是6.6吨二氧化碳，而世界平均水平为4.4吨二氧化碳。

威性十分不利。而且，我国在碳排放实测技术方面还没有与5G、大数据、云计算等快速发展的信息技术有机结合，尚未在重点领域形成现实有效的实测技术体系和产品设备，在碳卫星应用等方面也还处于早期探索阶段，因此需要充分发挥已有优势，尽早达到国际最新技术水平。

### （三）国际气候谈判压力显著放大，对我国加强多视角碳排放延伸测算工作提出了新挑战

根据世界银行的测算结果显示，中国加入WTO以来，随着深度参与全球贸易，中国每年基于生产活动测算的碳排放要明显大于基于需求活动测算的碳排放，尤其是2005年以来，每年要高出10多亿吨二氧化碳，反映出由我国生产活动产生的碳排放中有10% ~ 20%的碳排放会随着贸易活动转移到国外，其中主要是流入发达国家。基于需求活动测算碳排放不但更好地反映全球人民对美好生活向往的公平性，更有利于我国在气候谈判中争取主动。然而，因测算所需的全球投入产出数据主要是来自欧美研究机构的WIOD、GTAP等数据库，使得我国的话语权相对缺失，因此我国须更好把握碳排放延伸测算方法，独立开展碳排放延伸测算，使研究结论能为气候谈判提供更加丰富的决策支持。

综合来看，我国现行的碳排放核算工作越来越难以支撑未来国家温室气体低排放战略和应对气候变化国际碳排放策略的制定和实施，也不适应总量与强度双控制度和市场化碳减排政策机制的建立与完善。面临新时代挑战，亟须加快建立健全碳排放核算工作体系。这将成为“十四五”时期，我国在推进生态文明制度建设，确保2030年左右实现碳达峰目标的重要基础工作。

李继峰　郭焦锋　高世楫　顾阿伦

# 第五篇

# 环境保护

# 全面改善环境民生仍需持续努力 *

国务院发展研究中心“中国民生调查”课题组2020年7—8月在河北、江苏、浙江、安徽、福建、广西、云南、陕西、甘肃9个省（自治区、直辖市）开展民生关切点入户调查，共获得11314份有效问卷。调查发现，大多数受访者对目前生态环境状况表示满意，认为生态环境在改善的受访者持续增加。同时也发现，受访者对日常生活饮用水、农村人居环境还存在一些不满。

## 一、公众生态环境质量获得感明显增加

### （一）受访者对总体生态环境状况表示满意的比重大幅增加

受访者对总体生态环境状况表示满意的比重为81.4%，比上年增加15.7个百分点，延续了近年受访者对总体生态环境状况的满意比重不断增加的趋势。受访者对总体生态环境状况表示不满意的比重仅有2.8%，近年不断下降。农村受访者对总体生态环境状况表示满意的比重为83.6%，比城镇受访者高5.4个百分点。受访者认为总体生态环境状况有所改善的比重也在明显增加。认为总体生态环境状况有所改善的受访者比重为78.1%，比上年增加14.4个百分点。农村受访者表示总体生态环境状况有所改善的比重为78.3%，与城镇受访者基本持平。近五年，农村和城镇受访者认为

* 本文成稿于2021年4月。

总体生态环境状况有所改善的比重都在不断增加。

## （二）受访者对周边空气质量表示满意的比重大幅增加

受访者对周边空气质量表示满意的比重为 81.8%，比上年增加 14.7 个百分点。城镇受访者对周边空气质量表示满意的比重为 75.5%，比上年增加 12.6 个百分点。城镇受访者对周边空气质量表示满意的比重一直低于农村受访者，但二者差距在缩小（见图 1）。例如，2018 年城镇受访者对周边空气质量表示满意的比重比农村受访者低 21.5 个百分点，2019 年和 2020 年则缩至 9.7 个和 10 个百分点。城镇和农村受访者对周边空气质量的满意状况都在明显提升，前者提升得更快更明显。受访者认为周边空气质量有所改善的比重也在大幅增加。受访者认为周边空气质量有所改善的比重为 67.1%，比上年增加 8 个百分点；比近五年认为空气质量有所改善的受访者比重均值高出 2.3 个百分点。我国“蓝天保卫战”年年取得较为满意的战果。

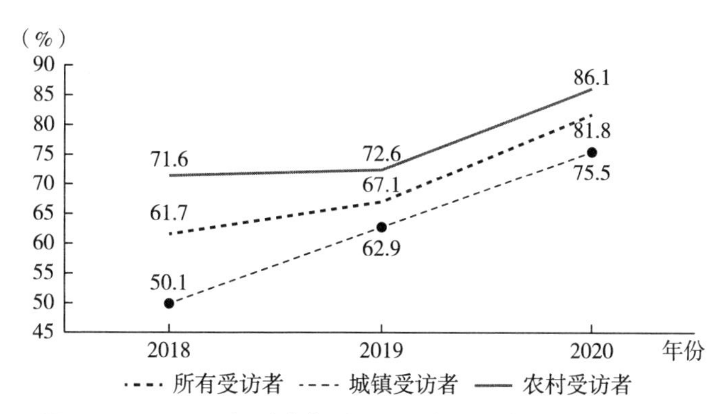


**图1 2018—2020年受访者对周边空气质量表示满意的比重**

## （三）受访者对生活饮用水质量表示满意的比重大幅增加

受访者对生活饮用水质量表示满意的比重为 78.1%，比上年增加 15.0 个百分点。农村受访者对生活饮用水质量表示满意的比重为 80.8%，比上年增加 16.4 个百分点。相比于城镇受访者，农村受访者对生活饮用水质量表示满意的比重更高（见图 2）。受访者认为生活饮用水质量有所改善的比重继续增加。受访者认为生活饮用水质量有所改善的比重为 59.8%，比上年增加 5.8 个百分点。农村受访者认为生活饮用水质量有所改善的比重为 61.1%，近五年平均每年增加 4 个百分点。相比而言，城镇受访者认为生活饮用水质量有所改善的比重则略低，为 57.8%。

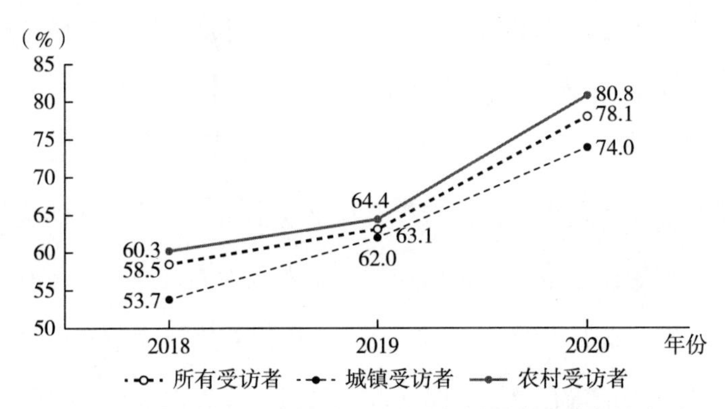


**图2 2018—2020年受访者对生活饮用水质量表示满意的比重**

## （四）受访者对周边水体质量表示满意的比重也有较大增加

相比于空气质量、生活饮用水、生活垃圾等环境关切点，虽然受访者对周边水体质量表示满意的比重连续五年都位居末位，但其一直处于改善中。调查显示，受访者对周边水体质量表示满意的比重为 63.7%，比上年增加 14.2 个百分点。城镇和农村受访者对周边水体质量表示满意的比重接近，分别为 63.5% 和 63.8%，比上年分别增加 12.2 个和 16.4 个百分点，农村水体质量改善得更快更明显。受访者认为周边水体质量有所改善的比重在增加，城乡黑臭水体继续减少。受访者认为周边水体质量有所改善的比重为 57.9%，比上年增加 6.8 个百分点。2016—2020 年受访者认为周边水体质量有所改善的比重年均增加 6.1 个百分点。认为周边水体存在发黑发臭现象的受访者比重为 9.7%，比上年减少 2.4 个百分点。

### （五）受访者对生活垃圾处理表示满意的比重大幅增加

受访者对生活垃圾处理表示满意的比重为 77.9%，比上年增加 19.0 个百分点。农村受访者对生活垃圾处理表示满意的比重为 79.9%，比上年增加 18.1 个百分点。近三年，农村受访者对生活垃圾处理表示满意的比重都要高于城镇受访者，年均高出 5.8 个百分点（见图 3）。受访者认为生活垃圾处理有所改善的比重也明显增加。认为生活垃圾处理有所改善的受访者比重为 75.6%，比上年增加 15.5 个百分点。农村受访者认为生活垃圾处理有所改善的比重为 76.7%，比上年增加 11.6 个百分点。受访者主动开展垃圾分类的行为在增多。受访者平时扔垃圾，“每次都分类”的比重为 15.9%，比上年增加 8.1 个百分点；“从来不分类”的受访者比重为 56%，比上年缩小 12.1 个百分点。

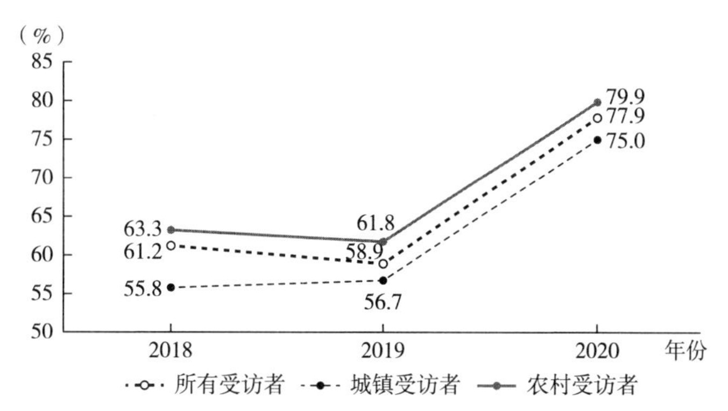


**图3　2018—2020年受访者对生活垃圾处理表示满意的比重**

## 二、受访者对良好生态环境的要求尚未得到全部满足

### （一）日常生活饮用水供应不稳定

受访者日常生活饮用水的类型包括市政自来水、矿泉水或纯净水、井水、河流、湖泊、山泉水等。受访者反映，日常生活饮用水最多的问题是

停水，比重为 19.6%，比上年增加 2 个百分点。城镇和农村受访者反映停水问题的比重大体一致，城乡供水连续性有待提高。

## （二）农村自来水覆盖率有待提高

农村受访者日常生活饮用水使用自来水的比重为 69.8%，比上年增加 8.7 个百分点。农村自来水普及率不断提高，但目前仍比城镇低 15.7 个百分点（见图 4）。农村受访者使用井水、河流湖泊山泉水的比重还较高，分别为 12.5% 和 13.7%。这些分散的生活饮用水源，日常监管较不完善，饮水安全存在隐患。

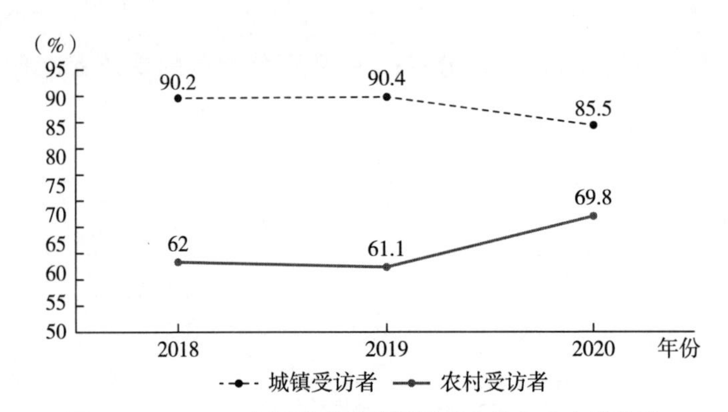


**图4　2018—2020年受访者的生活饮用水为自来水的比重**

## （三）日常生活饮用水的质量不够高

32.0% 的受访者表示日常生活饮用水存在水质问题，城乡受访者的这个比重大体一致。在认为日常生活饮用水存在水质问题的受访者中，反映水垢、水浑浊、水有颜色、水有味道的比重分别为 39.2%、26.3%、17.9%、14.8%。受访者连续几年都在反映水垢问题。农村受访者反映生活饮用水浑浊的问题较多，比重高达 30.3%，比城镇受访者的这个比重高 8.8 个百分点。

## （四）城镇受访者对水质的要求越来越高

城镇受访者日常生活饮用水使用自来水的比重为 85.5%，比上年减少 4.9 个百分点，城镇受访者对自来水表示满意的比重只有 73.0%；同时，城镇受访者使用桶装矿泉水或纯净水的比重为 9.0%，比上年增加 7.2 个百分点。这反映，城镇受访者已逐渐不再满足于使用普通自来水，而是希望使用桶装矿泉水或纯净水等更高品质的生活饮用水。

## （五）农村人居环境有待继续提升

1. 农村生活污水乱排仍普遍。农村生活污水排入下水道、用专门的污水收集桶收集的比重分别为 55%、5%，也就是 60% 的生活污水没有乱排。同时，农村生活污水排入露天沟渠、随便排到室外的比重分别为 27%、13%，也就是 40% 的农村生活污水还在随意排放。

2. 农村厕所设施的卫生和便捷程度有待提高。22.8% 的农村受访者还没用上卫生便捷的冲水厕所，11.4% 的农村受访者家中出现粪污暴露情况。同时还发现，27.7% 的农村受访者要自行清掏家里厕所粪污，家里厕所粪污采用管网收集和处理的比重也只有 25.7%。

3. 农村各类环境污染仍存在。23.3% 的农村受访者表示居住地周边存在环境污染，其中反映存在生活垃圾乱扔乱堆、没有及时清运的农村受访者比重最高，为 14.2%。此外，农村受访者还反映了乱排畜禽粪污、乱排污水、焚烧秸秆、随意丢弃农膜等问题。

## 三、环境民生总体改善的主要经验

### （一）补齐短板，推进生态环境质量总体改善

很长一段时间，对于我国环境质量形势的判断停留在“局部改善，总体恶化”的定论上，生态环境污染也一直被视为全面建成小康社会的短板。党的十八大以来，尤其是2018年党中央、国务院对全面加强生态环境保护坚决打好污染防治攻坚战作出部署，要求“到2020年我国生态环境质量总体改善、生态环境保护水平同全面建成小康社会目标相适应”。“中国民生调查”显示，经过这些年努力，越来越多的人对生态环境质量满意，2020年，受访者对总体生态环境状况表示满意的比重首次跃升到80%以上。我们认为，如此高的公众满意比重，足以表明生态环境保护水平与全面建成小康社会目标是相适应的，生态环境质量已从局部改善进入总体改善阶段。

### （二）以人民为中心，推进生态环境质量普惠改善

环境就是民生，习近平生态文明思想是改善环境民生的根本遵循。党的十八大以来，我国以解决群众身边最突出的空气污染、水污染、生活垃圾乱堆乱放、农村环境污染等环境民生问题为重点，标本兼治，全面回应广大人民群众对环境污染的抱怨和不满。“中国民生调查”显示，近年环境污染已不再是受访者最焦虑和担心的社会问题，受访者对总体生态环境状况表示不满意的比重也只有2.8%，广大人民群众对良好生态环境的诉求得到较快回应。我国环境治理充分体现了党和国家代表人民利益、全心全意为人民谋福利的执政思想。坚持以人民为中心，是我国环境民生快速改善的基本经验。

### （三）生态优先，推进生态环境质量协调改善

长期以来，一直存在着保护生态环境会影响经济发展、影响民生就业的认识。“中国民生调查”显示，生态环境在群众生活幸福指数中的地位不断凸显，牺牲生态环境而换取经济发展和就业机会的发展方式，不会再得到群众认可和支持。坚持生态优先、实现绿色发展，正在潜移默化影响全社会的理念认知和价值取向。党的十八大以来，我国采取了一系列保护生态环境、促进绿色发展的行动和措施，比如淘汰落后产能、提高环境准入标准、严格环境执法。尽管一些措施在短期内影响了当地经济，但“中国民生调查”显示，这些措施总体上提高了公众生态环境获得感，兼顾了生态文明建设和经济建设，协调改善了环境民生。

## 四、全面改善环境民生的建议

全面改善环境民生，要继续贯彻落实习近平生态文明思想，深入打好污染防治攻坚战，做好碳达峰和碳中和相关工作，推动生态文明建设实现新进步。

### （一）努力将公众对总体生态环境状况的满意比重稳定在高位

当前，我国生态环境质量进入了总体改善阶段，主要污染物排放在高位徘徊降低。随着生活水平提高，公众对优美生态环境的要求将会不断提高。建议继续将公众生态环境质量满意状况纳入生态文明建设目标评价和考核体系，将其作为生态文明建设实现新进步的重要指标。努力将公众对总体生态环境状况的满意比重稳定在 80% 左右，确保生态环境质量改善的速度能够追赶上公众对生态环境质量要求提高的速度，引导各地切实改善环境民生。

### （二）聚焦重点环节，改善水体质量和农村人居环境

实施城乡居民生活饮用水提升工程，提高生活饮用水标准。加强城镇自来水供应基础设施管护，确保生活饮用水稳定供应。加快农村生活饮用水基础设施建设，提高农村自来水普及率，继续加强农村生活饮用水安全保障。继续加强城乡黑臭水体治理，加快清除水边和水面垃圾，适当增加景观用水，提升城乡居民亲水空间质量。加强农村人居环境整治。因地制宜扩大农村污水处理设施建设规模，深入推进农村厕所革命。健全农村生活垃圾处理机制。深入治理农村畜禽粪污、秸秆、农膜等面源污染。

### （三）持之以恒抓好空气污染治理，推进多污染物协同控制

我国 PM2.5 控制取得了显著成效，然而夏季臭氧污染、春季沙尘污染不容忽视。深入改善大气环境质量，需统筹治理 PM2.5、臭氧、沙尘，避免“按下葫芦浮起瓢”。推进实施大气污染精准、科学、依法防治。健全重污染天气和极端灾害天气监测预警体系，提高防御能力。

### （四）接续提升“基于减污的公众获得感”，并向“基于减污和降碳协同的公众获得感”扩展

统筹深入打好污染防治攻坚战和二氧化碳排放达峰行动，是当前生态环境保护和生态文明建设的重点。公众“眼见鼻闻”的空气、水、垃圾处理等环境质量改善，比较容易被感知，环境污染治理带来的获得感也立竿见影；二氧化碳等温室气体减排带来的收益则相对隐性，也体现在更长时间跨度、更广空间范围。当前亟须对减污和降碳的协同性、降碳的眼前和长远收益，进行科普和宣教。

王海芹　黄俊勇

# “十四五”时期推进环境监管体系建设的着力点*

2020 年污染防治攻坚战即将收官。要完成到 2035 年美丽中国建设目标基本实现，大幅削减污染物排放仍然是环境治理的主线。污染防治既是不断实现分阶段目标的“攻坚战”，更是一场“持久战”。“十四五”时期要接续以环境监管体系建设为抓手，推进环境监管更加精准、科学、依法。

## 一、“十四五”及中长期我国污染防治与环境监管面临的形势

从环境质量改善趋势看，我国总体上已经跨越了“环境拐点”，进入环境质量持续向好的阶段。“十四五”时期，环境质量改善速度进入相对平稳的阶段。“十二五”“十三五”期间，我国实施了水、气、土污染防治行动计划，污染防治攻坚战等一系列重大举措，污染防治取得了显著成效，空气、地表水环境质量已经显著改善。依据“环境库兹涅茨曲线”经验规律，对比发达国家环境改善的历程，我国已经跨越了“环境拐点”，进入环境质量总体持续向好的阶段。2013—2019 年，城市空气质量已经显著改善，但改善速度呈趋缓态势。

---

* 本文成稿于2020年8月。

从经济增长和环境监管关系看，经济增长和污染物排放已开启脱钩进程，进入“再平衡”重要阶段，“十四五”时期环境监管面临更加复杂的形势。“十三五”期间，随着新的《中华人民共和国环境保护法》的实施和中央环保督察制度的建立，长期以来“环境违法是常态”的局面得到扭转，系统性环境监管失灵状况得到显著改善，在保持经济增长的同时实现污染物排放水平大幅下降。随着环境监管有效性、一致性的提高，全社会环境守法水平显著提升，企业治污成本逐步内部化，以此促进产业优胜劣汰。我国仍处在工业化城镇化的中后期阶段，中美贸易摩擦和新冠肺炎疫情给经济增长带来冲击和不确定性。“十四五”时期，随着人均收入水平的进一步提升，人民群众对生态环境的要求更高。伴随工业化城镇化的环境事件、邻避事件在“十三五”期间虽略呈下降趋势，但在“十四五”期间仍处于高发期。

从环境监管对污染物减排的贡献看，“十四五”期间污染物减排难度进一步增大，对环境监管效能提出了更高要求。从“十一五”至“十三五”，主要污染物已经实现大幅减排，而随着污染物排放递减，减排的边际成本增加，减排的难度进一步增大，粗放式的管控方式难以为继。根据课题组研判，2020—2035 年，我国主要工业产品生产、能源消费、机动车保有量等产生污染物排放的驱动因素仍处于“高位平台期”甚至持续增长状态，环境监管对污染物减排的贡献处于主导地位。

从制度建设角度看，环境监管体系进入深度“重构”阶段，“十四五”时期是环境监管体系改革的政策窗口期。自 2015 年《生态文明体制改革总体方案》实施以来，以环境监管组织机构、问责机制、政策工具为核心内容的环境监管体系改革全面推进。从改革进展看，环保机构省以下垂改、生态环境保护综合行政执法改革、排污许可制等推进难度大的改革举措仍将延续到“十四五”时期。此外，参考国际经验，“十四五”时期是我国建立环境政策影响评估制度、完善环境经济政策体系的重要政策窗口期。

## 二、污染防治过程中政府环境监管存在的突出问题

第一，有些地方政府和环境监管机构法治意识不强，习惯于通过行政命令的方式干预微观主体。环境监管机构自由裁量权不规范，容易产生“不作为”和“乱作为”。

第二，环境监管体系专业化水平和监管能力存在短板，难以支撑精准、科学的监管工作。环境监管机构专业人员不足且配置“倒挂”[①] 现象突出，污染源监测体系薄弱，难以支撑专业化、精细化的监管工作。

第三，排污许可制尚未做实，难以支撑环境统计、总量控制、环境保护税、排污权交易及其他精细化政策工具有效应用。从形式上，我国的环境政策工具箱是完备的，而从内核上单项政策工具有效性不足，政策工具之间难以有机衔接。

第四，环境监管影响评估制度尚未建立，环境政策制定出台缺乏多方参与协调机制。从国际经验来看，以成本收益分析为代表的环境政策影响评估制度是环境监管过程中保障科学决策的重要制度安排，它能有效平衡利益相关者的利益，协调环境监管和产业发展的关系。

第五，对环境监管者的监督问责机制不健全，司法监督、公众监督不足，而行政问责机制亟待改进。目前，生态环保领域的一些督察问责以“运动式”方式进行，在推动地方政府实现污染防治目标的过程中容易造成“重结果、轻过程”“层层加码”以及治污行为违背规律的现象。

① 县一级生态环保机构承担绝大多数的监管工作，而专业人员的配置最薄弱。

## 三、“十四五”期间环境监管体系建设的着力点

第一，统筹推进环境监管体系中问责机制、组织机构、政策工具三个方面的改革，制定污染防治行动计划要与环境监管体系建设有机衔接。污染防治目标的时序要求、考核评价要以依法监管为前提，要建立动态的目标调整机制，并与环境监管体系改革有机衔接。

第二，稳步推进环境监管机构改革，提高环境监管体系专业化水平，为精准执法提供支撑。在机构改革中，应着力解决县一级环保机构上收和属地环保责任落实之间的矛盾、综合执法改革和专业性不足的矛盾，因地制宜适时优化改革方案。在监管能力建设上，发展非现场监管技术，加强卫星遥感、无人机巡查、在线监测、大数据等技术在污染源监测领域的应用，进一步推进环境监测网络建设，推进各级生态环境大数据平台建设。

第三，接续以排污许可制度改革为抓手，推动关键政策工具有效衔接，推动监管方式转变，提高环境监管效能。通过《排污许可管理条例》进一步明确排污许可作为企业生产运营期间唯一行政许可的核心地位，强化排污单位“按证排污、自证守法”，健全排污许可与证后监管协同机制。以统一污染源排放数据为抓手，统筹推进排污许可制与环境影响评价、环境统计、环境保护税、总量控制、排污权交易等关键政策工具有效衔接、形成监管合力。

第四，建立环境监管影响评估制度，在建立重大环境政策事前评估机制上有所突破，以此提高环境监管科学决策水平。“十四五”时期，研究制定并出台《重大环境政策影响评估办法》，在重大环境政策实施的事前、事中、事后环节引入制度化的政策评估机制，对重大环境政策的评估程序、评估机构、评估人员作出具体要求，并将评估结果作为环境政策实施

以及调整的重要依据。

第五，健全多元参与的问责机制，进一步完善生态环保督察问责程序，推动督察制度法治化、规范化、程序化，约束各级地方政府和环境监管机构依法履行环境监管职责。进一步完善环境治理中司法监督、人大监督和公众参与制度。做实“向人大报告制度”，强化各级人大对地方政府环境保护工作的日常监督作用。进一步规范生态环保督察过程中问责启动、调查、核实、处理决定、信息公开等程序，在问责过程中要充分考虑“因果关系”“尽职免责”等因素，实现依法、精准问责。

陈健鹏　李佐军　高世楫

# 加强污染排放自行监测，提高排污企业的环境守法能力*

污染排放自行监测，是指排污企业依法依规对自身排放的污染物进行监测和监控，并向政府监管部门和公众及时报告排放信息。2020 年 12 月底，为了解全国排污企业开展自行监测总体状况，评估企业环境守法能力，我们在全国选取 455 家排污企业开展问卷调查。这些企业包括垃圾焚烧厂、危废处置单位、污水处理厂、“散乱污企业”等，产生的污染涉及废水、废气、废渣等；企业性质包括民营、外资、国有等类型，纳税规模也有大有小。调查发现，排污企业开展污染排放自行监测和信息公开的守法自觉和能力不断提高，然而仍面临体制机制不健全和自身能力不足等障碍。

## 一、企业为污染排放自行监测做出努力

大部分企业了解《中华人民共和国环境保护法》（以下简称《环境保护法》）对自行监测的相关规定，国有企业了解得最多，民营企业了解得最少。81.8% 的企业对《环境保护法》中有关开展污染排放自行监测的规定“非常了解”或“比较了解”，重点排污企业的这项比重高达 90.3%。

* 本文成稿于2021年4月。

我国排污企业自行监测是从重点排污企业做起，这项工作已收到成效。不同性质企业对相关法律规定的了解程度不同。国有企业对《环境保护法》中污染排放自行监测规定“非常了解”或“比较了解”的比重为100%，民营企业和外资企业分别为75.6%和84.6%（见附表1）。可见，民营企业对《环境保护法》中排污企业自行监测规定的了解最少。

近一半企业听说过政府颁布的生态环境监测体系改革重要文件，国有企业关注得最多，外资企业关注得最少。2015年和2017年中央分别印发《生态环境监测网络建设方案》和《关于深化环境监测改革 提高环境监测数据质量的意见》，这两个改革文件对企业开展自行监测都做了专门规定。各地积极贯彻落实中央部署，陆续制定和颁布相应改革文件。调查显示，“都听说过这两个文件”的企业比重为49.7%，国有企业“都听说过这两个文件”的比重为58.6%，民营企业和外资企业分别为52.9%和45.2%。相比于对《环境保护法》中自行监测规定较高的知悉程度，外资企业对中国政府改革文件的知悉程度则低了很多。

过半企业认为绝大多数排污企业都在开展自行监测，国有企业开展得最多，民营企业开展得最少。摸清污染源底数当前悬而未决。我国对污染源监控的总体思路是“抓大放小”，即优先监控那些排放量大的污染源，工业污染源往往监控规模以上企业。当前全国总共有多少家排污企业、这些排污企业是否在开展自行监测，尚无统计。本调查显示，在评价周边企业或同行企业开展自行监测状况时，54.5%的受访企业表示“绝大多数企业都在开展自行监测”（见附表2）。其中，国有企业表示“绝大多数企业都在开展自行监测”的比重为75.9%，比民营企业高28.8个百分点。重点排污企业认为“绝大多数企业都在开展自行监测”的比重为67.5%，比非重点企业高25个百分点。

大多企业开展自行监测的资金投入每年不超过30万元，不同性质企业的投入大体相同，不同领域企业的投入则差别较大。84.8% 的受访企业每年投入污染排放自行监测的资金在 30 万元以下，国有企业、民营企业和外资企业的投入大体接近。重点排污企业的自行监测投入高于非重点排污企业。不同领域的排污企业，开展自行监测的资金投入不同，垃圾焚烧厂自行监测投入最大。36.4% 的垃圾焚烧厂自行监测投入在 30 万元以上，远高于调查所涉及的危废处置单位、污水处理厂、“散乱污”企业等（见附表 3）。

大多企业依靠社会第三方检测机构开展自行监测，大企业倾向于依靠内部实验室。企业开展自行监测依靠的技术力量来自多方面，依靠社会第三方检测机构、政府部门所属监测机构、内部实验室的比重分别为 88.4%、34.5% 和 23.3%。实力强、管理规范的企业倾向于投资建设专门的内部实验室。税收贡献大的企业有专门环境监测实验室的比重为 25.4%，比税收贡献小的企业高 18 个百分点；重点排污企业有专门环境监测实验室的比重为 38.8%，比非重点排污企业高 28 个百分点。国有企业、民营企业、外资企业建有内部环境监测实验室的比重相差不大，分别为 20.7%、24.9% 和 21.2%。

## 二、企业开展污染排放自行监测取得成效

企业对其开展自行监测的总体评价处于中等水平，国有企业的自我评价居首位。在与其他企业比较自行监测工作成效时，54.3% 的企业认为“自己比其他企业做得更好”，40.2% 的企业认为“自己和其他企业差不多”。其中，国有企业认为“自己比其他企业做得更好”的比重高达 93.1%，民营企业和外资企业的这个比重分别为 48.1% 和 54.8%。重点排污企业认为“自己比其他企业做得更好”的比重为 63.6%，比非重点排污企业高 17 个

百分点。

企业自行监测数据的及时性较高，国有企业的数据及时性最高。61.5% 的受访企业给自行监测数据的及时性打了满分，其中国有企业对自行监测数据的及时性打满分的比重最高，为 75.9%，比民营企业和外资企业分别高 15 个和 14 个百分点。重点排污企业对自行监测数据的及时性打 5 分的比重为 69.9%，比非重点排污企业高 15 个百分点。

企业自行监测数据的准确性尚可，重点排污企业的数据准确性最高。50.8% 的企业对其自行监测数据的准确性打了满分，其中 55.2% 的国有企业对自行监测数据打了满分。重点排污企业对自行监测数据的准确性打满分的比重为 60.7%，比非重点排污企业高 17 个百分点。垃圾焚烧厂对自行监测数据的准确性打 5 分的比重最高，为 63.6%，"邻避效应"企业更加注重自行监测数据准确性。

企业自行监测数据的真实性尚可，公众对企业自行监测数据的信任多于不信任。78.9% 的企业认为自行监测数据和当地环保部门的数据差不多一样可靠。对于一些媒体报道的某些企业对污染排放数据弄虚作假，59.6% 的受访企业认为"只有少数企业才会对污染排放数据弄虚作假"。从公众角度看，对于"有媒体报道，排污企业公开的排放数据存在造假"的情况，表示不认同此类报道的公众比重为 32%，表示认同的为 26.7%。总体上，排污企业通过公开污染排放信息，赢得了公众的更多信任。

企业自行监测数据联网率尚可，国有企业联网率最高。受访企业表示已经把自行监测数据直接联网到当地环保部门的比重为 56.9%，国有企业的联网比重最高，为 93.1%。民营企业和外资企业的联网比重仅在 50% 左右。重点排污企业的联网比重为 85%，比非重点排污企业高 53 个百分点。

企业自行监测数据公开率偏低，国有企业公开率最高。只有 36.9% 的受访企业表示在企业网站上及时公开了自行监测数据，其中，国有企业的这一比重为 58.6%。重点排污企业通过企业网站及时公开排放信息的比重为 51.9%，比非重点排污企业高 27 个百分点。

企业开展自行监测和信息公开优先关注的收益不同，国有企业优先关注满足政府监管需求，民营企业和外资企业优先关注树立良好的公众形象。对于“企业开展污染排放自行监测并及时公开监测结果的收益”，85.1% 的企业认为有利于“树立良好的公众形象”，80.0% 的企业认为有利于“满足政府监管需求”。此外，企业还认为开展自行监测和信息公开，有利于“促进技术升级改造”和“提高产品竞争力”（见附表 4）。不同性质企业，开展污染排放自行监测所优先关注的收益则不同。国有企业最看重的收益是“满足政府监管需求”，93.1% 的国有企业这样认为；民营企业和外资企业最看重的收益都是“树立良好的公众形象”。

## 三、企业开展污染排放自行监测面临的障碍

企业认为政府没有对依法依规开展排污自行监测的行为给予奖励，国有企业对此抱怨最多。企业认为政府在引导排污企业自行监测方面存在不足，最大的不足是“没有对依法依规开展自行监测的企业给予奖励”，62.4% 的企业反映了此问题。其中，国有企业对此反映比重最高，为 72.4%。值得注意的是，那些贡献越大、越守法的企业，对此反映则越强烈。例如，税收贡献非常大的企业，比税收贡献小的企业对此问题的反映比重要高 27 个百分点；了解自行监测相关法律政策的企业，比不太了解的企业对此问题的反映比重要高 25 个百分点；每年自行监测投入 10 万元以上的企业，比每年投入不到 1 万元的企业，对此问题的反映比重要高 40 个百分点。这显示，企业的守法行为并没有得到足够认可，“鞭打快牛”现象存在，公平守法环境有待完善。

企业认为政策解读和专业培训不足，外资企业对此抱怨最多。企业认为政府在引导排污企业自行监测方面存在的第二大不足是，没有给企业提供更多政策解读和专业培训，57.6% 的受访企业反映了此问题。其中，外资企业对此问题的反映比重最高，为 62.0%。企业还认为政府制定的监测标准太复杂，不利于企业遵照执行（见附表 5）。

企业缺乏环保专业人才，民营企业受此制约最大。57.1% 的受访企业认为开展自行监测“缺乏环保专业人才”。其中民营企业存在此不足的比重最高，为 65.6%（见附表 6）。非重点排污企业缺乏环保专业人才的比重为 60.5%，比重点排污企业高 10 个百分点。

企业不熟悉或不了解相关政策，国有企业也受此制约。42.2% 的受访企业反映“对相关政策不熟悉或不了解”，国有企业反映此问题的比重最高，为 48.3%。这显示，作为最关注政府政策的国有企业，也仍面临不熟悉或不了解政府相关政策的困扰。

企业资金能力有限，小企业受此制约最大。33.2% 的受访企业表示其“资金能力有限，难以足额投入环境监测”。规模越小的企业，此问题越突出。例如，税收贡献小的企业反映资金能力有限的比重为 53.8%，比税收贡献非常大的企业要高 28 个百分点。

## 四、分类施策，提高企业污染排放自行监测能力

党的十八大以来，我国排污企业自行监测快速推进，先前制定的政策措施逐步见效。“十四五”期间，继续深化生态环境监测体制改革既要统筹兼顾，更要精准施策，提高不同性质、不同行业、不同规模排污企业的自行监测能力，推进污染排放自行监测从当前的中等水平，向中上等水平迈进。

继续实施严格的生态环境监管执法，推进奖优罚劣。坚持不懈抓好生态环境监管执法，营造全行业、全企业依法开展污染排放自行监测、落实排污许可制的法律氛围。将排污自行监测纳入环保信用评价体系，营造公平的守法环境。监管部门对达标排放的企业可考虑降低监督抽查频次。

回应企业诉求，分类开展排污企业自行监测政策解读和专业技能培训。企业认为利于提高其自行监测数据质量的首要措施是“政府要加大对企业环境监测的专业培训，让企业知道怎么测”，70.5% 的受访企业提出该诉求。同时，58.2% 的企业提出“政府要明确对企业环境监测的标准和要求，让企业知道测什么”。建议国家有关部门加快制定排污企业自行监测和环境守法能力培训方案，实施国有企业、民营企业、外资企业分类培训，实施不同行业分类培训。

发挥国有企业带头作用，逐步扩大排污企业自行监测的覆盖率、联网率和公开率。“十四五”期间，继续扩大排污企业自行监测的覆盖率，推动更多企业能够依法依规开展污染排放自行监测，逐步提高企业的环境守法能力。提高排污企业自行监测数据和监管部门的联网率，以及数据向社会发布的公开率。国有企业自行监测数据力争实现全部联网，民营企业和外资企业联网率力争从当前的 50% 扩大到 70%。企业自行监测信息公开率，力争从当前的 36.9% 扩大到 50%。国有企业自行监测信息公开率，力争从当前的 58.6% 扩大到 80%。

适度帮扶小企业，提高小企业守法能力。面广量大的小企业污染不容忽视，提高小企业环境守法能力和自行监测水平迫在眉睫。研究制定降低小企业自行监测成本的政策措施，实施小企业自行监测和环境守法能力帮扶与提升计划。

王海芹　高世楫　黄俊勇

附表1 企业对《中华人民共和国环境保护法》中排污企业自行监测规定的了解（%）

| | 所有企业 | 国有企业 | 民营企业 | 外资企业 |
|---|---|---|---|---|
| “非常了解或比较了解” | 81.8 | 100.0 | 75.6 | 84.6 |
| “一般了解” | 13.6 | 0.0 | 17.5 | 12.0 |
| “不太了解” | 4.6 | 0.0 | 6.9 | 3.5 |

附表2 企业开展自行监测的比重（%）

| | 所有企业 | 不同污染负荷的企业 | | 企业性质 | | |
|---|---|---|---|---|---|---|
| | | 重点排污企业 | 非重点排污企业 | 国有企业 | 民营企业 | 外资企业 |
| “绝大多数企业都在开展自行监测” | 54.5 | 67.5 | 42.5 | 75.9 | 47.1 | 57.7 |
| “超过一半的企业在开展自行监测” | 10.3 | 7.3 | 13.2 | 17.2 | 9.0 | 9.6 |
| “一些企业在开展自行监测” | 19.8 | 14.6 | 25.4 | 6.9 | 24.9 | 17.3 |
| “很少企业在开展自行监测” | 3.5 | 3.9 | 3.5 | 0.0 | 5.3 | 2.4 |
| “不清楚” | 11.9 | 6.8 | 15.4 | 0.0 | 13.8 | 13.0 |

附表3 不同领域企业开展自行监测的资金投入规模（%）

| | 垃圾焚烧厂 | 危废处置单位 | 污水处理厂 | “散乱污”企业 | 野生动植物经营利用 |
|---|---|---|---|---|---|
| “小于等于1万元” | 9.1 | 5.6 | 1.8 | 11.8 | 100.0 |
| “1万—5万元” | 9.1 | 44.4 | 25.0 | 29.4 | 0.0 |
| “5万—10万元” | 18.2 | 16.7 | 25.0 | 29.4 | 0.0 |
| “10万—30万元” | 27.3 | 19.4 | 30.4 | 17.6 | 0.0 |
| “30万元以上” | 36.4 | 13.9 | 17.9 | 11.8 | 0.0 |

附表4 企业开展污染排放自行监测并及时公开监测结果的收益（%）

| | 所有企业 | 国有企业 | 民营企业 | 外资企业 |
|---|---|---|---|---|
| “满足政府监管需求” | 80.0 | 93.1 | 76.7 | 82.2 |
| “树立良好的公众形象” | 85.1 | 82.8 | 82.5 | 88.5 |
| “促进技术升级改造” | 66.8 | 62.1 | 68.8 | 66.3 |
| “提高产品竞争力” | 64.8 | 31.0 | 67.2 | 67.3 |

附表5 企业认为政府引导排污自行监测存在的不足（%）

| | 所有企业 | 国有企业 | 民营企业 | 外资企业 |
|---|---|---|---|---|
| “没有对依法依规开展自行监测的企业给予奖励” | 62.4 | 72.4 | 63 | 61.1 |
| “没有给企业提供更多政策解读和专业培训” | 57.6 | 55.2 | 54.5 | 62.0 |
| “制定的自行监测标准太复杂” | 25.3 | 20.7 | 22.8 | 27.9 |

附表6 企业开展自行监测存在的自身能力不足（%）

| | 所有企业 | 国有企业 | 民营企业 | 外资企业 |
|---|---|---|---|---|
| “缺乏环保专业人才” | 57.1 | 62.1 | 65.6 | 50.5 |
| “对相关政策不熟悉或不了解” | 42.2 | 48.3 | 40.7 | 42.3 |
| “资金能力有限，难以足额投入环境监测” | 33.2 | 20.7 | 36.5 | 30.8 |

# 改革和加强危险废物管理工作，促进新固废法有效实施*

危险废物污染风险控制一直是我国环保工作的重点和难点。目前我国危险废物污染防治工作仍然面临历史存量高、新增产量大、区域处置能力不均衡、斩断黑色产业链难等挑战。有关数据显示，2017 年全国危险废物产生量为 6936.9 万吨，较 2016 年增长 29.73%，预计 2023 年将达到 8978 万吨。为了作出法律应对，2020 年 4 月 29 日修订并于 2020 年 9 月 1 日起实施的《中华人民共和国固体废物污染环境防治法》（以下简称“新固废法”）提高了危险废物污染防治的工作要求。为了有效实施新固废法，需大力改革和加强危险废物污染防治工作，统筹提高全国和各区域的污染防治能力，补足现实存在的短板。我们基于持续的跟踪和系列研究，提出如下建议。

## 一、细化危险废物污染防治领域具体的指导准则

《中华人民共和国环境保护法》规定了保护优先、预防为主、综合治理、公众参与、损害担责等基本原则。新固废法确立了固体废物污染环境防治的减量化、资源化、无害化和污染担责原则。这些原则比较抽象，难

* 本文成稿于2020年5月。

以精准地指导危险废物污染防治具体领域的工作，建议在其框架内，细化设立危险废物污染防治领域相对具体的指导准则：一是坚持风险预防、损害预防的准则，有效地应对危险废物的污染高风险，实现无害化。二是坚持危险废物优先顺序管理准则，即按照产品生态设计—产品重复使用—废物分类—资源循环利用—末端处理的先后顺序，优先从前端减少危险废物的产生量，对危险废物实施全链条环境监管，实现危险废物的减量化和资源化。三是坚持生产者责任延伸和污染者担责准则，产生、收集、贮存、运输、利用、处置危险废物者应采取措施防止或者减少污染，并对所造成的污染依法承担责任。责任人不明确或不存在的，由污染所在地的政府承担兜底的防治责任和生态环境修复责任。四是实施共治精治准则，发挥企业、行业组织、社会组织和公众在危险废物污染防治方面的参与和监督作用。

## 二、明晰危险废物污染防治的管理和监督体制

我国危险废物污染防治的管理体制存在地方党委和政府属地监管责任需强化、部门职责有待衔接、监管信息共享不够等问题，亟须解决。

在纵向管理体制方面，建议按照生态环境保护党政同责、一岗双责、权责匹配、失职追责、终身追责的要求，细化各层级党委和政府危险废物污染防治的权力清单，例如，各级人民政府按照新固废法第 8 条的规定，通过生态环境保护工作协调机制，组织、协调、督促有关部门和地区依法履行危险废物污染防治监督管理职责，组织突发危险废物污染事件的应急处置工作，开展区域合作等。为了夯实各级党委的领导责任和政府监管责任，建议将危险废物污染防治工作的完成情况作为下级党委和政府评价考核的一个具体指标；也可以针对地方危险废物管理的实际，针对违规和违

法行为建立量化追责的制度。

在横向管理体制方面，建议细化新固废法第 9 条的各部门职责分工规定，健全生态环境部门的“统一监督管理”即兜底职责，明确其对其他部门的指导、协调和监督方法。必要时可向同级党委和政府的督察部门提交对有关区域和单位的督察工作建议。建议建立废弃危险化学品的备案制度，使危险化学品变为危险废物规范化和程序化，使生态环境部门和应急管理部门的监管职责既相区分也相衔接。

在监督体制方面，新固废法第 30 条规定，县级以上人民政府应当将包括危险废物在内的固体废物污染环境防治情况纳入环境状况和环境保护目标完成情况年度报告，向本级人大或其常委会报告。建议各级党委制定规则，要求各级政府每年也向同级政协常委会通报该项工作，接受民主评议和民主监督。

## 三、建立危险废物区域内外处置能力的共享机制

在统筹规划方面，一些城市，特别是直辖市、省会城市和沿海经济发达城市危险废物就地处置能力有限，需大力挖掘潜力。建议按新固废法第 13 条、第 76 条和第 92 条的规定，开展统筹规划：一是各级人民政府根据产业发展的现状和趋势，统一规划建设危险废物集中收集、贮存、处置场所，统筹整合本地的收集、运输和处置能力，加强区域组团式垃圾综合处理基地等固体废物处置设施建设。二是根据产业发展实际和危险废物产生量，统筹开展危险废物就地处置能力建设。对于确难就地处置的，严格按照国家和各省（自治区、直辖市）法律法规，通过跨行政区域危险废物污染环境的联防联控机制，转移到其他省级行政区域处置。

在区域合作方面，我国区域间危险废物产生量和处置能力不均衡。

2017 年，华东和西北的工业化地区危险废物产生量分别占全国的 46.70%、13.12%，需要加强区域间危险废物处置能力的共享，促进资源的合理化配置。新固废法第 76 条为此规定：“相邻省、自治区、直辖市之间可以开展区域合作，统筹建设区域性危险废物集中处置设施、场所”。为了实施该规定，建议各邻近的行政区域间达成危险废物区域联防联控协议和相应的跨区域生态保护补偿协议，共享危险废物集中处置能力。对于达成协议的，有关监管部门在严格实行事中、事后监管的基础上，可对转移审批实行简化许可，甚至可以实行备案制。

## 四、强化园区和危险废物产生、经营单位的污染防治主体责任

危险废物的产生、经营和处置目前存在危险废物底数不清、园区配套不足、岗位责任不明晰、管理手段落后、危险废物产生和经营者的法律与合同义务需强化等问题，亟须压实园区和企业的主体责任。建议如下。

一是强化园区危险废物污染防治设施的配套责任。鉴于化工企业进园区的活动还在进行，需以新固废法第 35 条为指导，统筹强化园区危险废物污染防治设施建设和改造的责任。建议地方各级人民政府推进生态工业园区建设，对现有工业园区实施清洁生产和循环化改造，并建立和严格实施产业准入负面清单，防止落后产业及工艺设备进入园区。入园企业产生危险废物的，应按新固废法第 18 条的规定建设收集、贮存、利用或者处置设施；园区各企业建设收集、贮存、利用或者处置设施确有困难的，建议由园区统一建设收集、贮存、利用、处置设施。园区统一建设收集、贮存、利用、处置设施确有困难的，可以转运至具备处置资质的单位，让危险废物有处可去。

二是健全危险废物台账管理制度。在信息化许可管理的框架下，危险废物产生、运输、经营、处置单位应按新固废法第 36 条的规定，建立管理台账，通过危险废物产生、收集、贮存、运输、利用、处置信息平台，录入危险废物的种类、产生量、流向、贮存、利用、处置以及减量和资源化措施等信息。这个台账应当包括企业投资者、管理者和各类员工污染防治责任的履行情况。对于台账保存的时间，建议不少于五年。对于填埋危险废物的，应永久保存管理台账。企业破产或者注销的，单位负责人应按照企业管理权限，将台账移交相应的生态环境部门保存，确保生态安全得到保障。

三是健全危险废物智能化监管制度。目前，有关部门正按新固废法第 16 条的规定建设与各省级信息平台对接的全国性危险废物产生、收集、贮存、运输、利用、处置信息平台，建议设计违法提示、进度提示、履职提醒、部门衔接等智能化监管方法，通过部门信息共享推进危险废物全过程监控和信息化追溯，确保应收尽收、应运尽运、应处尽处，斩断非法收运和处置的黑色产业链。

四是明确危险废物经营单位的污染防治合同责任。在新固废法第 37 条和第 80 条关于委托处置资质和条件规定的基础上，建议规定禁止转包危险废物的收集、贮存、运输、利用、处置；受托方按照协议约定接受委托处置的危险废物，不得无故拒收；因不可抗力、重大活动、恶劣天气等情形导致车辆无法上路行驶的，应及时告知委托者，协助其采取临时安全措施。

## 五、完善危险废物市场化运营和委托处置政策

危险废物的市场化运营和委托处置，目前存在区域市场与价格垄断、

合同的污染防治义务不明晰、长距离运输和处置的环境风险大、守法监督需加强等问题，亟须完善规范化运营的政策。建议如下。

一是完善危险废物的市场化运营政策。建议各省级行政区域以新固废法第 37 条、第 66 条、第 96 条为指导，在符合规划布局的前提下制定措施，鼓励符合条件的第三方依法公平参与危险废物收集、储存、转运和处置设施的投资与建设，鼓励符合条件的单位依法公平开展专业性危险废物的集中处置、收集、储存、外运工作。禁止垄断危险废物收集、储存、运输和处置价格，维护良好的营商环境。为了防止邻避效应，因危险废物收集、储存、转运和处置设施建设而利益受损的单位、个人，可依法获得公平的补偿，并鼓励危险废物集中处置设施所在地周边的企业、居（村）民参与设施建设和运营的投资。

二是细化委托处置的污染防治义务。产废单位委托他人运输、利用、处置危险废物的，应遵守新固废法第 37 条的委托规定。建议细化规定，要求产废单位对受托方开展定期和不定期的跟踪检查，保证受托方的运输、利用、处置行为符合国家规范规定和协议约定。受托方应依照国家规范要求和协议约定开展污染防治工作，并在活动结束后将运输、利用、处置情况告知产废单位。所有信息，应按照生态环境主管部门的要求及时录入工业废物产生、收集、贮存、运输、利用、处置信息平台，实现信息可追溯。

三是试点危险废物转移的第三方支付制度。危险废物跨行政区域处置的，建议改革支付方法，基于转移电子联单机制建立第三方支付制度。任务完成后，如果委托方和监管方都认为受托方行为符合规范要求和合同约定，则指示第三方平台向受托方支付费用，有效控制危险废物长距离运输和处置的高环境风险。

四是开展危险废物运输、利用、处置的第三方守法监督。产废单位可以依据委托协议的约定向危险废物运输、利用、处置企业派驻第三方专业技术服务机构实施驻点监督，确保受托单位全面遵守国家规范规定和协议要求。对于已投环境污染责任保险的危险废物产生、收集、贮存、利用、转运、处置单位，保险公司可依据法律和保险协议的约定，委托第三方专业技术服务机构开展守法和守约监督。

## 六、提升医疗危险废物的科学和安全处置要求

此次新冠肺炎疫情能够得到有效控制，与医疗危险废物的有效处置和处置设施设备、人才的有效调配有关，亟须在新固废法第 90 条、第 91 条的指导下制定规范、提升要求、巩固经验。建议如下。

一是健全医疗机构的处置要求和操作规范。对于分布分散的小型医疗卫生机构产生的医疗废物，其收集和运输建议由市县级人民政府通过招投标、购买服务等方式委托具有专业资质的单位开展。卫生健康部门会同生态环境、发展改革等部门制定医疗废物收运管理规定，并开展履约考核评价。

二是强化传染病应急防控期间环境卫生分类管理制度。传染病应急防控期间，应急区域内生活垃圾可能因沾染病原体成为危险废物，建议规定生活垃圾的收集、运输和处置须遵守卫生防护要求，有关人员须穿戴合规的防护装备，社区须按照规定对生活垃圾严格开展消毒。

三是建立政府购买服务和强制征召制度。建议生态环境部门会同卫生健康部门在新固废法第 91 条的框架内，制定传染病应急期间政府购买社会服务和强制征用的制度，征召危险医疗废物等处置方面的环保公司、设施设备和环保人才，确保疫情得到有效控制。

四是依托大中城市建设区域性危险废物处置救援中心。目前，各地的固

废处置能力建设大多是应对常态化需要的，为了应对今后可能发生的恶性传染病，需要补短板，依托大中城市规划建设危险废物处置设备的区域性储备中心，形成全覆盖的救援网络，确保疫情发生后，设备能够尽快运输到位。

## 七、创新危险废物污染防治的监督和惩罚机制

危险废物污染防治的监督，目前存在金融机构介入不深、信用评价机制需健全、企业多次违法现象需遏制等问题。建议如下。

一是全面推行金融机构介入机制。新固废法第 99 条规定“收集、贮存、运输、利用、处置危险废物的单位，应当按照国家有关规定，投保环境污染责任保险”。建议以此为基础，对产生、收集、储存、运输、利用、处置危险废物的企业，实行绿色信贷制度，让信贷机构和保险公司共同介入企业的安全生产和生态环境保护工作，倒逼企业真正重视生态环境保护。

二是全面实施环境信用评价机制。新固废法第 28 条针对产生、收集、贮存、运输、利用、处置固体废物者规定了信用记录制度，要求将相关信用记录纳入全国信用信息共享平台。为了发挥联合惩戒对于企业的警戒作用，建议生态环境部门会同有关部门制定规章，要求省市两级生态环境部门会同有关部门委托第三方对产生、收集、贮存、运输、利用、处置危险废物的单位和第三方技术服务单位，定期开展环境信用评价。

三是创新行政处罚机制。新固废法第 119 条针对持续性违法活动规定了按日计罚的机制，但是对于非持续性屡发违法行为，没有规定应对举措。对于一年内 3 次或者 3 次以上作出应受到罚款处罚的同类行为，建议规定，作出罚款决定的部门可以在上一次罚款金额的基础上加一倍进行处罚。

常纪文

# 依法科学有效推进垃圾分类工作 *

## 一、全国先行地区垃圾分类工作的现状与成效

在国家层面，国家发展和改革委员会、住房和城乡建设部于 2017 年发布了《生活垃圾分类制度实施方案》，要求在全国 46 个城市先行实施生活垃圾强制分类，2020 年底生活垃圾回收利用率达 35% 以上。2019 年 6 月，住房和城乡建设部等九部门在此基础上，印发了《关于在全国地级及以上城市全面开展生活垃圾分类工作的通知》，决定在全国地级及以上城市全面启动生活垃圾分类工作。为了有法可依，全国人大常委会于 2020 年 4 月修订了《中华人民共和国固体废物污染环境防治法》，规定从 2020 年 9 月 1 日起实施城乡垃圾分类。目前，各地按照该法要求，参考北京、上海、深圳、长沙等垃圾分类先行地区的经验，科学谋划本地垃圾分类体系的建设工作。

在地方层面，目前已有安徽、福建、甘肃、广东、广西、贵州、海南、河北、河南、黑龙江等 20 余个省份共计 200 余个地级城市，启动了垃圾分类工作。在 46 个重点城市中，已有 30 余个城市出台了生活垃圾分类地方法规或规章，其余的也已将生活垃圾分类纳入立法计划或已形成草案。总体来看，垃圾分类先行地区取得了如下成绩。

---

* 本文成稿于2020年9月。

一是生活垃圾分类覆盖率明显提升。在46个重点城市中，生活垃圾分类目前已覆盖7.7万个小区和4900万户家庭，居民小区覆盖率平均达到53.9%。其中，上海、厦门、杭州、宁波、广州和深圳等18个城市覆盖率超过70%，垃圾分类达标率也不断提升。

二是厨余垃圾分出质量逐步提高。随着垃圾分类工作不断深入推进，居民参与率逐步提升，桶前指导力度不断增加，厨余垃圾分出率不断提升。北京市2020年7月家庭厨余垃圾日均分出量1764吨，分出率8.13%，较4月下旬日均分出量309吨，增长470%；较5月份日均分出量740吨，增长137%；特别是7月下旬日均分出量2093吨，突破2000吨。北京市实施厨余垃圾分出质量不合格不收运的倒逼机制后，厨余垃圾质量达标的桶站数已达75.3%。

三是生活垃圾回收利用率显著提升。广州的生活垃圾回收利用率达35.6%，满足《生活垃圾分类制度实施方案》提出的2020年底达到35%以上的要求。上海居住区垃圾分类达标率已从2018年的15%提升至90%，日均可回收物回收量较2018年12月增长3.7倍，湿垃圾分出量增长1倍，干垃圾处置量减少38%，有害垃圾分出量同步增长13倍多。

## 二、全国先行地区垃圾分类工作存在的主要问题

因为工作基础和条件不同，工作尺度和方法不一，垃圾分类先行地区也出现一些需要解决的问题。

### （一）垃圾分类法律依据不足，工作推进冷热不均

一是各地组织推动情况冷热不均。各先行省份为了响应中央要求，积极组织部署垃圾分类，总体呈现上头热的现象。但因缺乏法律依据，各方

职责不明确，有的市县及以下地方政府自觉层层传导压力，社区热心宣传并积极推进垃圾分类，而有的压力层层传导不够，组织推动不力，激励机制不健全，工作缺乏主动性，出现中间和下头冷热并存的现象。调研发现，凡是垃圾分类工作做得好的地方政府，都与强化党建引领有关；凡是有物业服务的社区，厨余垃圾分出率会高于无物业服务的社区。北京市人大常委会的执法检查统计数据显示，高出率超过60%。

二是企业包揽垃圾分类工作弱化了政府和居民的责任。市场化有助于加快分类进度，降低分类成本，便于监管考核，因此有的地方政府热衷于用市场化方式推动垃圾分类。虽然短期可取得一些成效，但实际上将自己的推动责任转嫁给了企业。一旦企业的分拣代替居民的源头分类，垃圾分类就处于“政府出钱、居民旁观、企业分类、交差了事”的尴尬境地，既不利于强化基层社会治理和城市精细化管理，也不利于居民履行分类的责任并养成分类的文明习惯。

### （二）垃圾分类缺乏统一规定，地区差异较明显

一是垃圾分类标准尚未统一。当前，垃圾分类因地制宜地形成了各具特色的模式。上海市分为可回收垃圾、干垃圾、湿垃圾和有害垃圾四类，北京市分为可回收垃圾、其他垃圾、厨余垃圾和有害垃圾四类。典型地区的分类标准存在显著差异，不利于城市间流动人群精准地落实各地标准，影响国家垃圾分类工作的整体推行。

二是垃圾桶设置各地不一致。在实施中，即使属于一个城市，有的区域撤桶，有的区域不撤桶；有的区段摆一个桶，有的区段摆两个桶，有的区段摆四个桶，甚至农村和城市的垃圾桶摆放一个样。这些设置五花八门，缺乏科学性、有效性和人性化的考虑。

三是分类投放要求不太合理。北京市2020年5月1日实施垃圾分类

至今，52.33%的居民反映所住小区要求厨余垃圾破袋，遇到弄脏手、闻臭味等麻烦。33%的受访者认为小区内垃圾桶撤桶并站、要求按时按点投放垃圾而其余时间将垃圾桶上锁的设计不合理，给上班族带来了不便，影响垃圾分类的热情。一些社区为了服务、监督厨余垃圾破袋投放，还专门派出大量人力现场值守，增加了人力物力的投入。

## （三）垃圾分类各环节衔接性差，整体绩效难提升

一是前端垃圾分类投放指导粗细不一。垃圾分类链条包含分类投放、垃圾收集、分类运输和末端处置四个环节，居民的前端分类投放是整个链条的起点。如果指导不足，社区居民对垃圾分类缺乏了解，则参与兴趣不足；如果指导充分，社区居民熟悉垃圾分类，会自发呼吁、自觉参与垃圾分类，分类成效显著。这种前端差异会直接影响后续收集、转运和处置的效率。

二是前端投放、中端收运和后端处置衔接不够。先行地区的社区、学校、企业和公共场所都设置了分类垃圾箱，但这些分类垃圾并未完全做到分类运输，有的是“一锅端”，即一部垃圾运输车将所有分类垃圾桶的垃圾混运离开，最后一起焚烧或填埋，影响居民对分类投放垃圾的配合度和积极性。

## （四）垃圾分类体系建设成本高，激励约束成效弱

一是有的盲目购置豪华设备和设施，增加垃圾分类投入。2017年，《生活垃圾分类制度实施方案》鼓励采取“互联网+”模式促进垃圾分类回收线上平台与线下物流实体相结合。“互联网+”垃圾分类回收的治理体系正在各先行地区迅速展开。智能回收设备是“互联网+”与传统垃圾分类行业相结合的方式，但是智能设备并不等于垃圾分类，一些地方盲目引进智

能甚至豪华智能回收设备，未真正起到培育居民垃圾分类习惯的作用。单纯依托回收企业进行宣传与教育，会增加垃圾分类成本。

二是有的激励约束机制建设不足，实施效果不如意。一些地区缺乏垃圾分类配套经费的支持，社区物业公司一般不愿意开展垃圾分类。由于缺乏相关处罚和垃圾按量收费等约束措施，不分类的责任难以落实，因此一些地区设立积分兑换奖励机制，吸引居民积极参与。但仅依靠积分奖励，只能吸引一部分人群。为了兑换东西，还需特地去特定地点，也不方便，难以吸引一些白领参加，导致这些素质较高、本可积极参与的人士游离于垃圾分类工作之外。调研发现，上班族在垃圾不分类者中占了较大比例，积极分类并用积分来兑换物品的大都是中老年人。

## 三、在全国依法科学有效地开展垃圾分类工作的建议

为了在全国依法科学有效地开展垃圾分类工作，需参考先行区的经验，发挥法制的压力、各方的动力、党建的助力、市场的拉力和舆论的推力，解决上述问题，形成全社会同频共振的合力。

### （一）健全立法，厘清各方责任，全面均衡推进垃圾分类工作

建议以《中华人民共和国固体废物污染环境防治法》为指导，由国务院制定“生活垃圾分类管理条例”，各省（自治区、直辖市）结合实际制定地方垃圾分类条例或办法，共同构建全面、系统、协调的生活垃圾分类立法体系，明确各方责任、分类标准、评价考核方法和保障措施。参考北京的经验，细化物业管理立法，压实各方垃圾分类的责任，规定地方政府的组织职责，列明环卫公司等市场主体的收运义务，细化基层自治组织的

管理责任，增设物业公司的服务合同责任，明确居民和单位的法定义务。对于依法尽责和消极对待的，分别设计奖励和约束惩戒措施。对于聘请市场主体协助开展垃圾分类的，签订合同约定各方权利和义务时须明确提升居民垃圾分类意识、培育居民垃圾分类习惯的宗旨，让垃圾分类从自发走向自律，防止走调变形，克服冷热不均的现象。

### （二）党建引领，广泛宣传动员，促进垃圾分类的共治和精治

一是发挥党员模范带头作用。垃圾分类是一场攻坚战和持久战，建议发挥基层党组织的战斗堡垒作用，以党员为骨干组建联系和服务群众的队伍，定期深入社区宣传垃圾分类知识，组织党员持续开展垃圾分类投放指导工作，让“红色细胞”活跃并引导垃圾分类工作。

二是动员基层组织和居民。可参考上海市设立垃圾分类公益基金的做法，在全国建立社区垃圾分类志愿者的补贴机制。各社区明确居（村）民小组长、片长、楼长的职责，通过目标评价考核和补贴机制的引导，汇聚各方力量，提升垃圾分类工作的有效性。

### （三）统一标准，规范各方行为，整体提升垃圾分类的水平

一是逐步统一垃圾分类的标准。我国的垃圾结构、经济基础、管理模式具有特殊性，故需用本土化的思维和方法循序渐进地推进垃圾分类。在工作初期，分类标准宜简便易行，既方便居民，也利于社区和政府监督，整体提升守法水平。随着社区居民意识的整体提高和垃圾分类工作的深入推进，再在全国统一开展精细的分类管理。根据当前各地的实践经验，综合考虑地区差异、居民饮食习惯、分类实施难度等因素，建议相对统一全国的垃圾分类标准、设施配套标准和投放标准，将垃圾大致分为可回收

物、有害垃圾、干垃圾、湿垃圾；明确办公区、学校、医院、街道、商贸区、居民区的垃圾桶设置标准，体现实用性和有效性；在实施初期适当减少投放点，不宜大规模撤桶，在居民初步形成垃圾分类习惯后再增设投放点；建立以定时定点投放为主、以指定点全天候投放为辅的机制；不得要求居民破袋投放厨余垃圾等。

二是针对城乡实际规定有效的工作方法和要求。制定城乡垃圾分类标准和要求时，建议充分考虑城乡差别、城乡面积比例和城乡居民比例，体现农村垃圾结构和垃圾分类处置的特殊性。在农村，干垃圾收集后运至市县统一填埋或焚烧，湿垃圾就地腐化处置。在人口集中居住的村，建议统一规划建设阳光玻璃房或其他处置湿垃圾的设施。

### （四）统一规划，衔接前后环节，推动垃圾分类工作顺畅运转

垃圾分类各环节须配套衔接，才能高效运行。建议将分类投放作为居民的法定责任，将分类收集、分类运输、分类处理作为政府及与政府建立相关合同关系的垃圾收运处理企业的法定责任，将源头减量作为生产及服务类企业、居民、公共机构等应尽的社会责任。各地在设计实施方案时，须以垃圾分类和防止分类后的垃圾混同为工作导向，厘清工作链条上各方责任，促进前后端工作的有机衔接。在措施方面，除了加大垃圾分类设施设备、垃圾分类运输工具、垃圾分类处置场所等方面的投入，还应对居民建立不分类就劝阻甚至处罚的机制，对社区建立不分类就不收运的机制，对收运企业建立不分类收运就重罚的机制，对处置企业建立不分类处置就严惩的机制。对于厨余垃圾，建议推广培育黑水虻的做法，防止一烧了之。

## （五）创新科技，实施评价考核，探索绿色账户等激励机制

一是创新成本合理的“互联网 +”信息管理系统。建议参考杭州市富阳区新桐乡等地经验，将“互联网 + 垃圾分类”的信息化管理模式和智能垃圾分类设备引入垃圾分类体系，开发信息采集、投放溯源、现场监管、管控垃圾流向和数据自动上传等功能，设计激励居民参与垃圾分类投放、追溯居民错误投放行为、统计区域居民参与率和投放正确率、查询区域垃圾管理体系和责任人等功能，让现代信息科技成为区域垃圾分类的好助手。针对无参与投放记录或记录不良好的居民，加大宣教和扶持力度。为了防止徒增垃圾分类成本，建议各地禁止采购豪华设备，防止其替代对文明行为的培育。

二是探索新型激励模式，调动积极性。生活垃圾分类文明习惯的养成需要激励与约束并举，建议对社区、街道、乡镇采取评价考核措施，采取以奖代补等激励约束措施；将生活垃圾分类服务支出计入物业服务成本；把推行绿色账户作为居民垃圾分类评价考核的抓手。上海市从 2013 年起试点垃圾分类“绿色账户”模式，即以专项回收活动及绿色积分累计为主要形式，市民只要每天正确分类垃圾就可以获得绿色账户积分。积分累计后可在相关平台方便地兑换优惠资源，以此宣传并激励更多市民参与生活垃圾分类。上海市立法实施垃圾分类一年多以来，取得的巨大突破与成绩离不开绿色账户的支持，建议在全国推广该经验。

常纪文　赵　凯　侯　允

# 我国大宗工业固废综合利用的现状、问题与建议 *

大宗工业固废品类繁多，主要包括尾矿、冶金渣、煤矸石、粉煤灰、脱硫石膏、赤泥、磷石膏、石材加工底泥等。我国大宗工业固废每年新增及历史堆存量大，若强化其综合利用，提升资源利用率，不仅节约原生资源，降低资源的对外依存度，还可以降低大气、水和土壤污染风险。为此，国家发展改革委等十部门于2021年3月发布《关于“十四五”大宗固体废弃物综合利用的指导意见》，对大宗固废综合利用的原则、目标、效率、绿色发展、创新发展及资源的高效利用作出了部署。大宗工业固废作为大宗固废的一个大门类，为了推进其绿色、低碳和高效综合利用，有必要以问题为导向深化相关改革。

## 一、我国大宗工业固废综合利用的现状与发展态势

### （一）我国大宗工业固废的产生和综合利用情况

2019年，我国大宗工业固废产生量约为36.98亿吨，同比2018年的34.49亿吨增长了7.2%。2019年，我国大宗工业固废综合利用量约为

* 本文成稿于2021年5月。

20.78亿吨，较2018年的18.48亿吨增长了2.3亿吨，首次突破20亿吨；综合利用率达到56.20%，较2018年提高了2.61%。“十四五”期间，我国大宗工业固废年均产生量预计维持在35亿吨左右。

### （二）我国大宗工业固废综合利用的发展态势

一是部分大宗工业固废的资源属性逐步显现。基于选矿工艺提升、矿产资源供应紧张、资源节约集约利用等因素的影响，目前一些尾矿、烟尘灰、煤矸石中的共伴生矿物受到关注，例如矿山全行业针对共伴生矿产资源增加了接续性选矿、分级分选工艺，用废石、冶金渣、尾矿等来替代砂石骨料，提取冶金含铁尘泥、有色冶炼渣中的铁、锌、铟、金、银、钾等有用金属。以含铁尘泥为例，根据工业固废网数据，2019年我国的产生量约1亿吨，如对其有价组分予以充分综合利用，可提取生铁3000万吨、金原料60万吨、银原料1.2万吨、锌原料12万吨，生产硫酸锌124万吨、氯化钾40万吨、氯化钠10万吨、硅酸盐渣2500万吨，新增产值近千亿元。

二是技术研发与创新引领综合利用产业发展的趋势明显。“十三五”时期，国内一些科研机构逐渐加大对大宗工业固废综合利用的技术研发，设立了独立的固废综合利用研究板块，建材、化工、农业、水治理、充填、道路工程等领域的综合利用技术得到全面发展。根据工业固废网数据，2006—2019年，在大宗工业固废综合利用技术、设备领域，获得授权的专利有6422件，处于申请授权状态的超1万件。其中，2019年共申请2288件专利，获得授权1581件。

三是相关政策法规和规划密集出台，促进产业规范和健康发展。2020年《中华人民共和国固体废物污染环境防治法》修改时强化了产废者的责任，完善了排污许可制度，加重了对违法的惩罚力度。《关于“无废城市”

建设试点工作方案的通知》要求探索将固废环境影响降至最低的城市发展模式;《关于推进机制砂石行业高质量发展的若干意见》鼓励利用废石以及铁、钼、钒钛等矿山尾矿生产机制砂石，提高产业固废综合利用水平。《关于“十四五”大宗固体废弃物综合利用的指导意见》(以下简称《意见》)要求进一步提升大宗工业固废综合利用水平，全面提高资源利用效率。此外，山西、陕西、湖南、湖北等省份的资源型城市制定了固废综合利用专项规划或方案，促进大宗工业固废综合利用的健康和有序发展。

四是社会资本不断关注，优质项目倍受追捧。随着长江“清废”行动、黄河流域生态保护与高质量发展战略的深入实施，大宗工业固废综合利用行业掀起新一轮投资热潮，各类资源综合利用项目如雨后春笋般涌现。对于产业投资者而言，如何甄选项目做好风控是一大难题。根据工业固废网数据分析，目前大约有 60% 的项目处于小试甚至专利申请阶段，25% 的项目已完成中试，进入工业化生产前期阶段，10% 的项目已完成工业化验证。在这些项目中，约有不到 5% 的属于优质项目，盈利不确定性大，因此屡屡出现优质项目受到资本高溢价追捧的现象。

## 二、我国大宗工业固废综合利用的主要问题及原因

与《意见》规定的目标和要求相比，我国大宗工业固废的综合利用目前存在以下主要问题。

一是年产生量和历史堆存量大，综合利用不充分、不均衡。截至 2019 年底，我国大宗工业固废历史累计堆存量高达 600 亿吨。2019 年大宗工业固废产生量约为 36.98 亿吨，综合利用率为 56.20%，其中，赤泥、尾矿、钢渣等综合利用不充分，综合利用率不足 35%。从区域来看，综合利用工作不均衡。河北、辽宁、内蒙古、山西、河南、云南等 6 省份大宗工业固

废的总产生量占全国的 40% 以上，但综合利用率仅为 30%，远低于《意见》第 1 条提出的 55% 的要求，大量工业固废只得就地堆存；而在广东、浙江、江苏、山东等东部发达省份，对粉煤灰、矿渣等工业固废的需求缺口大。主要原因有两个：其一，我国作为工业生产大国，对能源和矿产资源的需求稳步增长，大宗工业固废的产生量持续处于高位；其二，各省份资源禀赋、产业结构差异明显，例如山西、内蒙古、河北等省份，资源、能源开采及相关冶金、化工行业体量大，工业固废产生量大，但下游建筑业等对其需求不足，大宗工业固废资源过剩现象突出；而东部发达地区工业固废产生量小，下游建筑业等对其需求大，受上游原生资源产能限制，粉煤灰、矿渣、脱硫石膏等大宗工业固废供不应求。

二是科技成果转化率不足，产业化项目技术水平低。近年来，我国大宗工业固废综合利用的企业越来越多。2019 年全国有相关注册企业 30422 家，比 2018 年增加 6064 家，同比增长 24.9%，但综合利用技术大多为制烧结砖、加气块等成熟技术，创新性技术的工程化应用少见。一些地方虽然建有大宗工业固废科技成果转化平台，却偏重于技术评价，技术推广应用不足，科技成果转化率不高。主要原因有两个：其一，受跨产业信息不对称、项目比选分析不足、产业化论证不充分等因素制约，大量技术在项目复制或者推广时仍需一定程度的再研发，致使项目转化率低、转化周期长；其二，国家和一些资源型城市缺乏专业的成果转化组织机构，未建设产业需要的中试和成果转化平台，制约了技术项目的转化落地。例如，陕西省计划利用煤矸石生产微晶玻璃，但省内无专业的中试和成果转化平台，需运至四川、山东等地开展中试试验。

三是部分综合利用产品经济效益低、耗能高，循环但不经济、不低碳的现象突出。目前，大宗工业固废综合利用产业总体呈现规模小、分散、低值、低效等特点，集约化水平低，工艺和设备能耗高，综合盈利能力弱。主要原因有三个：其一，固废综合利用是传统建材和新材料行业的补充方式，产业起步晚，缺乏龙头骨干企业带动，经济效益总体较差；其二，部分项目技术和成本优势不明显，能耗高，污染物排放量大，需要一定政策倾斜和资金扶持才能运转，导致低水平重复建设和低层次恶性竞争现象，制约产业的高效、高质、高值和规模化发展；其三，综合利用行业大多跨产业、跨行业或跨领域，一些产废企业对政策、技术、市场、管理研究不深入，项目建设前缺乏必要的技术研判和调研考察，加之对销售半径和市场风险分析不足，对同质化竞争的对手缺乏了解，影响企业的综合盈利能力。

四是政策体系不完善，监管体制不衔接，政策落地的综合绩效不强。在大宗工业固废减量化、资源化的全链条监管方面，目前政策建设不足，相关部门的产业政策制定和实施协同不够、合力不足。主要原因有两个：其一，受发展阶段所限，我国大宗工业固废综合利用的强制性政策多集中于安全堆存、污染防治、合规处置等环节，对源头减量、过程延伸和后端资源化缺乏强制性或者约束性要求，导致原生资源利用企业对大宗工业固废的综合利用意愿不足。其二，因缺乏统一的政策协调机制，工业和信息化、发展改革、生态环境、住房和城乡建设、自然资源、科技等部门基于各自职责分别出台的政策，往往协同不足，出现监管不足、监管不衔接、政策落实不到位等现象；相关部门在税收减免、财政奖励等政策的制定和实施方面，发力分散，整合不足，综合绩效不强。

## 三、深化我国大宗工业固废综合利用改革的建议

《意见》对“十四五”时期大宗工业固废的综合利用作出了部署。到2025年，综合利用能力显著提升，利用规模不断扩大，新增大宗固废综合利用率达到60%。为了有效实施《意见》的部署，需针对前述问题深化相

关的改革工作。

一是制定梯级减量和综合利用统筹规划，促进大宗工业固废综合利用产业的绿色和低碳发展。其一，推动工业固废梯级减量。按照《意见》第7条和第8条规定的尾矿、冶炼渣综合利用要求，建议发挥大宗工业固废的二次资源和减碳作用，制定矿山、冶金等行业废石、尾矿、冶金渣综合利用的具体方案，在砂石骨料、陶瓷原料、烧结墙材制品等方面替代一次建筑用矿产资源。其二，各地立足于产业结构、大宗工业固废组分制定综合利用目标和方案，提高科技创新链与产业链的同步度与融合度，构建完整的循环产业链，提高工业固废的综合利用效率；加强全国和区域性交易平台的建设，促进粉煤灰、矿渣等在需求缺口区域的流通。其三，推进大宗工业固废的绿色和低碳综合利用。根据《意见》第12条至第14条的要求，参考国家、行业和各地碳达峰碳中和行动方案，建议用污染物排放标准、排放总量指标及碳排放强度标准、总量指标，倒逼产废企业与综合利用企业开展清洁生产、低碳生产审计及工艺改造，强化过程控制和规范处置；拓展“以渣定产”模式的推广区域，守住环境质量底线及资源与能源消耗上线。

二是加强科技创新，推进科技成果转化平台建设。按照《意见》第16条提出的创新大宗固废综合利用相关技术等要求，建议建立成果转化平台，开展相关制度建设。其一，建立推动技术革新和科技成果转化的制度，加大对平台建设、政策引导、资金奖励、指导服务、知识产权保护等方面的支持力度；制定国家科技重大专项，推动各类大宗工业固废综合利用领域基础性、前瞻性、关键共性技术攻关，加快相关成果应用示范推广。其二，建设地方工业固废综合利用科技创新平台。建议鼓励有条件的科研机构和企业建设共享试验、检验、中试、大试平台；加强高校、科研院所、科技型企业合作，打通“产学研用”有机合作的通道，多元化构建创新链，形成大宗工业固废综合利用的新理论、新技术、新装备和新模式。其三，依托权威科研机构、交易机构和企业建设工业固废综合利用科技成果转化平台，鼓励地方政府在本辖区建立本地的科技成果转化平台，培养科技成果转化人才队伍，加快新型实用技术的研发和推广。

三是培育龙头企业，拓展固废综合利用产品市场空间。其一，按照《意见》第19条有关开展骨干企业示范引领行动的要求，建议鼓励各地结合本地资源和产业实际，打造一批具有示范带动作用的能源和资源综合利用基地、园区和产业链，着力培育一批知识产权清晰、产品科技含量高、市场前景好、科技研发与创新能力强、产业竞争能力大、经营管理模式先进的大宗工业固废综合利用优势骨干企业。其二，坚持停止开山炸石、禁止河道采砂、禁实限粘等政策，提高大宗工业固废综合利用产品的政府采购比例，引导资源转换，为工业固废骨料、胶凝材料等大宗工业固废综合利用产品的普及，腾出市场空间。

四是促进体制的协调与互补，增强政策措施的联动性和有效性。其一，建议建立国家和地方大宗工业固废综合利用协调机制，统筹各部门的规划与政策制定、执法监管计划等工作，形成齐抓共管的工作格局，做到事有人管、责有人负；加强源头管理和过程督查，提升企业开展固废源头减量和综合利用的自主性。其二，整合各部门分别设立的财政激励和支持政策，提升政策落实到具体城市、园区和企业的综合绩效。其三，立足于现有的工业产业布局，建设大宗工业固废综合利用的供应链平台，并针对重点区域制定促进公转铁、水陆联运绿色交通体系发展的政策，扩大大宗工业固废及其综合利用产品的运输半径。其四，针对大宗工业固废综合利用的需求，对需采用火法工艺处置工业固废的项目，立项审批时适当给予排污指标、能源消耗指标等政策倾斜。

常纪文　杜根杰　石晓莉　李红科

# 借鉴国外典型经验，加强雄安新区水资源水环境治理 *

雄安新区设立以来，在党中央、国务院坚强领导下，河北省委、省政府始终把雄安新区水资源环境治理作为关系新区规划建设发展全局的大事来抓，先后制定出台《白洋淀生态环境治理和保护规划（2018—2035）及实施方案》《河北雄安新区水系专项规划》等一系列创新务实政策和有力有效措施，为保障雄安新区水安全奠定了坚实基础。在水生态环境治理方面，通过加强外部污染源管控，实施截污工程，持续推动工业污染源治理、城镇雨污分流、农村生活污水无害化处理及黑臭水体和纳污坑塘整治，排查整治“散乱污”企业 1.3 万家，取缔关停 343 家规模养殖场。强化淀区内源污染治理，有序搬迁淀中村、淀边村，推进农业面源污染防控，深入开展淀中、淀边农村环境综合整治，禁止污水入淀，推进退耕还淀还湿，持续开展白洋淀芦苇水生植物平衡收割，科学实施清淤工作并有序扩大试点范围。通过内外源治理，白洋淀水质连年改善，2019 年由Ⅴ类转至Ⅳ类，2020 年实现了“全域Ⅳ类、局部Ⅲ类，消除Ⅴ类”目标。在生态补水方面，通过统筹上游水库水、引黄入冀补淀水、南水北调中线水和再生水向白洋淀实施生态补水，淀区水动力不断增强。2020 年，已实施生态补水 4.9 亿立方米，其中经引黄入冀补淀工程入淀 14421 万立方米，经

* 本文成稿于2021年5月。

府河（上游水库水及达标中水）入淀 19448 万立方米，经瀑河（南水北调中线水）、孝义河（上游水库水及达标中水）、白沟引河（南水北调中线水及上游水库水）入淀 3550 万立方米、6465 万立方米、5482 万立方米。由此，白洋淀水位和水域面积分别保持在 6.5 米和 250 平方千米以上，淀内水生态环境大大改善。

尽管雄安新区围绕水资源环境治理采取了一系列强有力措施并已取得阶段性成效，但从中长期尺度来看，伴随人口集聚和经济社会快速发展，雄安新区依然面临多重水资源环境约束，包括需水规模大幅增加和需水结构变化压力、白洋淀内外源污染排放增加压力、水资源总量和地表径流量匮乏且不断衰减压力、外部水源供给不确定性压力等。为应对这些挑战，综合借鉴多国经验，特别是可比地区经验，提出如下四条建议，期待可为加强雄安新区水资源水环境治理提供有益借鉴。

## 一、借鉴以色列需水管理经验，以加强需水管理破解雄安新区水资源瓶颈

以色列与雄安新区同属资源性缺水地区。以色列在全面开发和控制水资源的基础上，以高效用水为核心，实行严格需水管理。①在种植结构上，以耗水少、效益高的蔬菜、花卉、水果以及棉花为主，替代一些耗水量高的粮食作物。②与水有关的所有事项由水资源委员会负责[①]，根据单位用水所产生的最大效益来分配水使用权，并在国家层面实施综合平衡的水生产和供应政策。③水资源委员会有权针对水的使用单位建立定量和定性标准，农民禁止使用超出配额外的水资源。井口水表由水资源委员会办公

① 2006年以色列政府将分散在不同部门的水资源管理职能统一划拨到新组建的水与污水资源管理委员会（简称“水资源委员会”），由财政部、基础设施部、环境保护部和内政部的资深代表担任委员，统筹管理全国水资源和水循环工作。

室官员进行读数并加以控制。④所有的水资源开采、供应、消费、地下水回灌和污水处理活动都必须得到许可才能进行。⑤实施年度水审计以检查检测无效的水损失，推广节水技术，在对需水进行反复研究基础上确定用水指标和用水定额。作为干旱和半干旱地区国家，以色列通过从供水管理转向需水管理，创造了 1948—2003 年人口和人均 GDP 分别增长 1 4 倍和 145 倍，而人均淡水使用量仍维持在 300 立方米左右的奇迹，成为世界需水管理的典范。

雄安新区地处半干旱地区的华北平原，水资源总量匮乏且地表径流量不断衰减。在面临水资源紧约束形势下，当全社会总供用水量已达到较高水平时，单一增加供水无法持续满足需求，必须通过全社会需水管理抑制总供用水量增长。在此方面，可借鉴以色列需水管理经验，以提高水资源利用效率和效益为核心，坚持节水优先，强化依水而定、量水而行，充分运用法律法规、行政制度和经济手段（水价、水权交易、水审计等），通过提高用水效率准入门槛、大力提升节水工艺技术、调整优化种植结构等措施，切实构建节水型社会和节水式经济发展模式，从源头上强化水资源需求管理。

## 二、借鉴新加坡多渠道开源经验，以加强多源统筹增强雄安新区供水稳定性

新加坡水资源条件在某些方面与雄安新区类似，其国土狭小（710 平方千米），人口密集（570 万），人均水资源世界排名倒数第二。长期以来，新加坡把水资源视为关系国家存亡的命脉，为此制定了四大“水喉”战略，俗称“4 个水龙头”，即进口水、收集雨水、淡化海水和新生水，以此保障新加坡供水的充裕和多元化。具体做法包括：①通过签订新马供水

协议（1962 年），努力稳定双方供水关系，马来西亚柔佛河日均可供新加坡取水 94.6 万立方米；②建设覆盖广泛的雨水蓄积系统，基本实现了国土面积上降水的全部收集；③不断提高再生水回用比例，新加坡共有 5 家再生水厂，每天可满足 30% 的用水需求，而其再生水的清洁度至少比世界卫生组织规定的饮用水标准高出 50 倍，售价却比自来水便宜至少 10%；④积极扩大海水淡化规模，从 1998 年开始实施“向海水要淡水”计划，通过支持自行设计、建造和营运，鼓励私人企业参与海水淡化开发。2014 年春，一场 50 年未遇的严重干旱袭击东南亚地区，马来西亚不得以对许多地区实施限制供水措施，而新加坡 500 多万居民每天都有充足、干净、安全的自来水。

未来南水北调中线将是支撑雄安新区经济社会发展的主要水源。然而，一旦南北方同时发生干旱，则供水量无法保证，就会造成供水危机。在此方面，可借鉴新加坡多渠道开源提高供水自给率经验，综合考虑当地的地表水、地下水、再生水以及南水北调中线和东线水、引黄入冀补淀水等，构建多水源互济、水量统筹配置的供水体系。鉴于雄安新区作为千年大计的战略定位，未来可考虑将其纳入南水北调东线工程后续规划供水范围，并将海水淡化水作为水资源配置体系的重要部分，以有效降低供水安全风险。

## 三、借鉴日本琵琶湖治理经验，以加强内外源综合治理改善白洋淀水环境

日本琵琶湖治理始于 1972 年。20 世纪中期以来，日本经济的飞速发展曾一度给生态环境带来巨大压力。就琵琶湖而言，伴随大量生产生活污水流入，其富营养化问题凸显，湖水水质出现严重恶化，蓝藻水华和淡水

赤潮等事件频发，“琵琶湖综合发展工程”由此在日本全面启动。该工程通过实施内外源综合整治，实现了琵琶湖水质的稳步提升。具体而言，在水源保护方面，当地政府通过保林、护林、造林、育林、防沙、治山等措施来确保水源水量充足、稳定，水质良好。在污水防治方面，以实现 1965 年前的湖水水质目标为导向，执行了比国家标准更高的排放标准和要求，实施了针对湖内水质、外部污染源以及污染物流动过程的综合治理，还采取了入河口水生植物（芦苇等）种植、河水蓄积设施建设、河底污泥清理等重点举措。在生态修复方面，重点实施了周边山地森林和平原丘陵生态系统保护、湖边水域生态系统修复、湖心水生生物生境保护和湖泊景观打造，推动整个流域生态系统质量和稳定性稳步提升。在法制保障方面，日本地方政府自 20 世纪 60 年代末以来陆续出台了系列法规和条例文件，明确规定对琵琶湖周边工业废水和生活污水排放实施严格管控，并对湖泊和河流堤防建设提出明确要求，还编制出台了多轮琵琶湖未来发展规划和湖沼水质保全计划。在公众教育方面，滋贺县每年 10 月会举办“琵琶湖环保产业展览会”，教育部门将琵琶湖浮游生物的识别以及水草的分解过程模拟实操纳入中小学生课程安排，相关部门还在琵琶湖边建立了博物馆。经过近 40 年的治理，琵琶湖的污染得到有效控制，蓝藻水华消失，水质好转，相当于我国地表水Ⅱ类标准，透明度达 6 米以上，美景重新恢复，成为著名的旅游胜地。

湖泊污染治理是国际公认的难题。作为典型大中型浅水湖泊，白洋淀水环境容量有限，且随着未来雄安新区经济社会的快速发展，内外源污染治理形势将更趋严峻。国外大中型浅水湖泊治理较为成功的案例，有美国的阿勃卡湖、日本的琵琶湖和霞浦湖等。相比而言，日本琵琶湖的治理实践最为典型。为此，可借鉴琵琶湖“源水保护、污水防治、生态修复、法治保障、公众教育”的治理思路，坚持内外源治理齐抓、水陆域统筹、减排与治污并重，围绕涵盖“源头减污—处理回用—末端治理”全过程，加快建立健全多层次高效的组织架构、严密而严格的法制和标准、全民参与的治理体系，并以国家大力推进山水林田湖草生态保护修复为契机，推动标本兼治、协同治理。同时，充分认识到大中型浅水湖泊水环境改善绝非一日之功，必须科学制定不同时期的治理目标，树立“功成不必在我”理念，将生态文明思想一以贯之，稳扎稳打，持续深入推进水环境综合治理工作。

## 四、借鉴欧洲莱茵河治理经验，以加强上下游协同保障流域水安全

发源于瑞士的莱茵河，主要部分位于德国，最终流向为荷兰的瓦登海，沿途流经德国、法国、奥地利、卢森堡、列支敦士登、比利时、意大利。莱茵河曾被称为“欧洲最脏的河流”，20 世纪六七十年代，大部分河段不宜作为饮用水源。为治理莱茵河，在行动方案方面，流域内各国于 1987 年正式通过“莱茵河行动计划”，随后陆续签订“控制化学污染公约”“控制氯化物污染公约”“防治热污染公约”“2000 年行动计划”“洪水管理行动计划”等。2000 年，欧盟的水框架指令禁止欧盟国家向莱茵河排放未经处理的废水。随后，被称为《莱茵河 2020》的第二期治理计划于 2001 年生效。在组织机构方面，下游国家的磋商促使 1950 年“保护莱茵河国际委员会”（ICPR）成立，这一机构历经 60 余年发展和完善，已经在流域治理领域树立起一个多国间高效协作的国际典范。ICPR 合作机制是多元、多层次的，包括政府间、政府与非政府间、专家学者与专业团队间的合作和协作。尽管 ICPR 于 2000 年宣布鲑鱼比原计划提前 3 年回到莱茵河，然而，数十年的污染已严重影响莱茵河流域的土壤、河道、周边湿地

以及下游平原生态系统，现在的莱茵河治理仍在持续推进中，远未达到生态系统自然修复的水平。

雄安新区所在的白洋淀流域汇水面积3.12万平方千米，以保定市为主，涉及北京市房山区、山西省大同市以及河北省石家庄市和张家口市等部分区域。保障雄安新区水资源和环境安全，可充分借鉴莱茵河流域上下游协同治理经验，基于全流域甚至着眼于华北平原生态环境全局，从更大尺度、更广范围探索相适应的水资源、水环境管理体制，建立不同的跨部门、跨地区协调机制，协同开展节水、水环境治理，地下水压采和水源涵养保护等工作；还可在有效衔接环保机构省以下垂直管理改革、“河长制”、按流域设置环境监管和行政执法机构与相关问责机制等基础上，探索设立统一、高层次的白洋淀流域管理机构，强化区域流域联防联控，统筹加强区域水资源环境协调和治理能力。

李维明　谷树忠　高世楫　何　凡

# 第六篇

# 国际合作

# 欧盟实施《欧洲绿色政纲》对我国的影响与应对 *

2019 年 12 月，欧盟委员会新一任主席乌尔苏拉·冯·德莱恩发布了新一届领导层的六大施政纲领之一《欧洲绿色政纲》[①]（以下简称《绿政》）。《绿政》提出的“2050 年实现气候中性”目标[②]，得到了 26 个欧盟成员国和欧洲议会的大力支持[③]。随后，欧盟迅速推出了绿色增长投资计划、公正转型基金、《气候法（草案）》等具体措施。《绿政》涉及国际贸易、气候变化等多项全球议题，引起了国际社会的广泛关注。新冠肺炎疫情全球暴发后，欧盟委员会 4 月初表示仍将继续实施《绿政》并将其中的数字基础设施、清洁能源、循环经济等绿色投资作为恢复经济的重要抓手。《绿政》的推出和实施，必将给我国带来多方面影响，需引起我们的高度重视。

## 一、《绿政》反映了欧盟推动绿色增长的战略、政策和意图

欧盟推出《绿政》是基于经济需要、国际政治和民意基础三方面原因。首先，欧洲经济自 2008 年全球金融危机以来一直增长乏力，实施

* 本文成稿于2020年5月。

① *European Green Deal*，也译为《欧洲绿色协议》或《欧洲绿色新政》。

② “气候中性”英文为“climate neutrality”，即温室气体净零排放。

③ 2019年欧盟冬季峰会上，除波兰以外的26国领导人达成一致。2020年1月15日，欧洲议会就《绿政》发起投票并获得大部分人支持（482票支持、136票反对、95票弃权）。

《绿政》有助于促进绿色创新，推动经济绿色增长。其次，欧盟较早实现经济增长与温室气体排放的脱钩，形成了先发优势，实施《绿政》有助于其继续成为全球应对气候变化的引领者，通过绿色转型重塑全球治理格局。最后，约 90% 的欧盟公民支持欧盟采取果断气候行动[①]。《绿政》拥有广泛的民意基础。《绿政》内容很丰富，主要包括以下三个方面。

## （一）提出明确目标和具体任务

《绿政》是欧盟中长期可持续增长的综合性经济战略，提出了见图 1 的明确目标和任务。

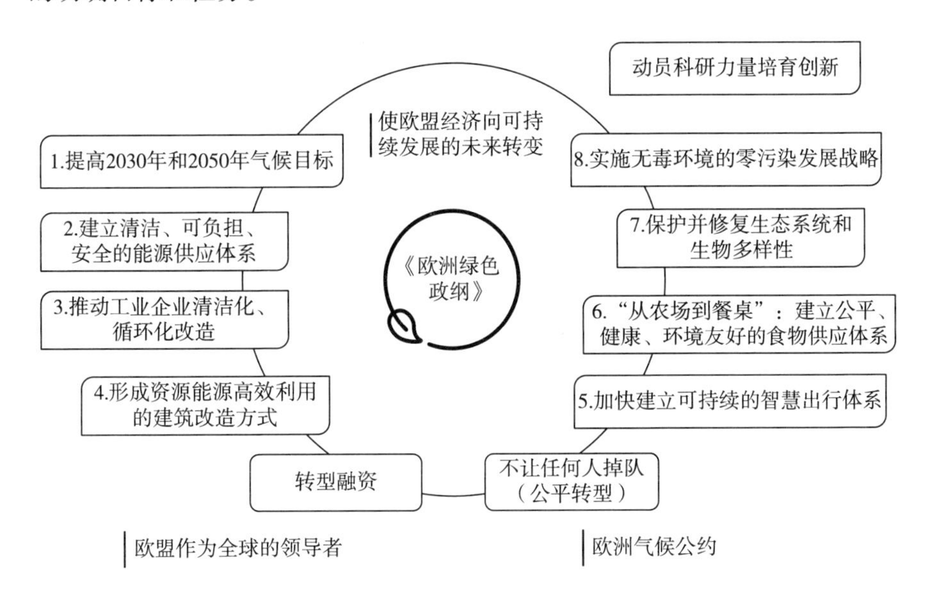


**图1 《欧洲绿色政纲》内容概要**

资料来源：European Green Deal, 2019。

提高欧盟 2030 年和 2050 年应对气候变化目标。欧盟确立了 2050 年实现气候中性目标，并拟将"2050 年净零碳目标"写入第一部欧洲《气候

① 乌尔苏拉·冯·德莱恩：《在欧洲议会全体会议上关于"欧洲绿色政纲"的讲话》，2019年12月11日。

法》。为此，欧盟还将提高阶段性目标：2030 年，欧盟温室气体排放量将在 1990 年基础上减少 50% ~ 55%，比原计划目标提高了 10 个百分点。

明确能源、工业、交通、建筑、生物多样性等七项重点任务。一是构建清洁、经济、安全的能源供应体系，包括发展可再生能源、淘汰煤电、建设智慧能源设施等。二是推动工业企业清洁化、循环化改造，包括加快能源密集型行业脱碳、大力支持氢能等突破性技术研发商用、推动电池行业战略价值链投资、发展可持续数字产业等。三是形成资源能源高效利用的建筑改造方式，包括提高建筑改造率、探索建筑碳排放交易体系、开展建筑能源绩效合同管理等。四是加快建立可持续的智慧出行体系，包括发展多式联运、建设智能交通系统、提高船舶和飞机等的空气污染物排放和二氧化碳排放标准、探索海事部门碳交易体系等。五是建立公平、健康、环境友好的食物供应体系，包括进行农业生态绩效考核、减少农药化肥使用、加强食品全供应链管控等。六是保护并修复生态系统和生物多样性，包括出台加强生物多样性立法、出台欧盟森林战略、发展可持续“蓝色经济”等。七是实施无毒环境的零污染发展战略，包括实施空气、水和土壤零污染行动，开展可持续化学品管理等。

### （二）制定系列绿色政策

实施绿色投融资政策。一是加大公共资金绿色投资力度，提高欧盟投资预算、“投资欧洲”基金和欧洲投资银行融资中气候项目比重至 25%、30% 和 50%。二是畅通私营部门绿色融资渠道，对环境可持续发展活动进行分类和披露，健全绿色债券等可持续性投资产品标准，将气候与环境风险纳入欧盟审慎监管框架，以此引导私人资金流向应对气候变化领域。三是倡导公平转型。针对受绿色转型影响较大的群体，欧盟通过建立公正转型基金等公正转型机制，加大对高碳排放地区和行业的帮扶力度，为受转型影响最大的人群提供再就业培训，不让任何人掉队。

实施绿色财税政策。一是运用绿色预算工具，提升绿色项目在公共投资中的优先顺序。二是加快能源税等税收改革，取消空运海运部门税收豁免，取消化石燃料补贴，增加环境保护和应对气候变化增值税等的优惠力度。三是评估欧盟环境和能源援助指南，逐步淘汰化石能源援助，消除清洁产品的市场准入障碍。

实施绿色技术、人才等政策。一是加大“欧洲地平线”科研资助项目对气候变化、可持续能源等领域的支持力度，重点支持氢能、燃料电池等突破性技术的研发商用。二是从娃娃抓起，提高学生获取气候变化和可持续发展知识的能力。三是加快超级计算机等数字基础设施建设，研发全球数字模型，增强欧盟预测和应对环境灾害的能力。

### （三）致力于成为全球气候政治领导者

实施强有力的绿色外交。欧盟期望通过绿色外交树立榜样形象，成为全球应对气候变化的有力倡导者。一是抓住 2021 年格拉斯哥气候变化大会这一重要机遇，确保《巴黎协定》继续作为应对气候变化的多边框架。二是加强与二十国集团（G20）国家、邻国和非洲国家的双边联系，使其采取更多行动应对气候变化。

提高应对气候变化在贸易政策中的地位。欧盟期望通过贸易政策使绿色联盟融入其他伙伴关系。首先，将“批准并有效落实《巴黎协定》”作为今后所有全面贸易协定的约束性承诺。其次，制定特定行业的碳边界调整机制，对来自气候政策宽松（如没有碳交易市场或没有碳税）国家的进口产品征收碳边境调节税。最后，提高食品、化学品、材料等进口产品准入标准，增加环境足迹等信息披露要求，加强对化学品内分泌干扰性的评估与审查，推动供应链审查以确保进口产品生产链和价值链不涉及滥伐森林和森林退化。

推动全球完善应对气候变化的政策工具。一是积极推动建立全球碳市场。二是推广欧盟绿色标准，在全球价值链中设定符合欧盟环境和气候目标的全球标准。三是健全全球可持续融资平台，构建全球统一的气候变化分类、披露、标准和标识体系。

欧盟《绿政》所展示的应对气候变化的雄心和重大政策动向，引起了国际社会的高度关注。例如，美国驻世界贸易组织代表指出，《绿政》提出要征收碳排放的边境调节税，可能对国际贸易造成负面影响，破坏全球供应链体系[①]。

## 二、《绿政》将给我国带来各种机遇与挑战

受全球新冠肺炎疫情影响，《绿政》相关的近期工作安排被打乱。但欧盟最近表示，仍将继续积极推进可持续金融等全球气候议程，并将《绿政》中数字基础设施、清洁能源、循环经济、智能交通系统等战略性投资作为新冠肺炎疫情后恢复经济的“马歇尔欧洲计划”的重要内容[②]。因此，必须高度关注《绿政》实施给我国带来的各种机遇和挑战。

### （一）将为我国加强中欧数字经济和绿色技术合作带来新机遇

《绿政》提出，欧盟将通过发展数字经济和绿色技术推动绿色创新。中国在数字产业发展中较为领先，可与欧洲企业分享数字转型方面的经

① 在2020年2月18日世界贸易组织召开的对欧盟进行的第十四次贸易政策审议会上提出。

② 《绿政》执行副主席弗朗斯·蒂默曼斯，《关于宣布推迟COP26的声明》，2020年4月1日；欧盟委员会主席乌尔苏拉·冯·德莱恩，《欧洲如何恢复实力》，2020年4月4日。

验。欧盟在数字经济市场监管方面有更丰富的经验，我国可以借鉴。《绿政》提出的绿色增长、循环经济等领域完全可以成为中欧合作的新领域。欧盟将加大对清洁氢能、碳封存、零碳炼钢等关键商用技术研发的支持。这将为我国与欧盟在绿色技术领域开展研发合作带来机遇。

## （二）将为我国参与欧洲清洁能源、可再生能源开发带来新机遇

《绿政》将能源供应体系作为欧盟应对气候变化的重要内容，并提出取消化石能源补贴、消除可再生能源领域的非关税壁垒等具体措施。可以预见，欧洲的煤炭等传统能源行业发展将面临更大压力，清洁能源将面临新的发展机遇。我国的可再生能源有了长足的发展，风电、光伏发电等装机容量均稳居世界第一，并且拥有太阳能光伏板等多项关键商用技术。因此，我国完全可以抓住机遇，参与欧洲清洁能源的开发。

## （三）将为我国加大对欧盟的绿色投资带来新机遇

为实现《绿政》确定的绿色增长目标，欧盟每年需增加 2600 亿欧元的额外投资，吸引外资无疑是弥补其资金缺口的重要出路。虽然我国对欧投资将在《欧盟外商投资审查框架》正式实施后[①]受到更大影响，但绿色增长领域的投资审查相对宽松。这将为我国加大对欧盟的绿色投资带来新机遇。

---

① 《欧盟外商投资审查框架》将于2020年10月正式实施，从战略安全角度重点审查如下外商投资领域：（1）关键基础设施，包括能源、运输和通信行业以及数据存储；（2）关键技术和两用产品，如人造卫星、机器人和网络安全；（3）关键原材料的供应安全；（4）敏感信息的获取与控制；（5）媒体自由和多样化。

### （四）将为我国开展中欧绿色金融合作带来新机遇

一方面，随着《绿政》的实施，欧盟将需要大量资金支持，绿色金融市场和金融工具将会有大发展。中欧可在这些领域开展广泛而深入的合作。另一方面，欧盟将推广欧盟标准，构建全球可持续金融体系。当前，欧盟已发布了《欧盟可持续金融分类方案（2019 年）》等文件，可以预期，全球可持续金融市场将不断扩大，可持续金融的多边及双边国际合作将进一步深化，将为我国与欧盟合作推进可持续金融体系建设带来新机遇。

### （五）将为我国参与国际气候谈判带来更大压力

《绿政》大幅提高了欧盟 2030 年和 2050 年应对气候变化目标，并正在推动将 2050 年净零排放目标纳入第一部《气候法》。因此，欧盟可能会在今后的国际气候谈判中对中国提出更高要求，也会在二十国集团（G20）等双边或多边交流中对我国的碳排放、化石燃料补贴等施加更大压力。

### （六）将为我国对欧贸易带来较大冲击

一方面，将会增加我国产品进入欧盟市场的关税壁垒。《绿政》提出，对来自控制碳排放不力国家和地区的进口产品征收一定比例的碳边境调节税。由于我国的非碳税减排措施存在不被欧盟认可的风险，我国出口到欧盟的钢铁等高碳产品极有可能被征收碳边境调节税，将对我国出口带来较大冲击。另一方面，将可能增加我国产品进入欧盟市场的非关税壁垒。《绿政》提出，欧盟将提高进口食品的环境标准并要求向消费者公布环境足迹等信息，欧盟将依据 REACH 法规[①]加强对进口化学品内分泌干扰性的

① REACH法规，即欧盟2007年出台的《化学品注册、评估、许可和限制》（Registration, Evaluation, Authorization and Restriction of Chemicals），该法规已公布22批205项高关注化学品清单（SVHC清单），旨在加强对具有生物毒性、持久性或累积性环境影响、内分泌干扰性等对环境或健康有影响的三类化学品管理。已公布SVHC清单中，80%为生物毒性。

审查，欧盟将要求进口产品的供应链不可涉及森林砍伐和森林退化。这些非关税壁垒的提高，将对我国农产品、食品、机电产品、纺织品及原料和家具玩具等制品[①]的对欧出口带来明显冲击。

## 三、我国积极应对《绿政》影响的对策和建议

### （一）高度重视对欧气候外交对改善我国国际环境的重要作用

一方面，将加强中欧气候领域合作作为我国发展中欧关系的重要抓手。全球气候问题日益突出，应对气候变化已成为全球治理与国际合作最重要的议题之一。欧盟意在成为应对气候变化领域的领导者，《绿政》就是其最新抓手。我国可积极推进中欧气候变化领域合作，加快建立中欧绿色伙伴关系，共同推进全球气候治理。另一方面，正视《绿政》影响，完善我国气候谈判策略。深入研究《绿政》提出的减排新目标、国际碳排放交易、全球气候金融体系、气候变化标准标识体系等对气候谈判的影响，评估我国 2030 年气候目标的可达性及提高阶段目标的可能性，采取前瞻、务实的气候谈判策略，发挥我国优势，在可再生能源等领域积极作为，提升我国的国际形象。

### （二）积极应对《绿政》对我国对欧贸易的冲击

《绿政》对我国对欧贸易乃至对外贸易的冲击不容忽视，必须深入研究并尽快制定应对之策。一是及时关注欧盟的碳边境调节税和进口食品环

① 2018年，欧盟自中国进口的商品主要为机电产品、纺织品及原料和家具玩具等制品，占比超过65%。

境标准、可持续化学品审查、绿色供应链审查等非关税贸易壁垒的动态，定量评估其对中欧贸易的影响，及时开展中欧贸易政策对话。二是加快健全我国碳排放交易体系，尽快出台钢铁等可能被征收碳边境调节税的行业交易细则，探索与国际碳市场的联通机制，研判开征碳税的可行性及影响。三是加快推进我国化工行业的绿色转型，建立健全化学品健康影响评估和标准体系，加强中欧在可持续化学品审查方面的交流和合作。四是高度重视产品污染足迹核算和绿色供应链审查，积极应对可能的非关税绿色贸易壁垒带来的影响。

### （三）鼓励和帮助新能源企业“走出去”

一是抓住欧盟大力发展清洁能源这一战略机遇，积极引导和鼓励我国新能源企业，特别是民营新能源企业进入欧洲市场。二是建立国家新能源企业“走出去”政策支持体系，建立国际新能源法规、技术标准、项目招标等信息共享平台，加强对新能源企业“走出去”的融资支持，提高企业应对汇率风险、市场风险等各类风险的能力。三是积极参与新能源国际标准制定，重点推动风电、光伏产品检测认证的国际合作和互认机制，加快关键技术标准研制，提高参与制定国际标准的能力。

### （四）加强中欧绿色技术和数字经济领域合作

一是加强与欧盟能源供应保障的合作，在清洁氢能、燃料电池和其他替代燃料、储能以及碳捕集、封存和利用、突破性清洁钢技术等关键商用技术领域，加强合作研究。二是加快建立中欧数字伙伴关系，在5G、人工智能、大数据、物联网等数字化关键领域加强合作。三是提高中欧绿色发展政策、数字政策等的协同性，加强中欧市场监管、标准制定、数字经济框架设计等领域的对话，着力解决我国数据安全、市场监管、区域发展不平衡等问题。

## （五）携手欧盟推动建立全球可持续金融体系

可持续金融体系是近几年国际金融体制改革的方向和趋势。欧盟已经推出《可持续金融分类方案》《绿色债券标准》等规则性文件，我国也在借助“一带一路”倡议推动绿色金融标准体系走向国际。因此，我国应携手欧盟推动建立全球可持续金融体系，提高我国在制定国际金融规则领域的影响力。首先，建立中欧绿色金融标准互认机制，逐步完善可持续金融分类、绿色债券、绿色信贷等的标准体系，重点解决“绿色”内涵、资金使用等的互认问题。其次，对标《欧盟非财务信息披露指令》[①]，加强我国企业气候和环境信息披露体系建设，完善我国环境、社会等信息公开机制。最后，探索将气候与环境风险纳入我国金融监管体系，加强中欧双方在绿色资产适用性评估等领域的合作。

俞　敏　李佐军　高世楫

① 《欧盟非财务信息披露指令》于2014年正式生效，要求欧盟境内超过500人的大型公司按年度披露企业在社会、环境、员工、人权、反腐败等议题上采取的政策、绩效和风险管控。

# 中蒙区域沙尘暴防治合作亟待加强 *

2021 年 3 月中旬和月底，大范围强沙尘天气连袭我国北方地区，给人们生产生活造成严重影响，引起社会各界广泛关注。蒙古国是这两次沙尘暴形成的主要源头。沙尘暴问题没有国界，推动中蒙区域沙尘暴防治合作，既是建设绿色“一带一路”的重要内容，更是构建人类命运共同体的重要着力点。

## 一、蒙古国因素是近期我国沙尘暴天气形成的主因

国家林草局、中国气象局卫星影像和地面监测信息综合评估结果表明，这两次强沙尘天气形成的原因相似，沙源地均主要位于蒙古国，而全球变暖造成的严重干旱是首要因素。2021 年以来，蒙古国和我国西北地区沙源地气温偏高、降水偏少，土壤提前解冻、表层疏松，为沙尘天气形成创造了条件，在蒙古气旋和冷高压配合下，大风起沙。从表象上看，大气环流异常是直接原因，但从根本上看则是全球变暖加剧了气候不稳定性、极端天气频发。20 世纪 40 年代以来，蒙古国年均气温升高了 1.8℃，预计变暖趋势还将持续，蒸发量增加、干燥天气延长进一步加剧蒙古国荒漠化。

人为因素导致的生态条件恶化是蒙古国沙尘暴频发的另一重要原因。

* 本文成稿于2021年4月。

目前蒙古国预算收入主要来自矿产品、农产品及其加工产品出口。不合理的超限放牧和矿产采挖加剧了本就脆弱的生态系统的退化。1990—2018年，蒙古全国牲畜总量增加了1.6倍，2019年牲畜数量达7090万头（只），足足超出环境承载容量3300万头（只），部分地区甚至超载600%。

如果照此趋势发展，未来我国遭遇境外沙尘暴侵袭的情况会愈发频繁。目前，蒙古国76.8%的国土面临荒漠化威胁，90%的草场存在不同程度荒漠化。20世纪五六十年代，蒙古国每年发生强沙尘暴为5次，约20天；在21世纪前10年，每年发生约30次，增至100天。2016—2020年的5年间，我国春季共发生沙尘天气43次，其中有24次起源于境外，多为蒙古国。

## 二、中蒙区域沙尘暴防治合作十分必要且已有一定基础

中蒙区域沙尘暴防治合作十分必要而紧迫。一是共同防治沙尘暴灾害之需。蒙古国既是沙尘暴形成地，也是最大受害国。我国也无法独善其身，尤其是来之不易的生态治理成果可能受到严重威胁。加强中蒙区域沙尘暴防治合作必将惠及双方乃至东亚地区。二是巩固发展中、蒙传统友谊之需。中、蒙是山水相连的友好邻邦，形成了源远流长的深厚友谊，友好和合作是中、蒙关系的主基调。2014年，中、蒙两国关系提升为全面战略伙伴关系；2020年2月，蒙古国总统在新冠肺炎疫情最严重之际毅然访华声援，并捐赠3万只羊。当前，中蒙关系正处于历史最好时期，政治、经贸及人文等领域交流合作蓬勃发展。三是积极履行国际公约之需。中、蒙都是《联合国防治荒漠化公约》缔约国，历史上两国政府对联手防治沙尘暴均持积极态度。2002年1月，蒙古国时任总理访问中国时提出，希望两国有关部门加强合作，共同防治沙尘暴，双方签署了相关协议，其后我国

政府向蒙古国捐赠两座沙尘暴监测站。这为加强沙尘暴防治打下了良好基础。四是服务国家发展和外交大局之需。中蒙俄经济走廊是我国6条“丝绸之路经济带”陆上经济走廊中的一条，与俄罗斯“跨欧亚发展带”、蒙古国“草原之路”有诸多契合点，发展潜力巨大。蒙古国生态日趋恶化不仅会给中蒙俄经济走廊带来产业、资源、市场断联等风险，更潜藏着不稳定因素。推动实施中蒙区域生态治理合作、改善区域生态环境，既能夯实“一带一路”生态基础设施，也能丰富中蒙合作形式，连通民心，促进“亲诚惠容”外交理念以生态治理形式落实。五是践行人类命运共同体理念之需。气候变化是全人类面临的严峻挑战。蒙古国沙尘暴是中蒙两国共同的挑战。要从根本上解除沙尘暴困扰，必须遵循人类命运共同体理念，建立联防联治的机制。

中、蒙两国防沙治沙方面开展过一些合作且未来空间巨大。2002年，中、日、韩三国与蒙古国一道对蒙古东南部荒漠—草原区开展过联合研究，搭起了“中日韩+蒙”东北亚沙尘暴联防联控合作架构。2011年和2013年，联合国亚太经济社会理事会与中国原国家林业局治沙办、林业科学研究院联合主办了“蒙古国防沙治沙技术研修班”和“蒙古国荒漠化防治培训班”，旨在促进中蒙防治荒漠化的交流与合作，提高蒙古国沙尘暴源区的防治能力。2016年，中蒙俄三国签署了《建设中蒙俄经济走廊规划纲要》，加强生态环保合作是其中一项重要内容，重点研究建立信息共享平台的可能性，开展生物多样性、自然保护区、湿地保护、森林防火及荒漠化领域的合作。面向未来，中蒙沙尘暴联防联控合作潜力巨大。

## 三、全面加强中蒙区域沙尘暴防治合作

建立健全中蒙区域沙尘暴防治双边合作机制。尽快将构建中、蒙沙尘

暴防治双边合作机制纳入国家外交议程，建立联络机制，明确联络级别、联络机构和联络程序，加强中、蒙两国在生态监测评估、生态机构建设、生态工程协同、生态信息共享、生物多样性保护、自然保护区设立等方面政府间协调力度，尽快启动沙尘暴防治联合专项行动。构建中、蒙区域沙尘暴防治合作平台，加强研究、交流、应急、技术等交流合作，加快发展多种形式的民间生态治理合作团体或机构，通过专题交流、学术研讨、民间互助等方式，不断强化中蒙双方在草原保护、荒漠化防治、资源可持续利用等领域的科学研究、人才培养、技术应用等交流合作，促进生态治理共建共享。

支持深化中、蒙两国双边绿色发展合作研究。可考虑由中国科技部或国家自然科学基金委员会设置中蒙联合研究专项，面向两国科学工作者及其他国家和地区的科学工作者，提供必要的研究项目资金支持，重点支持如下领域研究。①区域防沙治沙与生态保护修复专题研究，重点探索编制中蒙防沙治沙合作规划，明确区域防沙治沙的目标任务、总体布局、建设重点及保障措施等，探索建立区域山水林田湖草沙综合治理、系统治理、源头治理的机制；探索建立区域性林草生态网络感知系统，加快建立中蒙区域沙尘暴灾害应急管理平台，提升中蒙协作处置沙尘暴灾害的能力。②中蒙生态治理绿色金融应用研究，探索筹建中蒙生态治理国际合作基金[①]，探索构建能够惠及两国人民的生态产品价值实现机制，更好促进“资金融通”，使绿色金融成为遏制沙尘暴灾害、促进区域绿色发展的政策工具。③区域绿色发展战略研究，以沙尘暴生态治理为切入点，以应对气候变化为抓手，以实现区域绿色、可持续发展为目标，就区域沙尘暴防治、绿色发展的问题、目标、路径、措施等开展研究，为区域更高层次、更宽

---

① 时机成熟时，可考虑将韩、日等受蒙古国沙源地沙尘暴影响的国家纳入。

领域合作夯实基础。

积极开展中蒙生态系统治理示范区建设。借鉴我国毛乌素等沙漠治理的成功经验，探索开展中蒙生态系统治理示范项目，科学实施规模化防沙治沙、沙化土地封禁保护、防沙治沙综合示范，探索建立草原生态智慧管理系统，开展沙地综合治理，实施退化土地修复，促进沙区生态系统正向演进，提升防风固沙功能，以点带面、示范引领，促进蒙古国大规模开展生态保护修复和治理。

加大对蒙古国沙尘暴防治能力建设的援助力度。充分利用我国涉外援助资金，继续支持加强蒙古国荒漠化防治培训，通过治沙技术培训与实地考察，推介我国荒漠化防治政策机制和治理实践，利用跨界合作分享知识、经验和技术，提高科技成果的应用和示范水平，促进中蒙防治荒漠化的交流与合作，提高蒙古国沙尘暴源区防治能力。支持联合开展森林草原防火和有害生物防治，进一步落实、完善边境地区森林草原灾害联防协定及细则，畅通联络渠道，筑牢沙区生态安全屏障。支持开展重点区域联合治理沙尘暴的总体规划编制，建立区域沙尘暴防治网络，做好区域沙尘暴的预防和治理。

充分利用国际平台提升区域生态治理效能。充分利用联合国防治荒漠化公约平台，进一步加强国际交流合作，特别是“一带一路”防治荒漠化国际合作，积极联合日、韩等国，加快推动包括中、蒙在内的东北亚地区沙尘暴监测网络建设，尽早建立东北亚沙尘暴联防联控合作机制，尽快实现沙尘暴监测信息和数据共享。借鉴国际立法的做法，积极探索制定沙尘暴防治双边多边协定，在法律层面明确缔约方所应承担的责任和义务，确保各方合作切实有效。

李维明　杨艳　谷树忠　彭伟　张升